CAD/CAM/CAE
工程应用与实践丛书

# SOLIDWORKS
# 应用与案例教程

微课视频版

魏峥 高霞 　　　　主　编
尚将 朱紫娴 郑华康 王济胜　副主编

U0283855

清华大学出版社
北京

## 内 容 简 介

SOLIDWORKS 是一套专门基于 Windows 操作系统开发的三维 CAD 软件,该软件以参数化特征造型为基础,具有功能强大、易学易用等特点。本书系统地介绍了 SOLIDWORKS 2020 中文版软件在草图绘制、三维建模、装配体设计、工程图设计和仿真分析等方面的功能。本书的特点是将软件基本操作与产品设计相结合,通过实例介绍常用工具的功能及属性设置。每章都有操作实例,每个操作步骤都配有简单的文字说明和清晰的图例,力求让读者在较短的时间内快速掌握使用 SOLIDWORKS 进行产品设计的方法和技巧,达到事半功倍的效果。

为方便教学,本书配套有 PPT 教学课件、微课视频、图片等教学资源,其中部分资源以二维码形式在书中呈现,具体获取方式见前言。

本书可作为高等职业院校装备制造大类专业或应用型本科相关专业的教学用书,也可作为机械行业技术人员、操作人员的岗位培训用书。

**图书在版编目(CIP)数据**

SOLIDWORKS 应用与案例教程:微课视频版/魏峥,高霞主编.—北京:清华大学出版社,2021.10(2024.7重印)
(CAD/CAM/CAE 工程应用与实践丛书)
ISBN 978-7-302-58651-7

Ⅰ.①S… Ⅱ.①魏… ②高… Ⅲ.①计算机辅助设计—应用软件—教材 Ⅳ.①TP391.72

中国版本图书馆 CIP 数据核字(2021)第 142454 号

责任编辑:刘　星
封面设计:刘　键
责任校对:刘玉霞
责任印制:丛怀宇

出版发行:清华大学出版社
　　　　网　　　址:https://www.tup.com.cn,https://www.wqxuetang.com
　　　　地　　　址:北京清华大学学研大厦 A 座　　　邮　　编:100084
　　　　社 总 机:010-83470000　　　　邮　　购:010-62786544
　　　　投稿与读者服务:010-62776969,c-service@tup.tsinghua.edu.cn
　　　　质量反馈:010-62772015,zhiliang@tup.tsinghua.edu.cn
　　　　课件下载:https://www.tup.com.cn,010-83470236
印 装 者:三河市天利华印刷装订有限公司
经　　销:全国新华书店
开　　本:188mm×260mm　　印　张:21.5　　　　　　字　　数:551 千字
版　　次:2021 年 11 月第 1 版　　　　　　　　　　印　　次:2024 年 7 月第 4 次印刷
印　　数:3701～4700
定　　价:69.00 元

产品编号:089552-01

**PREFACE**

**前言**

随着 CAD/CAM 技术的发展,SOLIDWORKS 系列软件的应用越来越广泛。如何使初学者在较短时间内掌握 SOLIDWORKS 软件的基本操作方法,并将其熟练运用于实际工作中,一直是编者的努力方向。本书详细介绍了 SOLIDWORKS 的草图绘制方法、特征命令操作、零件建模思路、零件设计、曲面设计、钣金设计、装配设计和工程图设计等内容,从曲线和草图入手,逐步向曲面和三维实体延伸。本书以引导读者灵活掌握常用机械零部件的设计建模、装配建模和工程图生成方法为目的,从建立基本形体起步,不断向结构复杂的零件及实体模型深入,注重实际应用和技巧训练的结合,注重工程化。

【本书特点】

1. 任务驱动型编写模式

本书将传统的"章-节"式的编写模式调整为任务驱动的"模块-课题"式的编写模式,首先提出课题的学习目标,围绕课题的学习目标教授必要的相关知识。教学目标明确,教学内容突出针对性、实用性,符合职业技术教育的教学规律和学生的心理认知过程。

2. 配套丰富和完善的一体化教学资源

本书充分利用现代信息技术的发展,打造新型的一体化教材,使资源呈现立体化、动态化,并全面兼容 PC 端和移动端,符合移动互联网时代学生获取信息的特点。学生可以通过移动设备随时随地扫描书中的二维码,观看微课视频及拓展知识文本,便于自主学习。

3. 配套丰富的练习

为了突出学、练结合的学习方式,本书配套了丰富的练习。每个课题最后都有与该课题紧密相关的拓展练习,在全书的最后还配套了综合练习。这些练习大多来自实际工程,学生完成这些练习之后,能够更好地掌握 SOLIDWORKS 软件的实际操作。

4. 根据教学现状调整教材的内容

随着各院校教学改革的深入,教学内容、教学课时都发生了巨大的变化。本书从近年来的教学实际出发,加强基本理论、基本方法和基本技能的培养,在此基础上以建模为主线,注重操作技能和 CAD/CAM 设计思路的培养。

【配套资源】

本书提供以下相关配套资源:

• PPT 教学课件、教学大纲等资源,可以扫描下页二维码或到清华大学出版社网站本书页面下载。

• 微课视频(46 个,630 分钟),可以扫描书中各章节相应位置的二维码观看。

配套资源

**【本书说明】**

本书主要讲述 SOLIDWORKS 软件的使用,软件中有一些不规范的用语,现约定如下:

(1) 软件"镜向""撤消"为误用,正确写法为"镜像""撤销"。对于书中软件截屏图,保留了软件中"镜向""撤消"的写法,其余文字均为"镜像""撤销"。

(2) 软件"马达"一词正确写法为"电动机",但由于"马达"在业界较为常用,且修改为"电动机"后可能使读者找不到软件中对应选项,故保留"马达"一词的用法。

(3) 软件中使用"其它",对软件中内容描述时对应也使用"其它"。

本书由中国电子劳动学会校企合作促进会组稿,魏峥、高霞任主编;尚将、朱紫娴、郑华康、王济胜任副主编,参与编写的还有山东理工大学三维创新实践基地的同学;SOLIDWORKS 认证专家严海军担任主审。

本书在编写过程中得到烟台胜信数字科技股份有限公司的大力支持,在此表示感谢。

由于编者水平有限且时间仓促,虽经再三审阅,但书中可能仍存在不足之处,恳请各位专家和读者朋友批评指正,联系邮箱 workemail6@163.com。

编　者

2021 年 9 月

CONTENTS
目录

**模块一**

# SOLIDWORKS设计基础

CAD(Computer Aided Design,计算机辅助设计)是设计者利用以计算机为主要设计手段的一整套系统,在产品的全生命周期内进行产品的概念设计、方案设计、结构设计、工程分析、模拟仿真、工程绘图、文档整理等方面的工作。CAD既是一门包含多学科的交叉学科,涉及计算机学科、数学学科、信息学科、工程技术等,又是一项高新技术,对提高企业产品质量、缩短产品设计及制造周期、提高企业对动态多变市场的响应能力及企业竞争力都具有重要作用。因而,CAD技术在各行各业都得到了广泛应用。

SOLIDWORKS正是优秀CAD软件的典型代表之一。SOLIDWORKS作为Windows平台下的机械设计软件,完全融入了Windows软件使用方便和操作简单的特点,其强大的设计功能可以满足一般机械产品的设计需要。

 **课题 1-1  设计入门**

视频讲解

**【学习目标】**

(1) 工作界面。

(2) 文件操作。

**【工作任务】**

熟悉SW的界面布局和文件操作。

**【任务实施】**

**1. 启动 SOLIDWORKS**

双击SOLIDWORKS快捷方式图标🆂🆆,即可进入SOLIDWORKS系统,如图1-1所示。

> ⚠️ 提示  关于 SOLIDWORKS 应用程序

SOLIDWORKS是Windows系统下开发的应用程序,其用户界面以及许多操作和命令都与Windows应用程序非常相似,所以SOLIDWORKS的界面和命令工具是非常容易学习掌握的。

**2. 新建文件**

选择【文件】|【新建】命令或单击快速访问工具栏上的【新建】按钮▢,会出现【新建SOLIDWORKS文件】对话框,如图1-2所示。

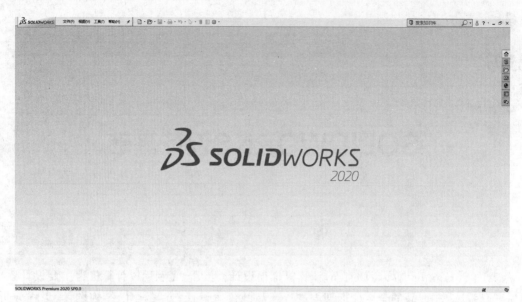

图 1-1    SOLIDWORKS 用户界面

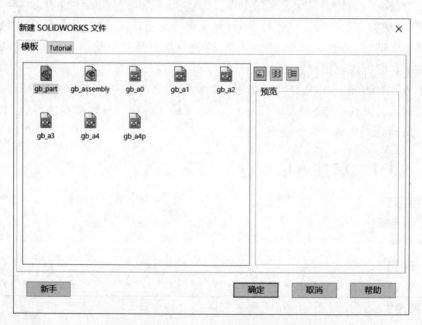

图 1-2    【新建 SOLIDWORKS 文件】对话框

在【新建 SOLIDWORKS 文件】对话框中,选择所需模板,单击【确定】按钮,进入 SOLIDWORKS 零件设计环境。

**提示    关于 SOLIDWORKS 文件的扩展名**

◇ 建立 3D 模型:零件文件扩展名为" * .prt"或" * .sldprt";

◇ 建立装配体模型:装配体文件扩展名为" * .asm"或" * .sldasm";

◇ 建立工程图文件:工程图文件扩展名为" * .drw"或" * .slddrw"。

**3. SOLIDWORKS 零件设计环境**

SOLIDWORKS 零件设计环境,如图 1-3 所示。

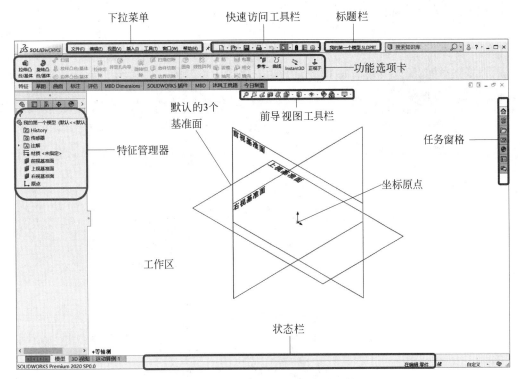

图 1-3　SOLIDWORKS 零件设计环境

在工作界面中主要包括下拉菜单、快速访问工具栏、标题栏、功能选项卡、前导视图工具栏、特征管理器、任务窗格、工作区和状态栏等内容。

**【任务拓展】**

（1）观察主菜单栏。

未打开文件之前，观察主菜单栏状况。建立或打开文件后，再次观察主菜单栏状况（增加了【编辑】【插入】【窗口】），如图 1-4 所示。

图 1-4　打开文件后的主菜单栏

（2）观察下拉菜单。

单击每一项下拉菜单，如图 1-5 所示，选择并单击所需选项进入工作界面。

图 1-5　下拉式菜单

（3）使用浮动工具条。

工具栏对于大部分SOLIDWORKS工具及插件产品均可使用。命名的工具栏可帮助用户进行特定的设计任务（曲面、曲线等）。由于命令管理器中的命令显示在工具栏中，并占用了工具栏大部分空间，所以一般情况下其余工具条是默认关闭的。要显示其余SOLIDWORKS工具条，可通过右键菜单命令，将工具条调出来，如图1-6所示。

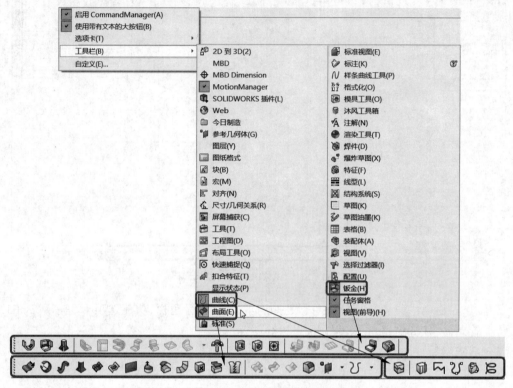

图1-6　浮动工具条安放位置

**说明**　将鼠标指针放在工具条左侧的拖动区域，按住鼠标左键并移动鼠标，可拖动工具条到所需位置（SOLIDWORKS的工具条都是浮动的，可由使用者调整到任意所需位置）。

（4）使用功能选项卡。

功能选项卡是一个上下文关联工具条，它可以根据用户要使用的环境进行动态更新，如图1-7所示。

图1-7　功能选项卡

（5）使用设计树。

SOLIDWORKS界面窗口左边的设计树提供激活零件、装配图或工程图的大纲视图。用户通过设计树可以更加容易地观察模型设计或装配图如何建造以及检查工程图中的各个图纸和视图。设计树控制面板包括FeatureManager(特征管理器)、PropertyManager(属性管理器)、

ConfigurationManager(配置管理器)、DimXpertManager(尺寸管理器)和 DisplayManager(显示管理器),如图 1-8 所示。

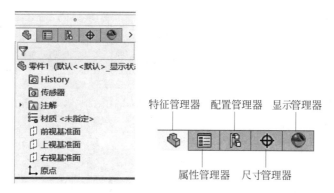

图 1-8 设计树

FeatureManager(特征管理器)是 SOLIDWORKS 中的一个独特部分,它能够可视地显示零件或装配体中的所有特征。当一个特征创建好后,就加入 FeatureManager(特征管理器)中,因此 FeatureManager(特征管理器)可表示建模操作的时间序列,通过 FeatureManager(特征管理器),可以编辑零件中包含的特征,如图 1-9 所示。

PropertyManager(属性管理器)和 FeatureManager(特征管理器)在相同的位置上,当用户使用建模命令时,系统会自动切换到对应的属性管理器。

（6）观察任务窗格。

任务窗格向用户提供当前设计状态下的多重任务工具,它包括 SOLIDWORKS 资源、设计库、文件探索器和视图调色板等工具面板,如图 1-10 所示。

图 1-9 FeatureManager(特征管理器) 图 1-10 任务窗格

（7）观察状态栏。

状态栏主要用来显示系统及图元的状态,给用户可视化的反馈信息。

（8）认识工作区。

工作区处于屏幕中间,显示工作成果。

视频讲解

## 课题 1-2　视图操作

### 【学习目标】

（1）视图操作。

（2）文件操作。

### 【工作任务】

打开文件"X:\SW2020\SOLIDWORKS\samples\tutorial\designtables\tutor1.sldprt"，按要求完成以下操作。

（1）平移视图。

（2）旋转视图。

（3）缩放视图。

（4）视图定向。

（5）显示截面。

（6）模型显示样式。

### 【任务实施】

#### 1. 打开文件

选择【文件】|【打开】命令或单击快速访问工具栏上【打开】按钮 📂，会出现【打开】对话框，选择路径和文件名为"X:\SW2020\SOLIDWORKS\samples\tutorial\designtables\tutor1.sldprt"（地址栏中"X"表示 SOLIDWORKS 主程序所在盘符；"tutor1.sldprt"为 SOLIDWORKS 自带案例文件），如图 1-11 所示。

图 1-11　【打开】对话框

**2．平移视图**

按住键盘上的 Ctrl 键后，在图形窗口中按住鼠标中键，移动鼠标指针出现✤，松开 Ctrl 键，以鼠标中键按钮拖动，即可平移视图，达到平移模型的效果，如图 1-12 所示。

**3．旋转视图**

在图形窗口按住鼠标中键，移动鼠标指针出现↻，以鼠标中键按钮拖动，即可旋转视图，达到旋转模型的效果，如图 1-13 所示。

图 1-12　使用鼠标中键平移模型　　　　图 1-13　使用鼠标中键旋转模型

**4．缩放视图**

缩放视图有如下两种方法。

（1）在图形窗口滚动鼠标中键滚轮，可以缩放视图。

（2）按住 Shift 键，在图形窗口按住鼠标中键上下拖动，可以缩放视图。

**5．整屏显示全图**

整屏显示全图有如下两种方法。

（1）单击前导视图工具栏中的【整屏显示全图】按钮🔍，可以整屏显示全图。

（2）单击【视图】|【修改】|【整屏显示全图】按钮🔍，可以整屏显示全图。

🔔注意　　按 F 键系统就会调整视图直至适合当前窗口的大小。

**6．视图定向**

在前导视图工具栏中，单击【视图定向】按钮右边的下三角按钮，会出现【视图显示】下拉菜单，如图 1-14 所示。

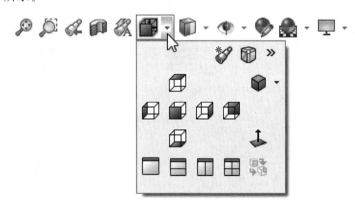

图 1-14　【视图】工具栏

利用其中的【上视】【下视】【前视】【后视】【左视】【右视】和【等轴测】命令可分别得到六个基本视图方向与正等轴测视图的视觉效果,如图 1-15 所示。

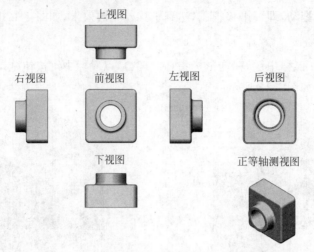

图 1-15　六个基本视图方向与正等轴测视图的视觉效果

**提示**　关于视图定向快捷方式

按 Ctrl＋1 组合键,视图变化为前视图;按 Ctrl＋2 组合键,视图变化为后视图;按 Ctrl＋3 组合键,视图变化为左视图;按 Ctrl＋4 组合键,视图变化为右视图;按 Ctrl＋5 组合键,视图变化为上视图;按 Ctrl＋6 组合键,视图变化为下视图;按 Ctrl＋7 组合键,视图变化为正等轴测视图。

**7. 显示截面**

显示截面是指显示剖面视图,从而可以观察到部件的内部结构。

单击前导视图工具栏上的【Section View】(剖面视图)按钮🔲,会出现【剖面视图】属性管理器,选择【剖面】,单击【确定】按钮,即可显示截面,如图 1-16 所示。

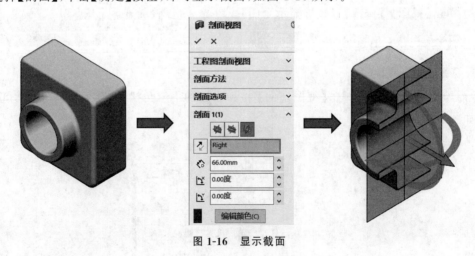

图 1-16　显示截面

**8. 模型的显示样式**

在前导视图工具栏中,单击【显示类型】按钮右边的下三角按钮,会出现【显示类型】下拉菜单,有各种常用上色效果图可供选择,如图 1-17 所示。

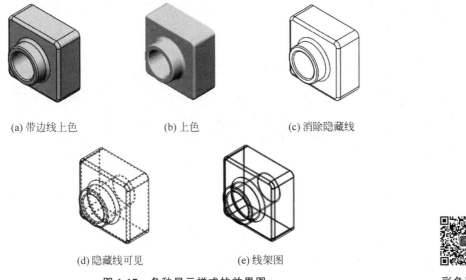

(a) 带边线上色　　　　　　(b) 上色　　　　　　　(c) 消除隐藏线

(d) 隐藏线可见　　　　　　(e) 线架图

图 1-17　各种显示样式的效果图

彩色图片

**【任务拓展】**

打开"tutor1. sldprt"，分别使用鼠标、快捷键和前导视图工具栏上的相关命令观察此模型。

模块二

# 创 建 草 图

草图(Sketch)是与实体模型相关联的二维图形,一般作为三维实体模型的基础。该功能可以在三维空间中任何一个平面建立草图平面,并在该草图平面上绘制草图。

草图中提出了"约束"的概念,可以通过几何约束与尺寸约束控制草图中的图形,可以实现与特征建模模块同样的尺寸驱动,并可以方便地实现参数化建模。应用草图工具,用户可以绘制近似的曲线轮廓,再添加精确的约束定义后,就可以完整表达设计的意图。

建立的草图还可用实体造型工具进行拉伸、旋转、扫描和放样等操作,生成与草图相关联的实体模型。

草图在特征树上显示为一个特征,且特征具有参数化和便于编辑修改的特点。

视频讲解

## 课题 2-1 创建基本草图

【学习目标】

(1)熟悉草图环境。

(2)熟练使用草图工具。

【工作任务】

草图是 SOLIDWORKS 建模中建立参数化模型的一个重要工具,试创建如图 2-1 所示的简单草图。

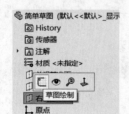

图 2-1 简单草图

【任务实施】

**1. 新建文件**

新建文件并保存为"简单草图.sldprt"。

图 2-2 选择【右视基准面】,单击
【草图绘制】按钮

**2. 进入草图绘制**

(1)在 FeatureManager 设计树中单击【右视基准面】,从快捷工具栏中单击【草图绘制】按钮 ⌐,如图 2-2 所示。

⚠ 提示 关于草图基准面

SOLIDWORKS 2D 草图可以使用以下几种绘制平面作为草图基准面。

◇ 三个默认的基准面(前视基准面、右视基准面或上视基准面),如图 2-3(a)所示。

◇ 用户建立的参考基准面,如图 2-3(b)所示。

◇ 模型中的平面表面,如图 2-3(c)所示。

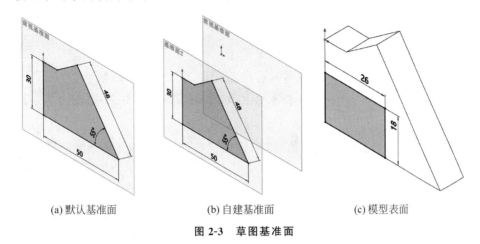

(a) 默认基准面　　　　　　(b) 自建基准面　　　　　　(c) 模型表面

图 2-3　草图基准面

(2) 进入草图绘制环境,如图 2-4 所示。

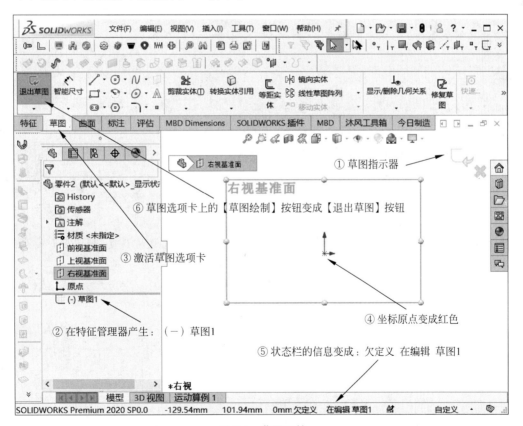

图 2-4　草图环境

!提示　**关于进入草图后界面的变化**

① 显示草图指示器。

当打开一幅草图或草图处于激活时,显示草图指示器,它用来提醒用户目前正处于绘图状态,如图2-5所示。单击确认草图符号将保存对草图所做的修改,并退出草图绘制状态;单击取消符号将退出草图绘制并放弃所做的修改。

② 在特征管理器产生:(一)草图1。

③ 激活草图选项卡。

④ 坐标原点变成红色。

⑤ 状态栏的信息变成:欠定义 在编辑 草图1。

⑥ 草图选项卡上的【草图绘制】按钮变成【退出草图】按钮。

图2-5　草图指示器

### 3. 绘制水平线

单击【草图】选项卡上的【直线】按钮 ✎,移动鼠标指针到图形区,鼠标指针的形状变成 ➘,表明当前绘制的是直线。

(1) 把笔形光标放在坐标原点单击。

(2) 光标向右移动适当距离(笔形光标右上角的数字仅供参考),再单击确定水平线的终止点,如图2-6所示。

✿说明　在光标中出现一个 ▬ 形状的符号,这表明系统将自动给绘制的直线添加一个"水平"的几何关系,而光标中的数字则显示了直线的长度。

!提示1　关于原点

用户在绘制第一个特征的草图时,应该与草图原点建立定位关系,从而确定模型的空间位置。

光标中的"数字"显示直线长度

"水平"几何关系

"原点"

图2-6　绘制水平线

!提示2　关于绘制草图直线的两种绘图模式

彩色图片

① 使用"单击—单击"模式绘制直线。在图形区中单击,松开并移动鼠标,注意此时系统给出的相应的反馈。

◇ 水平移动时,鼠标指针带有 ▬ 形状,说明绘制的是水平线,系统会自动添加【水平】几何关系。右上角的数值不断变化,提示绘制直线的长度,如图2-7(a)所示。

◇ 斜向上移动鼠标, ▬ 形状消失,如图2-7(b)所示。

◇ 继续移动鼠标,到大约垂直的位置后鼠标指针带有 ▮ 形状,说明绘制的是竖直线,如图2-7(c)所示。

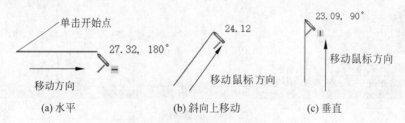

单击开始点　　　　　　　　　　　23.09, 90°

27.32, 180°　　　24.12

移动方向　　　移动鼠标方向　　　移动鼠标方向

(a)水平　　　　　(b)斜向上移动　　　　　(c)垂直

图2-7　绘制直线时系统的不同反馈

◇ 单击确定直线终点。如果要继续画线,继续在线段的端点单击并松开鼠标。

② 使用"单击—拖动"模式绘制直线。与"单击—单击"模式的不同之处在于,在第1点单

击以后,需要拖动鼠标到第 2 点。

**提示3** 关于自动添加几何关系

应尽量利用自动添加几何关系绘制草图,这样可以在绘制草图的同时创建必要的几何约束,如水平、垂直、平行、正交、相切、重合、点在曲线上等。

① 切换自动添加几何关系。选择【工具】|【草图设置】|【自动添加几何关系】命令。

② 设置自动添加几何关系选项。选择【工具】|【选项】命令,会出现【系统选项】对话框,打开【系统选项】选项卡,单击【几何关系/捕捉】,如图 2-8 所示。

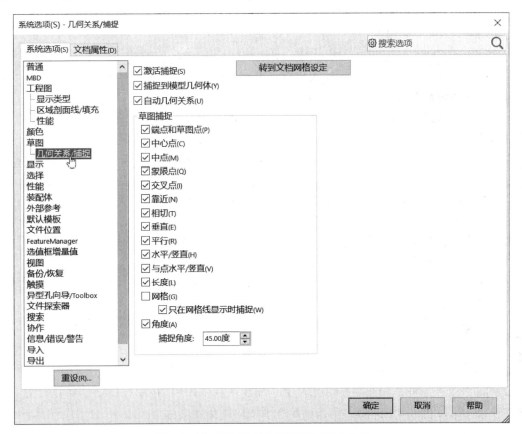

图 2-8 【系统选项-几何关系/捕捉】对话框

在构造草图时,可以通过设置【系统选项-几何关系/捕捉】对话框中的一个或多个选项,控制 SOLIDWORKS 自动添加几何关系的设置。

SOLIDWORKS 是一个尺寸驱动的软件,几何体的大小是通过为其标注的尺寸来控制的,因此绘制草图的过程中只需绘制近似的大小和形状即可。

**4. 绘制具有一定角度的直线**

从终止点开始,绘制一条与水平直线具有一定角度的直线,单击确定斜线的终止点,如图 2-9 所示。

**5. 利用推理线绘制垂直线**

移动光标到与前一条线段垂直的方向,系统将显示出推理线,如图 2-10 所示。单击确定垂直线的终止点,当前所绘制的直线与前一条直线将会自动添加"垂直"几何关系。

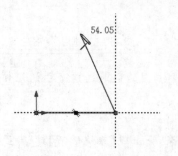

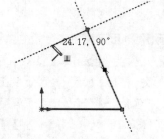

图 2-9　绘制具有一定角度的直线　　　　图 2-10　利用推理线绘制垂直线　　　　彩色图片

> **⚠️ 提示**　关于推理线

推理线和反馈光标是 SOLIDWORKS 提供的辅助绘图工具,同时也是在草图绘制过程中建立自动几何关系的直观显示,因此在绘制草图过程中用户应该注意观察反馈光标和推理线,从而判断在草图中自动添加的几何关系。

绘制直线的过程中,系统显示反馈光标提醒用户绘制的直线为水平(━)或竖直(▮),直线绘制后,将自动添加"水平"或"竖直"几何关系,如图 2-11 所示。

◇ 推理线在绘制草图时出现,显示鼠标指针和现有草图实体(或模型几何体)之间的几何关系。

◇ 推理线可以包括现有的线矢量、平行、垂直、相切和同心等约束关系。

有些推理线会捕捉到确切的几何关系,而其他的推理线则只是简单地作为草图绘制过程中的指引线或参考线来使用,SOLIDWORKS 采用不同的颜色来区分推理线的这两种状态,如图 2-11 所示。

◇ 推理线 A 采用黑色,如果此时所绘线段捕捉到这两条推理线,则系统会自动添加"垂直"几何关系。

◇ 推理线 B 采用蓝色,它仅仅提供了一个与另一个端点的参考,如果所绘线段终止于这个端点,就不会添加"垂直"几何关系。

**6. 利用作为参考的推理线绘制直线**

如图 2-12 所示的推理线在绘图过程中只起到了参考作用,并没有自动添加几何关系,这种推理线使用蓝色的虚线显示。单击确定水平线的终止点。

**7. 封闭草图**

移动鼠标指针到原点,单击确定终止点,如图 2-13 所示。

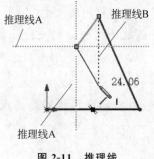

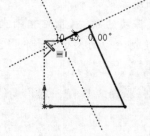

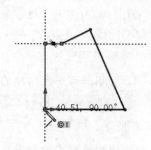

图 2-11　推理线　　　　图 2-12　利用作为参考的推理线　　　　图 2-13　封闭草图
　　　　　　　　　　　　　　绘制直线

**8. 查看几何约束**

选择【视图】|【草图几何关系】命令,在图形区显示约束,如图 2-14 所示。

**9. 添加尺寸约束**

单击【草图】选项卡上的【智能尺寸】按钮，首先标注角度,然后继续标注水平线、斜线和竖直线,如图 2-15 所示。

图 2-14　查看几何约束

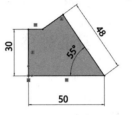

图 2-15　标注尺寸

> **提示**　关于草图的构成

在每一幅草图中,一般都包含下列几类信息。

草图实体:由线条构成的基本形状,草图中的线段、圆等元素均可以称为草图实体。

几何关系:表明草图实体或草图实体之间的关系。例如,图 2-16 中,两条直线"垂直"、直线"水平",这些都是草图中的几何关系。

尺寸:标注草图实体大小的尺寸,尺寸可以用来驱动草图实体和形状变化,如图 2-16 所示,当尺寸数值(例如 48)改变时可以改变外形的大小,因此草图中的尺寸是驱动尺寸。

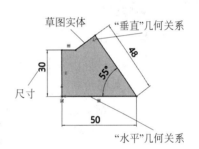

图 2-16　草图的构成

**10. 结束草图绘制**

单击【退出草图】按钮，退出【草图】环境。

> **提示**　关于退出绘制草图的方法

◇ 单击【草图】选项卡中的【退出草图】按钮。
◇ 单击图形区右上角的"草图确认区"，可以退出草图绘制。
◇ 没有任何绘图工具选择时,在图形区中右击,在出现的快捷工具栏中选择【退出草图】命令。
◇ 确定建立特征后,自动退出草图绘制。
◇ 单击【重建模型】按钮，可以退出草图绘制。

**11. 存盘**

选择【文件】|【保存】命令,保存文件。

**【任务拓展】**

按照图 2-17 和图 2-18 所示绘制草图。

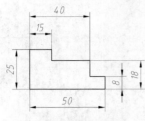

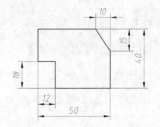

图 2-17　拓展练习 2-1　　　　　　　　　　　图 2-18　拓展练习 2-2

视频讲解

# 课题 2-2　创建对称零件草图

## 【学习目标】

(1) 添加几何约束。

(2) 对称零件绘制方法。

(3) 添加对称约束。

## 【工作任务】

对称草图是工程中常见的草图形式,试创建如图 2-19 所示的对称草图。

## 【任务实施】

### 1. 新建文件

新建文件并保存为"对称草图.sldprt"。

### 2. 进入草图绘制

在 FeatureManager 设计树中单击【右视基准面】,从快捷工具栏中单击【草图绘制】按钮⬚,进入草图绘制环境。

### 3. 画基准线

(1) 单击【草图】选项卡上的【中心线】按钮⟋,绘制一条水平中心线和一条竖直中心线,如图 2-20 所示。

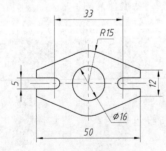

图 2-19　对称草图

图 2-20　绘制一条水平中心线和一条竖直中心线

⚠️ 提示　关于中心线

① 中心线又称构造线,构造线主要用来作为尺寸参考、镜像基准线等,仅用来协助生成最终会被包含在模型中的草图实体和几何体。当草图被用来生成特征时,构造线被忽略,其绘制方法与直线相同,如图 2-21 所示。

② 用户可将草图或工程图中的草图实体转换为构造几何线。运用构造几何线的操作步骤如下:在图形区选取草图实体,单击【草图】选项卡上的【构造几何线】按钮⬚,该实线变为构

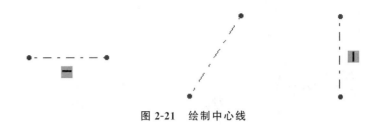

图 2-21 绘制中心线

造几何线;若在图形区选取构造几何线则其变成实线,如图 2-22 所示。

单击【构造几何线】按钮 　　转化为构造几何线 　　选取实线

图 2-22 构造几何线应用过程

（2）单击【草图】选项卡上的【添加几何关系】按钮 ┗。在工作区选择水平中心线和原点,建立【中点】关系;在工作区选择竖直中心线和原点,建立【中点】关系,如图 2-23 所示。

!提示 关于添加几何约束

草图几何关系为草图实体之间或草图实体与基准面、基准轴、边线或顶点之间的几何约束。单击【草图】选项卡上的【添加几何关系】按钮 ┗,会出现【添加几何关系】属性管理器。

图 2-23 与原点建立"中点"几何关系

① 选择单一草图实体添加约束。在图形区选择需创建几何关系的草图实体,单击【水平】按钮 ─ 或【竖直】按钮 │,如图 2-24 所示,添加几何关系。

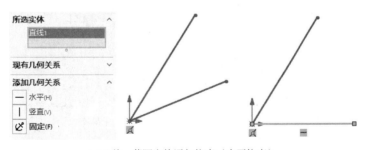

(a) 单一草图实体添加约束（水平约束）

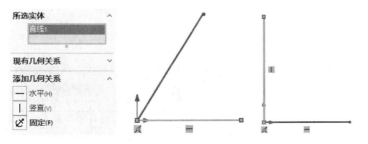

(b) 单一草图实体添加约束（竖直约束）

图 2-24 选择单一草图实体添加约束

② 选择多个草图实体添加约束。在图形区选择创建几何关系的草图实体,单击【相切】按钮，如图 2-25 所示,添加几何关系。

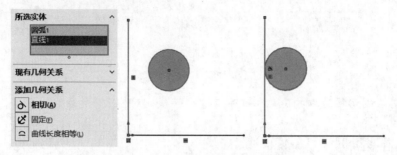

图 2-25　选择多个草图实体添加约束

注意　对象之间施加几何关系之后,导致草图对象的移动。移动规则:如果所约束的对象没有施加任何约束,则以最先创建的草图对象为基准;如果所约束的对象中已存在其他约束,则以约束的对象为基准。

草图几何关系说明见表 2-1。

表 2-1　草图几何关系说明

| 几何关系 | 要选择的实体 | 所产生的几何关系 |
| --- | --- | --- |
| 水平或竖直 | 一条或多条直线,或两个或多个点 | 直线会变成水平或竖直(由当前草图的空间定义),而点会水平或竖直对齐 |
| 共线 | 两条或多条直线 | 直线位于同一条无限长的直线上 |
| 全等 | 两个或多个圆弧 | 圆弧会共用相同的圆心和半径 |
| 垂直 | 两条直线 | 两条直线相互垂直 |
| 平行 | 两条或多条直线<br>3D 草图中一条直线和一基准面(或平面) | 直线相互平行<br>直线平行于所选基准面 |
| 相切 | 一圆弧、椭圆或样条曲线,以及一直线或圆弧 | 两个项目保持相切 |
| 同心 | 两个或多个圆弧,或一个点和一个圆弧 | 圆弧共用同一圆心 |
| 中点 | 两条直线或一个点和一直线 | 点保持位于线段的中点 |
| 交点 | 两条直线和一个点 | 点保持于直线的交叉点处 |
| 重合 | 一个点和一直线、圆弧或椭圆 | 点位于直线、圆弧或椭圆上 |
| 相等 | 两条或多条直线,或两个或多个圆弧 | 直线长度或圆弧半径保持相等 |
| 对称 | 一条中心线和两个点、直线、圆弧或椭圆 | 项目保持与中心线相等距离,并位于一条与中心线垂直的直线上 |
| 固定 | 任何实体 | 实体的大小和位置被固定,然而固定直线的端点可以自由地沿其下无限长的直线移动,并且圆弧或椭圆段的端点可以随意沿基本全圆或椭圆移动 |
| 穿透 | 一个草图点和一个基准轴、边线、直线或样条曲线 | 草图点与基准轴、边线或曲线在草图基准面上穿透的位置,重合穿透几何关系用于使用引导线扫描 |
| 合并点 | 两个草图点或端点 | 两个点合并成一个点 |
| 在边线上 | 实体的边线 | 使用转换实体引用　工具将实体的边线投影到草图基准面 |
| 在平面上 | 在平面上绘制实体 | 草图实体位于平面上 |

（3）单击【草图】选项卡上的【中心线】按钮 ✎ ，绘制一条竖直中心线。

（4）单击【草图】选项卡上的【添加几何关系】按钮 ⊥ 。在工作区竖直中心线两端点和水平中心线之间，建立【对称】关系，如图 2-26 所示。

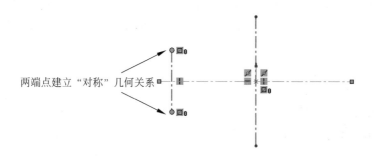

图 2-26　建立【对称】关系

!提示　关于添加对称几何关系

在草图中选择【主对象】【次对象】和【对称中心线】，会出现【属性】属性管理器，在【添加几何关系】选项卡中单击【对称】按钮 ⊠ ，如图 2-27 所示，可建立对称关系。

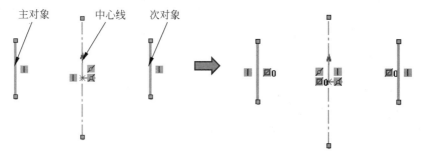

图 2-27　添加对称几何关系

（5）单击【草图】选项卡上的【镜像实体】[①]按钮 ⼝⼝ ，会出现【镜像】属性对话框，如图 2-28 所示。

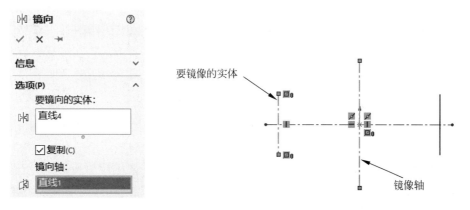

图 2-28　镜像实体 1

―――――――――
① 软件中"镜向"为误用，正确写法为"镜像"。对于截屏图，保留了软件中"镜向"的写法，其余文字应为"镜像"。

　① 在【选项】组激活【要镜像的实体】列表框,在图形区选择竖直中心线。

　② 激活【镜像轴】列表框,在图形区选择过原点的竖直中心线,并单击【确定】按钮☑。

**提示1　关于镜像已有草图图形**

　【镜像实体】工具用来镜像预先存在的草图实体。SOLIDWORKS 会在每一对相应的草图点(镜像直线的端点、圆弧的圆心等)之间应用对称关系。如果更改被镜像的实体,则其镜像图像也会随之更改。

　镜像已有草图图形的具体操作步骤如下。

　① 在打开的草图中,单击【草图】选项卡上的【镜像实体】按钮⋈,会出现【镜像】属性管理器。

　② 激活【要镜像的实体】列表框。在图形区选择要镜像的某些或所有实体。

　③ 选中【复制】复选框,包括原始实体和镜像实体;如果取消选中【复制】复选框则仅包括镜像实体。

　④ 激活【镜像轴】列表框,在图形区选择镜像所绕的任意中心线、直线、模型线性边线或工程图线性边线,如图 2-29 所示,单击【确定】按钮☑,完成设定。

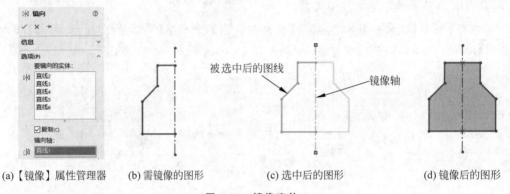

(a)【镜像】属性管理器　(b) 需镜像的图形　(c) 选中后的图形　(d) 镜像后的图形

图 2-29　镜像实体 2

　⑤ 标注尺寸,如图 2-30 所示。

**提示2　关于标注对称尺寸**

　在具有中心线以及直线或点的草图中,单击【草图】选项卡上的【智能尺寸】按钮✎,选择中心线以及直线或点。要生成半径,请将鼠标指针移到中心线近端,单击以放置尺寸,如图 2-31(a)所示;要生成直径,请将鼠标指针移到中心线远端,单击以放置尺寸,如图 2-31(b)所示。

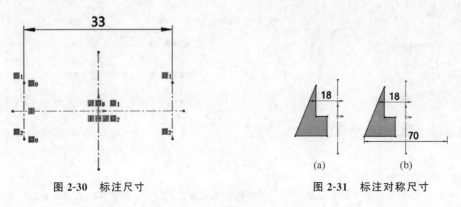

图 2-30　标注尺寸　　　　　图 2-31　标注对称尺寸

#### 4．画圆

（1）单击【草图】选项卡上的【圆】按钮 ⊙，在图形分别捕捉圆心绘制圆。

（2）在图形选择 2 个小圆，建立【相等】几何关系。

（3）标注尺寸，如图 2-32 所示。

#### 5．画直线

（1）单击【草图】选项卡上的【直线】按钮 ∠，在图形绘制一条竖直直线。

（2）添加【对称】几何关系，如图 2-33（a）所示。

（3）镜像竖直直线。

（4）标注尺寸，如图 2-33（b）所示。

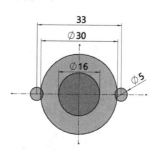

图 2-32　画圆

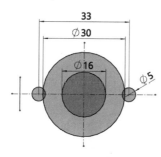

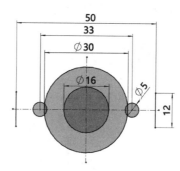

(a) 添加【对称】几何关系　　　　(b) 镜像竖直直线，标注尺寸

图 2-33　画直线

#### 6．画相切直线

（1）单击【草图】选项卡上的【直线】按钮 ∠，捕捉直线端点，再选择圆自动捕捉相切点绘制相切线，如图 2-34 所示。

（2）单击【草图】选项卡上的【直线】按钮 ∠，捕捉圆的象限点，绘制直线，如图 2-35 所示。

（3）单击【草图】选项卡中的【剪裁实体】，剪裁相关曲线，完成草图，如图 2-36 所示。

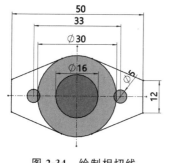

图 2-34　绘制相切线

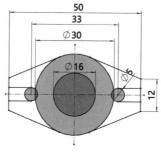

图 2-35　绘制直线

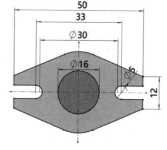

图 2-36　剪裁曲线，完成草图

!提示　关于剪裁

在 SOLIDWORKS 中，剪裁实体包括强劲剪裁、边角、在内剪除、在外剪除和剪裁到最近端这 5 种方式。

在打开的草图中,单击【草图】选项卡上的【剪裁实体】按钮 ，会出现【剪裁】属性管理器。

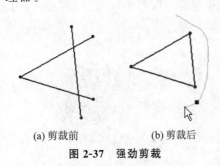

(a) 剪裁前    (b) 剪裁后

图 2-37    强劲剪裁

① 强劲剪裁。

在【剪裁】属性管理器中单击【强劲剪裁】按钮 ，在图形区单击并移动光标,使其通过想要删除的线段,只要是该轨迹通过的线段,均可以被删除,如图 2-37 所示。

② 边角。

在【剪裁】属性管理器中单击【边角】按钮 ，用于保留选择的几何实体,剪裁结合体虚拟交点以外的其他部分,如图 2-38 所示。

**说明**    如果所选的两个实体之间不可能有几何上的自然交叉,则边角剪裁操作无效。

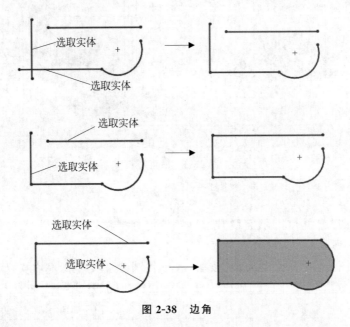

图 2-38    边角

③ 在内剪除。

在【剪裁】属性管理器中单击【在内剪除】按钮 ，用于剪裁交叉在两个所选边界之间的开环实体。先在图形区选择两条边界实体(B),然后选择要剪裁的部分(T),操作如图 2-39 所示。

④ 在外剪除。

在【剪裁】属性管理器中单击【在外剪除】按钮 ，用于剪裁交叉在两个所选边界之外的部分。先在图形区选择两条边界实体(B),然后选择要保留的部分(T),操作如图 2-40 所示。

⑤ 剪裁到最近端。

在【剪裁】属性管理器中单击【剪裁到最近端】按钮 ，用于将图形区所选的实体剪裁到最近的交点,如图 2-41 所示。

**7. 结束草图绘制**

单击【退出草图】按钮 ，退出【草图】环境。

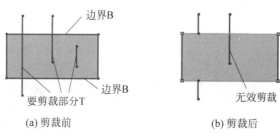

(a) 剪裁前　　　　　　　　　(b) 剪裁后

**图 2-39　在内剪除**

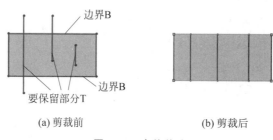

(a) 剪裁前　　　　　　　　　(b) 剪裁后

**图 2-40　在外剪除**

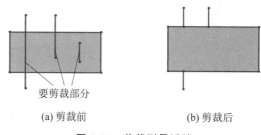

(a) 剪裁前　　　　　　　　　(b) 剪裁后

**图 2-41　剪裁到最近端**

### 8．存盘

选择【文件】|【保存】命令，保存文件。

**【任务拓展】**

按照图 2-42 和图 2-43 所示绘制草图。

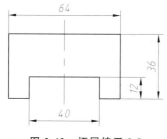

**图 2-42　拓展练习 2-3**

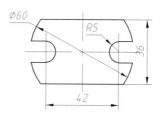

**图 2-43　拓展练习 2-4**

 ## 课题 2-3　创建复杂零件草图

**【学习目标】**

（1）绘制基本几何图形的方法。

视频讲解

（2）草图绘制技巧。

**【工作任务】**

试绘制如图 2-44 所示的复杂草图。

**【任务实施】**

**1．新建文件**

新建文件并保存为"复杂草图.sldprt"。

**2．进入草图绘制**

在 FeatureManager 设计树中单击【右视基准面】，从快捷工具栏中单击【草图绘制】按钮 └，进入草图绘制环境。

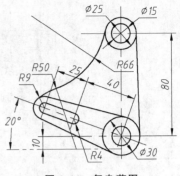

图 2-44　复杂草图

**3．画基准线**

（1）单击【草图】选项卡上的【中心线】按钮 ✎，绘制中心线。

（2）添加几何关系。

（3）标注尺寸，如图 2-45 所示。

**4．画圆**

（1）单击【草图】选项卡上的【圆】按钮 ⊙，在图形中绘制各圆。

（2）为直径 15 的圆和直径 8 的圆添加【相等】几何关系。

（3）标注尺寸，如图 2-46 所示。

**❗提示**　关于绘制不在原点的带中心线的圆

① 绘制中心线，如图 2-47 所示。

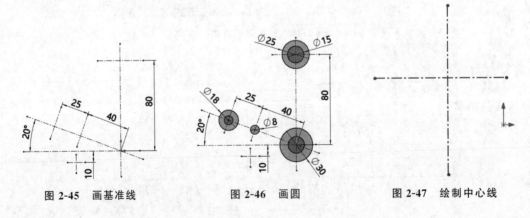

图 2-45　画基准线　　　　图 2-46　画圆　　　　图 2-47　绘制中心线

② 添加几何关系，如图 2-48 所示。

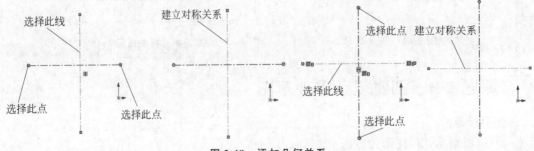

图 2-48　添加几何关系

③ 绘制圆,如图 2-49 所示。

④ 添加几何约束,如图 2-50 所示。

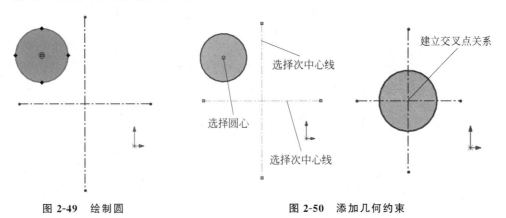

图 2-49 绘制圆                      图 2-50 添加几何约束

### 5. 画相切圆

(1) 单击【草图】选项卡上的【圆】按钮 ⊙,在图形上绘制两个相切圆。

(2) 利用【草图】选项卡中的【剪裁实体】,剪裁相关曲线。

(3) 标注尺寸,如图 2-51 所示。

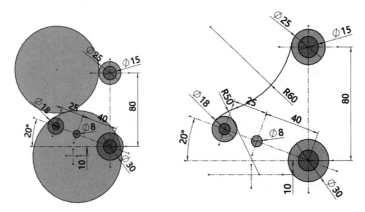

图 2-51 画相切圆

### 6. 画相切直线

(1) 单击【草图】选项卡上的【直线】按钮 ✎,在图形中绘制相切直线。

(2) 单击【草图】选项卡中的【剪裁实体】,剪裁相关曲线,如图 2-52 所示。

**⚠ 提示** 关于对建立约束次序的建议

◇ 加几何约束——固定一个特征点。

◇ 按设计意图添加充分的几何约束。

◇ 按设计意图添加少量尺寸约束。

### 7. 结束草图绘制

单击【退出草图】按钮 ➷,退出【草图】环境。

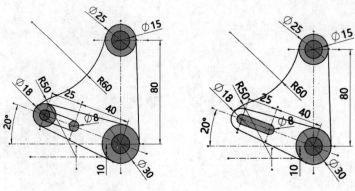

图 2-52    画相切直线

**8. 存盘**

选择【文件】|【保存】命令,保存文件。

**【任务拓展】**

按照图 2-53 和图 2-54 所示绘制草图。

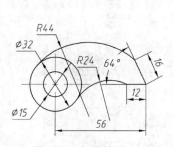

图 2-53    拓展练习 2-5

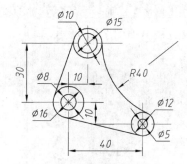

图 2-54    拓展练习 2-6

**【知识拓展】**

**1. 常用基本几何图形的绘制**

(1) 绘制圆。

① 单击【草图】选项卡上的【圆】按钮 ⊙,移动鼠标指针到图形区,鼠标指针的形状变成 ,表明当前绘制的是圆。

② 单击图形区放置圆心。

③ 移动鼠标指针并单击来设定圆的半径,如图 2-55 所示。

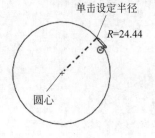

图 2-55    绘制圆过程

(2) 绘制圆心/起/终点圆弧。

① 单击【草图】选项卡上的【圆心/起/终点圆弧】按钮 ,移动鼠标指针到图形区,鼠标指针的形状变成 ,表明当前绘制的是圆弧。

② 单击图形区确定圆弧中心。

③ 移动鼠标指针并单击设定圆弧的半径及圆弧起点,然后松开鼠标。

④ 在圆弧上单击,确定其终点位置,如图 2-56 所示。

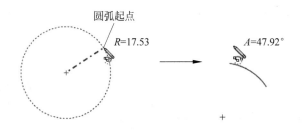

圆弧起点

$R=17.53$

$A=47.92°$

图 2-56　圆心/起/终点画圆弧过程

（3）文字。

用户可以在零件的表面上添加文字，以及拉伸和切除文字。文字可以添加在任何连续曲线或边线组中，包括由直线、圆弧或样条曲线组成的圆或轮廓。

添加文字的操作步骤如下。

① 选择【工具】|【草图绘制实体】|【文本】命令，会出现【草图文字】属性管理器，如图 2-57（a）所示。

② 修改属性管理器中的参数。

◇ 【曲线】选项组是用来确定要添加草图文字的曲线的，可选取一条边线或一个草图轮廓，所选项目的名称会显示在曲线的选项列表中。

◇ 在【文字】选项卡中键入要显示的文字，键入时，文字将出现在图形区中。

◇ $\boxed{B}$ 为【加粗】按钮，$\boxed{I}$ 为【倾斜】按钮，$\boxed{C}$ 为【旋转】按钮，当需要对草图文字进行这些项目的编辑时，先选取需编辑的文字，然后单击相应的按钮即可，单击【确定】按钮，完成操作，如图 2-57（b）所示。

(a)【草图文字】属性管理器　　　　　　　(b) 绘制文字过程

图 2-57　绘制文字

（4）绘制圆角。

【绘制圆角】工具是在两个草图实体的交叉处剪裁掉角部，从而生成一个切线弧。此工具在二维和三维草图中均可使用。

绘制圆角的操作步骤如下。

① 在打开的草图中,单击【草图】选项卡上的【绘制圆角】按钮 ⌐,会出现【绘制圆角】属性管理器,在【圆角参数】下方文本框中输入半径值,选中【保持拐角处约束条件】复选框,如图 2-58(a)所示。

② 在图形区选择要圆角化的草图实体,单击【确定】按钮 ✓,绘制圆角,如图 2-58(b)所示。

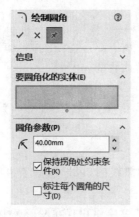
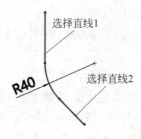

(a)【绘制圆角】属性管理器        (b) 绘制圆角

图 2-58 绘制圆角过程

(5) 绘制倒角。

【绘制倒角】工具是在二维和三维草图中将倒角应用到相邻的草图实体中。此工具在二维和三维草图中均可使用。

绘制倒角的操作步骤如下。

① 在打开的草图中,单击【草图】选项卡上的【绘制倒角】按钮 ⌐,会出现【绘制倒角】属性管理器。

② 设定倒角参数。

a) 角度距离。选中【角度距离】单选按钮,并分别输入距离和角度,如图 2-59(a)所示,然后在图形区选中需要绘制倒角的两条直线,生成倒角,如图 2-59(b)所示。

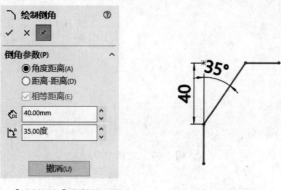

(a)【绘制倒角】属性管理器        (b) 绘制倒角

图 2-59 绘制【角度距离】形式的倒角

b）不等距离。选中【距离-距离】单选按钮，取消选中【相等距离】复选框，并分别输入两个距离，如图 2-60(a)所示，然后在图形区选中需要绘制倒角的两条直线，生成倒角，如图 2-60(b)所示。

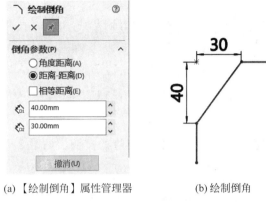

(a)【绘制倒角】属性管理器　　　　　　　(b) 绘制倒角

图 2-60　绘制【距离-距离】不等距形式的倒角

c）相等距离。选中【距离-距离】单选按钮，选中【相等距离】复选框，并输入距离，如图 2-61(a)所示，然后在图形区选中需要绘制倒角的两条直线，生成倒角，如图 2-61(b)所示。

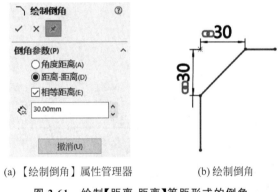

(a)【绘制倒角】属性管理器　　　　　　　(b) 绘制倒角

图 2-61　绘制【距离-距离】等距形式的倒角

③ 单击【确定】按钮 ✓，绘制倒角，或单击【撤销】按钮移除倒角。

（6）转换实体引用。

转换实体引用是通过将边线、环、面、曲线、外部草图轮廓线、一组边线或一组草图曲线投影到草图基准面上，在该绘图平面上生成草图实体。

在打开的草图中，单击模型边线、环、面、曲线、外部草图轮廓线、一组边线或一组曲线。

单击【草图】选项卡上的【转换实体引用】按钮 ⬡，将建立以下几何关系，如图 2-62 所示。

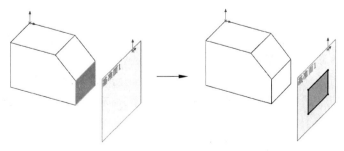

图 2-62　转换实体引用

（7）线性草图阵列。

① 进入草图环境后,选择【工具】|【草图工具】|【线性阵列】命令,会出现【线性阵列】属性管理器。

② 在【方向1】组的【间距】文本框中输入40.00mm,【数量】文本框中输入3,选中【标注 X 间距】复选框。

③ 在【方向2】组的【间距】文本框中输入40.00mm,【数量】文本框中输入2,选中【标注 Y 间距】复选框。

④ 选中【在轴之间标注角度】复选框。

⑤ 激活【要阵列的实体】,在图形区中选择要阵列的实体。

⑥ 激活【可跳过的实例】,在草图中选择要删除的实例。如图2-63所示,单击【确定】按钮✓,完成设置。

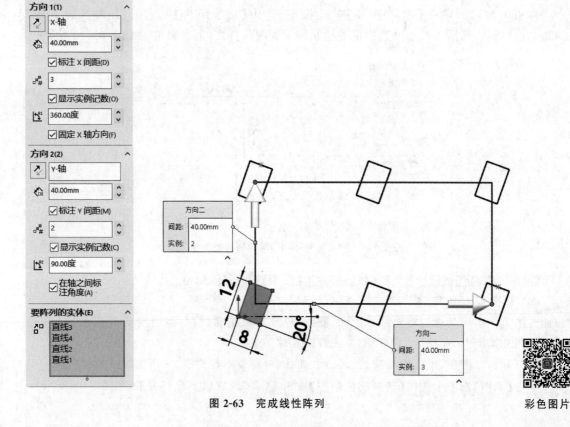

图 2-63　完成线性阵列　　　　　　　　　　　彩色图片

⑦ 由于第1个实体在坐标原点且已标注尺寸,所以该实体为黑色,另外4个实体为蓝色并未完全定义,下面添加几何关系和标注尺寸,使其完全定义。

⑧ 单击草图选项卡上的【添加几何关系】按钮⊥,会出现【添加几何关系】属性管理器,在图形区选择水平构造线,单击【水平】按钮━,添加水平几何关系。单击【确定】按钮✓,完成操作,如图2-64所示。

⑨ 完成线性阵列。

（8）圆周草图阵列。

① 选择【工具】|【草图工具】|【圆周阵列】命令,会出现【圆周阵列】属性管理器。

② 选中【等间距】复选框。

③ 在【数量】文本框中输入 6。

④ 选中【标注半径】复选框。

⑤ 激活【要阵列的实体】列表框,在图形区中选择要阵列的实体。如图 2-65 所示,单击【确定】按钮 ✓,完成操作。

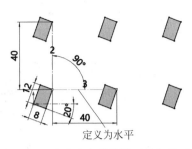

图 2-64 完全定义线性阵列几何关系

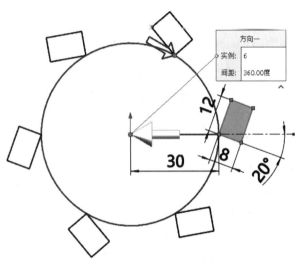

图 2-65 完成圆周阵列

彩色图片

⑥ 由于第 1 个实体在坐标原点且已标注尺寸,所以该圆为黑色,另外 5 个实体为蓝色并未完全定义。下面添加几何关系和标注尺寸,使其完全定义。

先删除尺寸 30,如图 2-66(a)所示,再调整圆心,使其离开坐标原点,如图 2-66(b)所示,然后再将圆心拖回坐标原点,结果如图 2-66(c)所示,5 个实体完全变黑,实现完全定义。

⑦ 完成圆周阵列。

**2. 标注尺寸的方法**

单击【草图】选项卡上的【智能尺寸】按钮 ,鼠标指针变为 ,即可进行尺寸标注。按Esc 键,或再次单击【智能尺寸】按钮 ,可退出尺寸标注。

（1）线性尺寸的标注。

线性尺寸一般分为水平尺寸、垂直尺寸和平行尺寸 3 种。

水平尺寸的标注步骤如下。

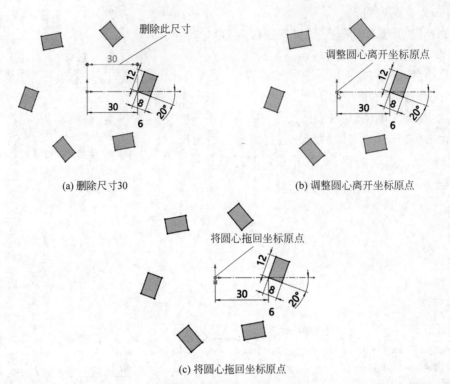

(a) 删除尺寸30　　　　　　　　　　　　　(b) 调整圆心离开坐标原点

(c) 将圆心拖回坐标原点

图 2-66　定义圆周阵列几何关系

①　启动标注尺寸命令后,移动鼠标指针到需标注尺寸的直线位置附近,如图 2-67(a)所示,单击选取直线。

②　移动鼠标,将拖出线性尺寸,当尺寸成为如图 2-67(b)所示的水平尺寸时,在尺寸放置的合适位置单击,确定所标注尺寸的位置,同时会出现【修改】尺寸对话框,如图 2-67(c)所示。

③　在【修改】尺寸对话框中输入尺寸数值,单击【确定】按钮,完成线性尺寸的标注,如图 2-67(d)所示。

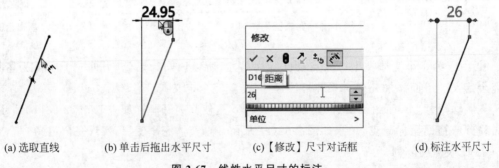

(a) 选取直线　　　(b) 单击后拖出水平尺寸　　　(c)【修改】尺寸对话框　　　(d) 标注水平尺寸

图 2-67　线性水平尺寸的标注

当需标注垂直尺寸或平行尺寸时,只需在选取直线后,移动鼠标拖出垂直或平行尺寸进行设置即可,如图 2-68 所示。

(2) 角度尺寸的标注。

角度尺寸分为两种:一种是两直线间的角度尺寸,另一种是直线与点间的角度尺寸。

两直线间的角度尺寸的标注步骤如下。

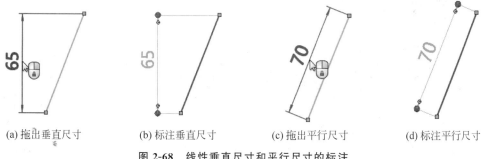

(a) 拖出垂直尺寸　　　(b) 标注垂直尺寸　　　(c) 拖出平行尺寸　　　(d) 标注平行尺寸

图 2-68　线性垂直尺寸和平行尺寸的标注

① 启动标注尺寸命令后,移动鼠标,分别单击选取需标注角度尺寸的两条边。

② 移动鼠标,将拖出角度尺寸,鼠标移动的位置不同,将得到不同的标注形式。

③ 单击,确定角度尺寸的位置,同时会出现【修改】尺寸对话框。

④ 在【修改】尺寸对话框中输入尺寸数值,单击【确定】按钮,完成该角度尺寸的标注,如图 2-69 所示。

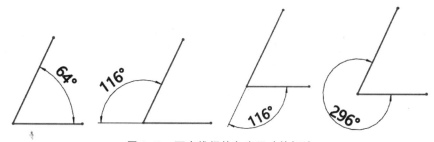

图 2-69　两直线间的角度尺寸的标注

当需标注直线与点间的角度尺寸时(与标注三点之间角度尺寸的方法相同),不同的选取顺序会导致尺寸标注形式的不同,一般的选取顺序是:直线一个端点→直线另一个端点→点,如图 2-70 所示。

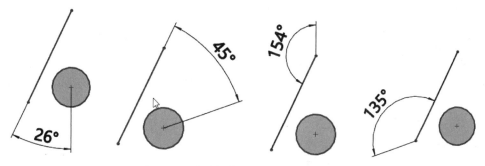

图 2-70　直线与点间的角度尺寸的标注

(3) 圆弧尺寸的标注。

圆弧尺寸的标注分为标注圆弧半径、标注圆弧弧长和标注圆弧对应弦长 3 种。

① 圆弧半径的标注。

直接单击圆弧,如图 2-71(a)所示,拖出半径尺寸后,在合适位置放置尺寸,如图 2-71(b)所示,单击会出现【修改】尺寸对话框,在【修改】尺寸对话框中输入尺寸数值,单击【确定】按钮,即可完成该圆弧半径尺寸的标注,如图 2-71(c)所示。

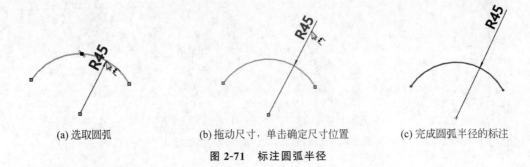

(a) 选取圆弧　　　　　　(b) 拖动尺寸,单击确定尺寸位置　　　　　(c) 完成圆弧半径的标注

图 2-71　标注圆弧半径

② 圆弧弧长的标注。

分别选取圆弧的两个端点,如图 2-72(a)所示,再选取圆弧,如图 2-72(b)所示,此时,拖出的尺寸即为圆弧弧长,如图 2-72(c)所示。在合适位置单击,会出现【修改】尺寸对话框,在【修改】尺寸对话框中输入尺寸数值,单击【确定】按钮,即可完成该圆弧弧长尺寸的标注,如图 2-72(d)所示。

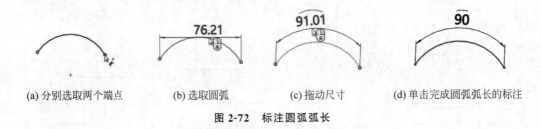

(a) 分别选取两个端点　　　(b) 选取圆弧　　　(c) 拖动尺寸　　　(d) 单击完成圆弧弧长的标注

图 2-72　标注圆弧弧长

③ 圆弧对应弦长的标注。

分别选取圆弧的两个端点,拖出的尺寸即为圆弧对应弦长的线性尺寸,单击会出现【修改】尺寸对话框,在【修改】尺寸对话框中输入尺寸数值,单击【确定】按钮,即可完成该圆弧对应弦长尺寸的标注,如图 2-73 所示。

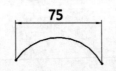

图 2-73　标注圆弧对应弦长

(4) 圆尺寸的标注。

① 启动标注尺寸命令后,移动鼠标,单击选取需标注直径尺寸的圆。

② 移动鼠标,将拖出直径尺寸,鼠标移动的位置不同,将得到不同的标注形式。

③ 单击,确定直径尺寸的位置,同时会出现【修改】尺寸对话框。

④ 在【修改】尺寸对话框中输入尺寸数值,单击【确定】按钮,即可完成该圆尺寸的标注,如图 2-74 所示为圆尺寸标注的两种形式。

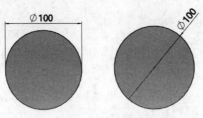

图 2-74　圆尺寸标注的两种形式

（5）中心距尺寸的标注。

① 启动标注尺寸命令后，移动鼠标，单击选取需标注中心距尺寸的圆，如图 2-75(a)所示。

② 移动鼠标，将拖出中心距尺寸，如图 2-75(b)所示。

③ 单击，确定中心距尺寸的位置，同时会出现【修改】尺寸对话框。

④ 在【修改】尺寸对话框中输入尺寸数值，单击【确定】按钮，即可完成该中心距尺寸的标注，如图 2-75(c)所示。

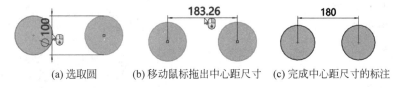

(a) 选取圆　　　(b) 移动鼠标拖出中心距尺寸　　　(c) 完成中心距尺寸的标注

图 2-75　标注中心距尺寸

（6）同心圆之间标注尺寸并显示延伸线。

① 启动标注尺寸命令后，移动鼠标，单击第 1 个同心圆，然后单击第 2 个同心圆。

② 要想显示延伸线，在任意位置右击即可。

③ 单击放置尺寸，如图 2-76 所示。

图 2-76　同心圆之间标注尺寸并显示延伸线

（7）打折半径尺寸。

选择标注好的尺寸，在出现的【尺寸】属性管理器中切换到【引线】选项卡，然后单击【尺寸线打折】按钮 ，如图 2-77(a)所示，将半径尺寸线打折，更改前如图 2-77(b)所示，更改后如图 2-77(c)所示。

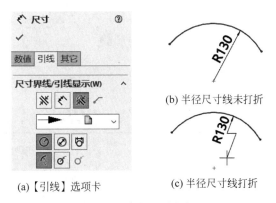

(a)【引线】选项卡

(b) 半径尺寸线未打折

(c) 半径尺寸线打折

图 2-77　半径尺寸打折

（8）标注两圆距离。

选择两圆的标注如图 2-78(a)所示，选择标注好的尺寸，在出现的【尺寸】属性管理器中切换到【引线】选项卡，在【圆弧条件】选项组的【第一圆弧条件】中选中【最小】单选按钮，在【第二圆弧条件】中选中【最小】单选按钮，如图 2-78(b)所示，标注最小距离；在【第一圆弧】条件中选中【最大】单选按钮，在【第二圆弧条件】中选中【最大】单选按钮，如图 2-78(c)所示，标注最大距离。

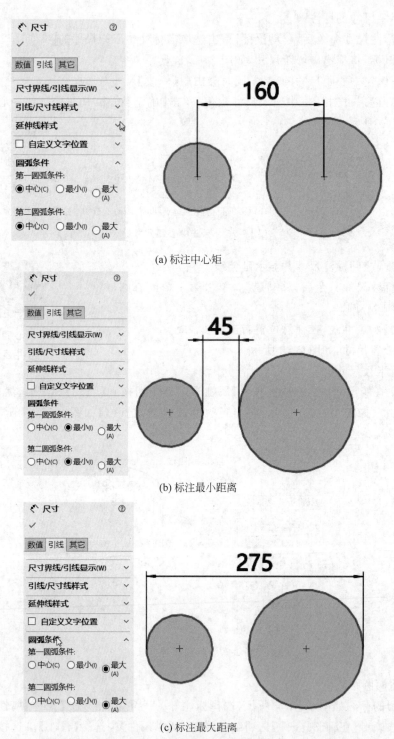

(a) 标注中心矩

(b) 标注最小距离

(c) 标注最大距离

图 2-78　两圆距离的标注方式

# 模块三

# 拉伸和旋转特征建模

拉伸特征是三维设计中最常用的特征之一,具有相同截面、可以指定深度的实体都可以用拉伸特征建立。旋转特征是截面绕一条中心轴转动扫过的轨迹形成的特征,旋转特征类似于机械加工中的车削加工,旋转特征适用于大多数轴和盘类零件。

 ## 课题 3-1 拉伸建模

视频讲解

### 【学习目标】

(1) 零件建模的基本规则。

(2) 创建拉伸特征。

### 【工作任务】

应用拉伸特征创建模型,如图 3-1 所示。

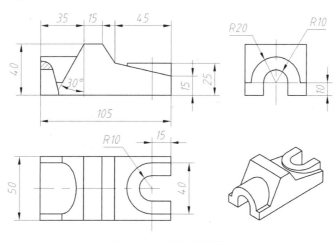

图 3-1 拉伸特征建模

### 【任务实施】

#### 1. 新建文件

新建文件并保存为"拉伸特征建模. sldprt"。

**2. 建立拉伸基体**

(1) 在右视基准面绘制草图,如图 3-2 所示。

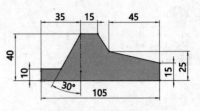

图 3-2　绘制草图

提示　关于选择最佳轮廓和选择草图平面

① 选择最佳轮廓。

分析模型,选择最佳建模轮廓,如图 3-3 所示。

轮廓 A:这个轮廓是矩形的,拉伸后,需要很多的切除才能完成毛坯建模。

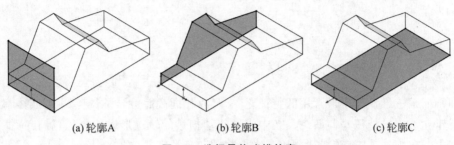

(a) 轮廓A　　　　　　　(b) 轮廓B　　　　　　　(c) 轮廓C

图 3-3　选择最佳建模轮廓

轮廓 B:这个轮廓只需添加两个凸台,就可以完成毛坯建模。

轮廓 C:这个轮廓是矩形的,拉伸后,需要很多的切除才能完成毛坯建模。

本实例选择轮廓 B。

② 选择草图平面。

分析模型,选择最佳建模轮廓放置基准面,如图 3-4 所示。

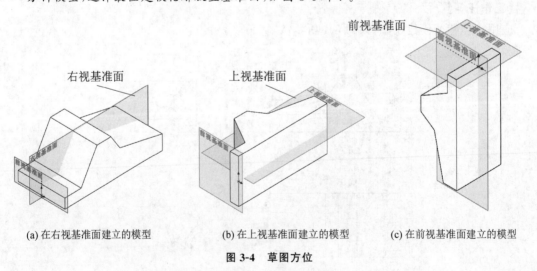

(a) 在右视基准面建立的模型　　　(b) 在上视基准面建立的模型　　　(c) 在前视基准面建立的模型

图 3-4　草图方位

◇ 第一种放置方法:最佳建模轮廓放置右视基准面。

◇ 第二种放置方法:最佳建模轮廓放置上视基准面。

◇ 第三种放置方法:最佳建模轮廓放置前视基准面。

根据模型放置方法进行分析可知:

◇ 考虑零件本身的显示方位。零件本身的显示方位决定模型怎样放置在标准视图中,如轴测图。

◇ 考虑零件在装配图中的方位。装配图中固定零件的方位决定了整个装配模型怎样放置在标准视图中,如轴测图。

◇ 考虑零件在工程图中的方位。建模时应该使模型的右视图与工程图的主视图完全一致。

根据上面分析可知,第一种放置方法最佳。

(2) 单击【特征】选项卡上的【拉伸凸台/基体】按钮 ,会出现【凸台-拉伸】属性管理器。

① 在【方向 1】组,从【终止条件】列表中选择【两侧对称】选项。

② 在【深度】文本框输入 50.00mm,如图 3-5 所示,并单击【确定】按钮 。

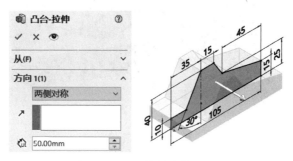

图 3-5  拉伸基体

**提示1**  关于创建拉伸特征的流程

① 生成草图。

② 在【特征】选项卡上单击【拉伸凸台/基体】按钮 。

③ 设定属性管理器选项,单击【确定】按钮 。

**提示2**  关于拉伸特征开始和结束类型

① 拉伸特征有以下 4 种不同形式的开始类型,如图 3-6 所示。

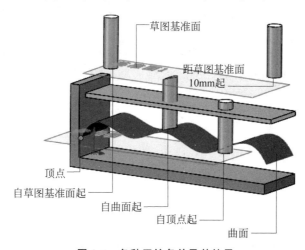

图 3-6  各种开始条件及其结果

◇ 【草图基准面】:从草图所在的基准面开始拉伸。

◇ 【曲面/面/基准面】:从这些实体之一开始拉伸,为【曲面/面/基准面】 选择有效的实体。

◇【顶点】：从选择的顶点开始拉伸。

◇【等距】：从与当前草图基准面等距的基准面上开始拉伸，在【输入等距值】中设定等距距离。

② 拉伸特征的终止条件有以下 8 种不同的类型，如图 3-7 所示。

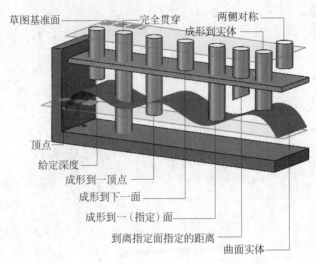

图 3-7　各种终止条件及其结果

◇【给定深度】：从草图的基准面拉伸特征到指定的距离。

◇【完全贯穿】：从草图的基准面拉伸特征直到贯穿所有现有的几何体。

◇【成形到一顶点】：从草图的基准面拉伸特征到一个与草图基准面平行，且穿过指定顶点的平面。

◇【成形到下一面】：从草图的基准面拉伸特征到相邻的下一面。

◇【成形到一面】：从草图的基准面拉伸特征到一个要拉伸到的面或基准面。

◇【到离指定面指定的距离】：从草图的基准面拉伸特征到一个面或基准面指定的距离平移处。

◇【成形到实体】：从草图的基准面拉伸特征到指定的实体。

◇【两侧对称】：从草图的基准面开始，沿正、负两个方向对称拉伸特征。

**※说明**　选择【两侧对称】形式为终止条件时，若拉伸距离为 10mm，建模后以基准面为中心，正、负两个方向的拉伸距离各自为 5mm，即总的拉伸距离为 10mm。

**❗提示3**　关于对称零件的建模思路

下面总结对称零件的设计方法。

◇ 草图层次：利用原点设定为草图中点或者对称约束。

◇ 特征层次：利用对称拉伸或镜像。

**3. 成形到下一面**

(1) 在指定面绘制如图 3-8 所示草图。

(2) 单击【特征】选项卡上的【拉伸凸台/基体】按钮

📎，会出现【凸台-拉伸】属性管理器，在【方向 1】组，单击

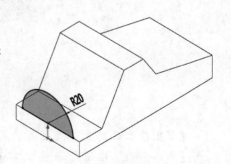

图 3-8　在指定面绘制草图

【反向】按钮🔁,选中后按钮呈现灰色,从【终止条件】列表中选择【成形到下一面】选项,如图3-9所示,单击【确定】按钮✔。

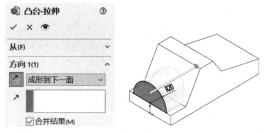

图3-9　成形到下一面

**4. 成形到一顶点**

(1) 在指定面绘制如图3-10所示草图。

(2) 单击【特征】选项卡上的【拉伸凸台/基体】按钮🔘,会出现【凸台-拉伸】属性管理器。

① 在【方向1】组,从【终止条件】列表中选择【成形到一顶点】选项。

② 激活【顶点】列表,在图形区选择顶点,如图3-11所示,单击【确定】按钮✔。

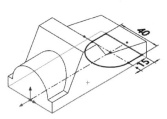

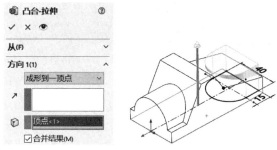

图3-10　在指定面绘制草图1　　　　　　　　图3-11　成形到一顶点

**5. 完全贯穿1**

(1) 在指定面绘制如图3-12所示草图。

(2) 单击【特征】选项卡上的【拉伸切除】按钮🔘,会出现【切除-拉伸】属性管理器,在【方向1】组,从【终止条件】列表中选择【完全贯穿】选项,如图3-13所示,单击【确定】按钮✔。

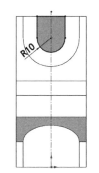

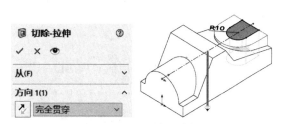

图3-12　在指定面绘制草图2　　　　　　　　图3-13　完全贯穿

**6. 完全贯穿2**

(1) 在指定面绘制如图3-14所示草图。

（2）单击【特征】选项卡上的【拉伸切除】按钮 ，会出现【切除-拉伸】属性管理器，在【方向1】组，从【终止条件】列表中选择【完全贯穿】选项，如图 3-15 所示，单击【确定】按钮 ☑。

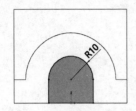

图 3-14　在指定面绘制草图 3

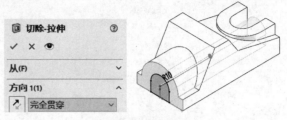

图 3-15　完全贯穿

### 7. 存盘

选择【文件】|【保存】命令，保存文件。

### 【任务拓展】

按照图 3-16 和图 3-17 所示创建模型。

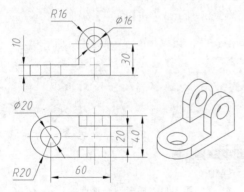

图 3-16　拓展练习 3-1

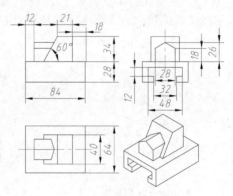

图 3-17　拓展练习 3-2

视频讲解

## 课题 3-2　旋转特征建模

### 【学习目标】

创建旋转特征。

### 【工作任务】

应用旋转特征创建模型，如图 3-18 所示。

### 【任务实施】

### 1. 新建文件

新建文件并保存为"旋转特征建模.sldprt"。

### 2. 建立旋转基体

（1）在右视基准面绘制草图，如图 3-19 所示。

💡提示　关于标注

草图标注以直径的形式标注尺寸更符合实际情况。

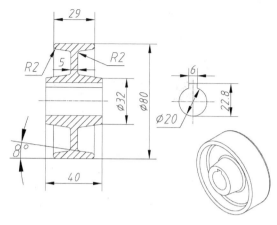

图 3-18 旋转特征建模

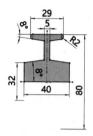

图 3-19 在右视基准面绘制草图

（2）单击【特征】选项卡上的【旋转凸台/基体】按钮🍥,会出现【旋转】属性管理器。

① 在【旋转轴】组,激活【旋转轴】列表,在图形区选择【直线 2】。

② 在【方向 1】组,从【旋转类型】列表中选择【给定深度】选项。

③ 在【角度】文本框输入 360.00 度,如图 3-20 所示,单击【确定】按钮☑,完成操作。

提示1 关于创建旋转特征的流程

① 生成草图。

② 在【特征】选项卡上单击【旋转凸台/基体】按钮🍥。

③ 设定属性管理器选项,单击【确定】按钮☑。

图 3-20 旋转轮

提示2 关于旋转轴

旋转轴不得与草图曲线相交。可是,它可以和一条边重合。当草图中的中心线多于两条以上时,SOLIDWORKS 需要用户指定旋转轴。

提示3 关于旋转特征的终止条件

相对于草图基准面设定旋转特征的终止条件。

◇【给定深度】：从草图以单一方向生成旋转。

◇【成形到一顶点】：从草图基准面生成旋转到指定顶点。

◇【成形到一面】：从草图基准面生成旋转到指定曲面。

◇【到离指定面指定的距离】：从草图基准面生成旋转到所指定曲面的指定距离处。

◇【两侧对称】：从草图基准面以顺时针和逆时针方向生成旋转。

**3. 打孔**

（1）选择【插入】|【特征】|【简单直孔】命令,会出现【孔】属性管理器。

① 在图形区中选择凸台的顶端平面作为放置平面。

② 在【方向 1】组,从【终止条件】选择【完全贯穿】选项。

③ 在【孔直径】文本框输入 20.00mm,如图 3-21 所示,单击【确定】按钮☑。

（2）在 FeatureManager 设计树中单击刚建立的孔特征,从快捷工具栏中单击【编辑草图】

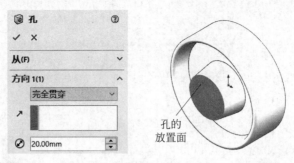

图 3-21　在图形区中选择凸台的顶端平面作为放置平面

按钮◻,进入【草图】环境。

① 设定孔的圆心位置,如图 3-22 所示。

② 单击【退出草图】按钮◻,退出【草图】环境。

**4. 切键槽**

(1) 在指定面绘制如图 3-23 所示的草图。

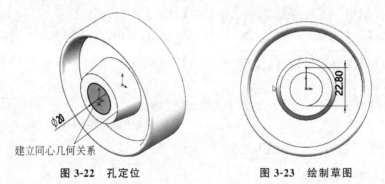

图 3-22　孔定位　　　　　　图 3-23　绘制草图

(2) 单击【特征】选项卡上的【拉伸切除】按钮 ▣,会出现【切除-拉伸】属性管理器。

① 在【方向 1】组,从【终止条件】列表中选择【完全贯穿】选项。

② 选中【薄壁特征】复选框。

③ 从【类型】列表中选择【两侧对称】选项。

④ 在【厚度】文本框输入 6.00mm,如图 3-24 所示,单击【确定】按钮☑,完成操作。

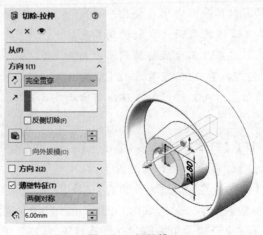

图 3-24　切键槽

> **提示**  关于切槽
>
> 采用薄壁特征完成切槽,是 SW 的一种典型操作。

### 5. 存盘

选择【文件】|【保存】命令,保存文件。

**【任务拓展】**

按照图 3-25 和图 3-26 所示创建模型。

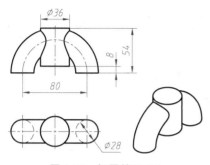

图 3-25  拓展练习 3-3

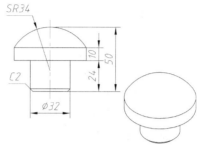

图 3-26  拓展练习 3-4

# 课题 3-3  多实体建模

**【学习目标】**

多实体建模方法。

**【工作任务】**

应用多实体建模方法建模,如图 3-27 所示。

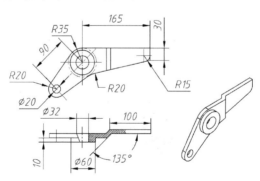

图 3-27  多实体建模实例

**【任务实施】**

### 1. 新建文件

新建文件并保存为"多实体建模方法建模.sldprt"。

### 2. 建立基体

(1)在右视基准面绘制草图,如图 3-28 所示。

(2)单击【特征】选项卡上的【拉伸凸台/基体】按钮 ⏚,会出现【凸台-拉伸】属性管理器。

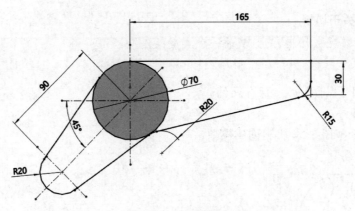

图 3-28    绘制草图 1

① 在【方向 1】组,从【终止条件】列表中选择【给定深度】选项。

② 在【深度】文本框输入 20.00mm。

③ 在【所选轮廓】组,激活【所选轮廓】列表,在图形区选择拉伸轮廓,如图 3-29 所示,单击【确定】按钮☑。

**提示**    关于"所选轮廓"

在图形区域中选择轮廓来生成拉伸特征。

(3) 在指定面绘制草图,如图 3-30 所示。

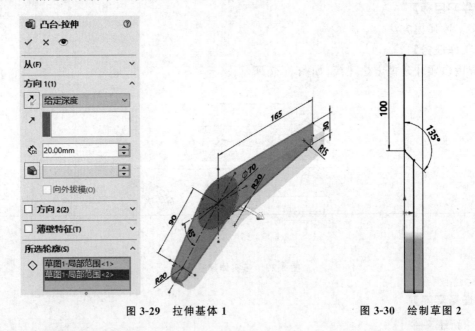

图 3-29    拉伸基体 1                              图 3-30    绘制草图 2

(4) 单击【特征】选项卡上的【拉伸凸台/基体】按钮◍,会出现【凸台-拉伸】属性管理器。

① 在【方向 1】组,点选【反向】按钮,从【终止条件】列表中选择【给定深度】选项。

② 在【深度】文本框输入 130.00mm。

③ 取消【合并结果】复选按钮。

④ 默认选中【薄壁特征】复选按钮,点选【反向】按钮。

⑤ 从【类型】列表中选择【单向】选项。

⑥ 在【深度】文本框输入 10.00mm,如图 3-31 所示,单击【确定】按钮 ☑。

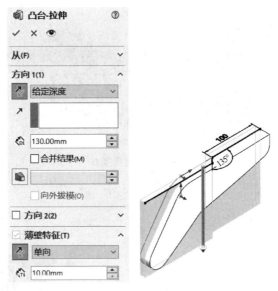

图 3-31　拉伸基体 2

**⚠️ 提示1　关于薄壁特征**

在【拉伸】属性管理器中,选中【薄壁特征】复选框,则拉伸得到的是薄壁体。

① 【单向】:设定从草图以一个方向(向外)拉伸的厚度 ⏁,如图 3-32 所示。

② 【两侧对称】:设定以两个方向从草图均等拉伸的厚度 ⏁,如图 3-33 所示。

③ 【双向】:设定不同的拉伸厚度:方向 1 厚度 ⏁ 和方向 2 厚度 ⏁ 向截面曲线两个方向,偏置值相等,如图 3-34 所示。

④ 【自动加圆角】:在每一个具有直线相交夹角的边线上生成圆角,如图 3-35 所示。

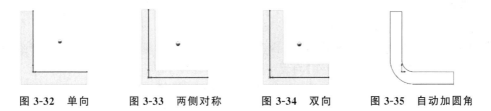

图 3-32　单向　　　　图 3-33　两侧对称　　　　图 3-34　双向　　　　图 3-35　自动加圆角

**⚠️ 提示2　关于合并结果**

选择【合并结果】复选按钮,将所产生的实体合并到现有实体(仅限于凸台/基体拉伸或旋转)。如果取消【合并结果】复选按钮,特征将生成一个不同实体。

(5) 选择【插入】|【特征】|【组合】命令,会出现【组合】属性管理器。

① 在【操作类型】组,选中【共同】单选按钮。

② 在【组合的实体】组,激活【实体】列表,在图形区选择【凸台-拉伸 1】和【拉伸-薄壁 1】,如图 3-36 所示,单击【确定】按钮 ☑。

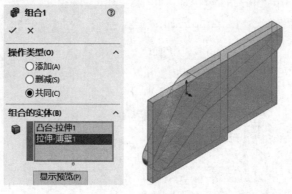

图 3-36　组合实体

！提示　关于组合

【添加】：将所有所选实体相结合以生成一个单一实体，如图 3-37 所示。

【删减】：将重叠的材料从所选主实体中移除，如图 3-38 所示。

【共同】：移除除了重叠以外的所有材料，如图 3-39 所示。

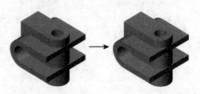

图 3-37　添加

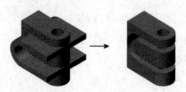

图 3-38　删减

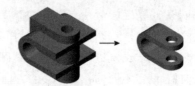

图 3-39　共同

### 3. 建立凸台

(1) 在指定面绘制草图，如图 3-40 所示。

(2) 单击【特征】选项卡上的【拉伸凸台/基体】按钮🠖，会出现【凸台-拉伸】属性管理器。

① 在【方向 1】组，从【终止条件】列表中选择【给定深度】选项。

② 在【深度】文本框输入 10.00mm，如图 3-41 所示，单击【确定】按钮☑。

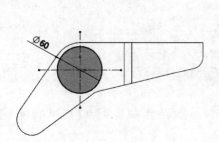

图 3-40　绘制草图 3

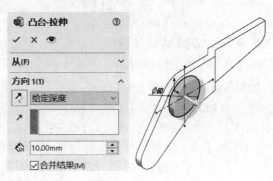

图 3-41　建立凸台

#### 4. 打孔

（1）选择【插入】|【特征】|【简单直孔】命令，会出现【孔】属性管理器。

① 在图形区中选择凸台的顶端平面作为放置平面。

② 在【方向 1】组，从【终止条件】列表中选择【完全贯穿】选项。

③ 在【直径】文本框输入 32.00mm，单击【确定】按钮 ✓。

④ 在 FeatureManager 设计树中单击刚建立的孔特征，从快捷工具栏中单击【编辑草图】按钮 ✎，进入【草图】环境。设定孔的圆心位置，如图 3-42 所示，单击【退出草图】按钮 ⤷，退出【草图】环境。

（2）同上创建 $\phi20$ 孔，如图 3-43 所示。

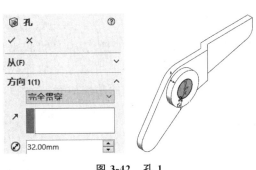

图 3-42　孔 1

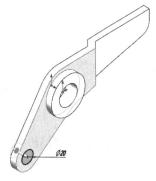

图 3-43　孔 2

#### 5. 存盘

选择【文件】|【保存】命令，保存文件。

#### 【任务拓展】

按照图 3-44 和图 3-45 所示创建模型。

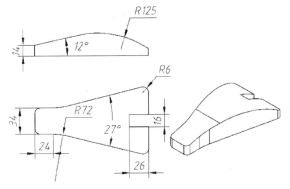

图 3-44　拓展练习 3-5

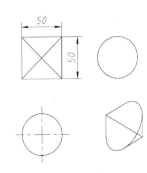

图 3-45　拓展练习 3-6

# 创建基准特征

基准特征也叫参考几何体,是 SOLIDWORKS 一种重要的工具,在设计过程中作为参考基准。基准特征包括基准面、基准轴、坐标系和点。使用基准特征可以定义曲面或实体的位置、形状或组成,如扫描、放样、镜像使用的基准面,圆周阵列使用的基准轴等。

视频讲解

## 课题 4-1  创建基准面特征

【学习目标】

(1)基准面的概念。

(2)创建相对基准面的方法。

【工作任务】

建立关联到一实体模型的相对基准面,如图 4-1 所示。

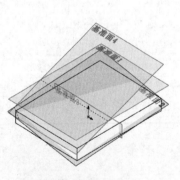

(a) 第一组相对基准面

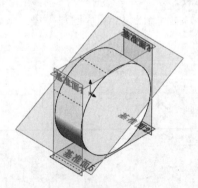

(b) 第二组相对基准面

**图 4-1  建立关联到一实体模型的相对基准面**

按下列要求创建第一组相对基准面,如图 4-1(a)所示。

(1)按某一距离创建基准面 1。

(2)过三点建基准面 2。

(3)二等分基准面 3。

(4)与上表面成角度基准面 4。

按下列要求创建第二组相对基准面,如图 4-1(b)所示。

（1）与圆柱相切基准面 1～4。

（2）与圆柱相切和基准面 3 成 60°角基准面 5。

**【任务实施】**

**1．新建文件**

新建文件并保存为"第一组相对基准面.sldprt"。

**2．建立块**

根据适合比例建立块，如图 4-2 所示。

| 提示 | **关于基准面**

基准面是参考几何体的一种，应用相当广泛，如草图的绘制平面、镜像特征、拔模中性面、生成剖面视图等。

SOLIDWORKS 系统提供了三个默认基准面，如图 4-3 所示。

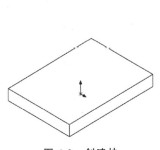

图 4-2　创建块

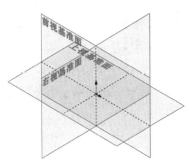

图 4-3　系统默认基准面

手工建立一个基准面至少需要两个已知条件才能正确构建。

基准面的建立方法分别如下。

**【重合】**：生成一个穿过选定参考的基准面，如图 4-4(a)所示。

**【平行】**：生成一个与选定基准面平行的基准面。例如，为一个参考选择一个面，为另一个参考选择一个点，如图 4-4(b)所示。

**【垂直】**：生成一个与选定参考垂直的基准面。例如，为一个参考选择一条边线或曲线，

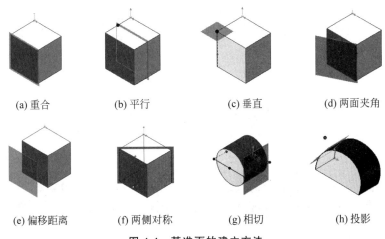

(a) 重合　　　(b) 平行　　　(c) 垂直　　　(d) 两面夹角

(e) 偏移距离　　　(f) 两侧对称　　　(g) 相切　　　(h) 投影

**图 4-4　基准面的建立方法**

为另一个参考选择一个点或顶点,如图4-4(c)所示。

【两面夹角】:生成一个基准面,它通过一条边线、轴线或草图线,并与一个圆柱面或基准面成一定角度,如图4-4(d)所示。

【偏移距离】:生成一个与某个基准面或面平行,并偏移指定距离的基准面,如图4-4(e)所示。

【两侧对称】:在平面、参考基准面以及三维草图基准面之间生成一个两侧对称的基准面,如图4-4(f)所示。

【相切】:生成一个与圆柱面、圆锥面、非圆柱面以及空间面相切的基准面,如图4-4(g)所示。

【投影】:将单个对象(如点、顶点、原点或坐标系)投影到空间曲面上,如图4-4(h)所示。

**3. 按某一距离创建基准面1**

单击【特征】选项卡上的【基准面】按钮,会出现【基准面】属性管理器。

① 在【第一参考】组,激活【第一参考】,在图形区选择上表面。

② 在【偏移距离】文本框输入10.00mm,如图4-5所示,单击【确定】按钮,建立基准面1。

**提示1 关于如何调整基准面大小**

双击已建立的基准面,拖动调整大小手柄,调整基准平面的大小,如图4-6所示。

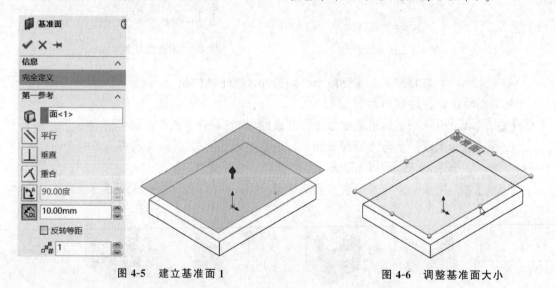

图4-5 建立基准面1　　　　图4-6 调整基准面大小

**提示2 关于如何快捷生成基准面**

对现有基准面使用Ctrl+拖动,可以新建一个与现有基准面等距的基准面。

**4. 过三点创建基准面2**

单击【特征】选项卡上的【基准面】按钮,会出现【基准面】属性管理器。

① 在【第一参考】组,激活【第一参考】,在图形区选择一个顶点。

② 在【第二参考】组,激活【第二参考】,在图形区选择一个顶点。

③ 在【第三参考】组,激活【第三参考】,在图形区选择一条边的中点,如图4-7所示,单击

【确定】按钮☑,建立基准面 2。

**5.创建二等分基准面 3**

单击【特征】选项卡上的【基准面】按钮🔳,会出现【基准面】属性管理器。

① 在【第一参考】组,激活【第一参考】,在图形区选择一个面。

② 在【第二参考】组,激活【第二参考】,在图形区选择一个面,如图 4-8 所示,单击【确定】按钮☑,建立基准面 3。

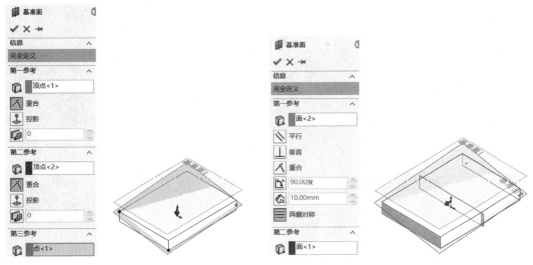

图 4-7　建立基准面 2　　　　　　　　　　图 4-8　建立基准面 3

**6.创建与上表面成一定角度的基准面 4**

单击【特征】选项卡上的【基准面】按钮🔳,会出现【基准面】属性管理器。

① 在【第一参考】组,激活【第一参考】,在图形区选择一条边线。

② 在【第二参考】组,激活【第二参考】,在图形区中选择上表面。

③ 单击【两面夹角】按钮🔲。

④ 在【角度】文本框输入 20.00 度,如图 4-9 所示,单击【确定】按钮☑,建立基准面 4。

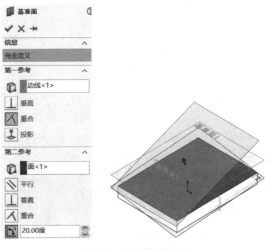

图 4-9　建立基准面 4

> **!提示** 关于角度方向
>
> 根据右手规则确定角度方向,逆时针方向为正方向。

### 7. 检验基准面与块的参数化关系

编辑块,观察所建基准面,检验基准面与块的参数化关系,如图 4-10 所示。

### 8. 存盘

选择【文件】|【保存】命令,保存文件。

### 9. 再次新建零件

再次新建零件并保存为"第二组相对基准面.sldprt"文件。

### 10. 建立圆柱

根据适合比例建立圆柱,如图 4-11 所示。

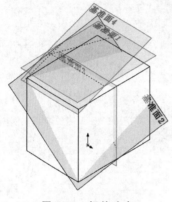

图 4-10 相关改变

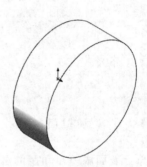

图 4-11 创建圆柱体

### 11. 创建与圆柱相切基准面 1

单击【特征】选项卡上的【基准面】按钮 ▥ ,会出现【基准面】属性管理器。

① 在【第一参考】组,激活【第一参考】,在图形区选择圆柱表面。

② 在【第二参考】组,激活【第二参考】,在图形区选择上视基准面,如图 4-12 所示,单击【确定】按钮 ☑ ,自动创建相切基准面 1。

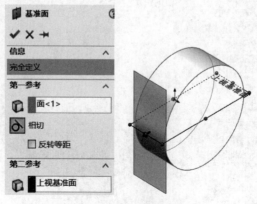

图 4-12 建立相切基准面 1

**12．创建与圆柱相切基准面 2**

单击【特征】选项卡上的【基准面】按钮▥，会出现【基准面】属性管理器。

① 在【第一参考】组，激活【第一参考】，在图形区选择圆柱表面，选择【反转等距】复选按钮。

② 在【第二参考】组，激活【第二参考】，在图形区选择基准面 1，如图 4-13 所示，单击【确定】按钮✓，建立相切基准面 2。

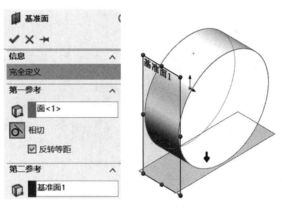

图 4-13　建立相切基准面 2

> **！提示**　关于基准面的平面方位
>
> 当生成的基准面有多种方案时，选中【反转等距】复选框或取消选中【反转等距】复选框，预览所需基准面，如图 4-14 所示。

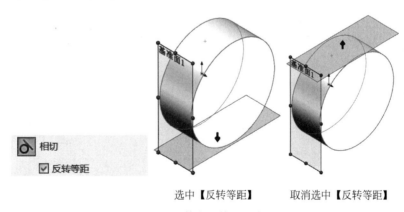

选中【反转等距】　　　取消选中【反转等距】

图 4-14　基准面的平面方位

**13．创建与圆柱相切基准面 3**

单击【特征】选项卡上的【基准面】按钮▥，会出现【基准面】属性管理器。

① 在【第一参考】组，激活【第一参考】，在图形区选择圆柱表面，选择【反转等距】复选按钮。

② 在【第二参考】组，激活【第二参考】，在图形区选择基准面 2，如图 4-15 所示，单击【确定】按钮✓，建立相切基准面 3。

**14．创建与圆柱相切基准面 4**

单击【特征】选项卡上的【基准面】按钮▥，会出现【基准面】属性管理器。

① 在【第一参考】组,激活【第一参考】,在图形区选择圆柱表面。

② 在【第二参考】组,激活【第二参考】,在图形区选择基准面3,如图4-16所示,单击【确定】按钮 √,建立相切基准面4。

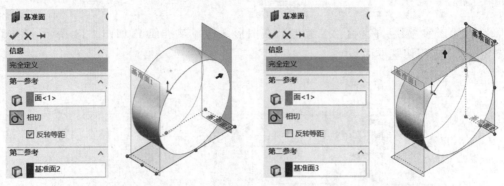

图4-15　建立相切基准面3　　　　　　图4-16　建立相切基准面4

### 15. 创建与圆柱相切同时与基准面3成60°角的基准面5

单击【特征】选项卡上的【基准面】按钮 ,会出现【基准面】属性管理器。

① 在【第一参考】组,激活【第一参考】,在图形区选择圆柱表面。

② 在【第二参考】组,激活【第二参考】,在图形区选择基准面3。

③ 单击【两面夹角】按钮 ,在【角度】文本框输入60.00度,如图4-17所示,单击【确定】按钮 √,建立基准面5。

### 16. 编辑圆柱

编辑圆柱,观察所建基准面,检验基准面对块的参数化关系,如图4-18所示。

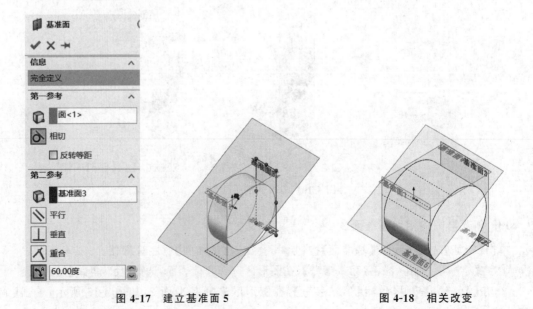

图4-17　建立基准面5　　　　　　　图4-18　相关改变

### 17. 存盘

选择【文件】|【保存】命令,保存文件。

**【任务拓展】**

按照图 4-19 和图 4-20 所示创建模型。

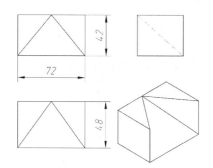

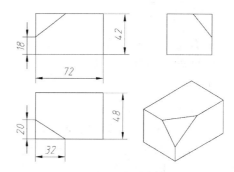

图 4-19　拓展练习 4-1　　　　　图 4-20　拓展练习 4-2

 **课题 4-2　创建基准轴特征**

视频讲解

**【学习目标】**

创建相对基准轴的方法。

**【工作任务】**

建立关联到一实体模型的相对基准轴,如图 4-21 所示。

按下列要求创建基准轴,如图 4-21 所示。

(1) 通过一条草图直线、边线或轴,创建基准轴 1。

(2) 通过两个平面,即两个平面的交线,创建基准轴 2。

(3) 通过两个点或模型顶点,也可以是中点,创建基准轴 3。

(4) 通过圆柱面/圆锥面的轴线,创建基准轴 4。

(5) 通过点并垂直于给定的面或基准面,创建基准轴 5。

**【任务实施】**

**1. 新建文件**

新建文件并保存为"相对基准轴.sldprt"。

**2. 建立模型**

根据适合比例建立模型,如图 4-22 所示。

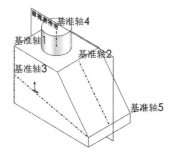

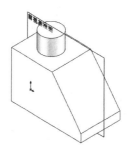

图 4-21　建立关联到一实体模型的相对基准轴　　　图 4-22　创建模型

💡 提示    关于基准轴

基准轴是一种参考几何体,主要服务于其他特征(如圆周阵列)或建模中的某些特殊用途(如弹簧的中心轴线)。

基准轴的建立方法分为以下 5 种。

【一直线/边线/轴】⬜：通过一条草图直线、边线或轴,如图 4-23(a)所示。

【两平面】⬜：通过两个平面,即两个平面的交线,如图 4-23(b)所示。

【两点/顶点】⬜：通过两个点或模型顶点,也可以是中点,如图 4-23(c)所示。

【圆柱/圆锥面】⬜：通过圆柱面/圆锥面的轴线,如图 4-23(d)所示。

【点和面/基准面】⬜：通过一个点和一个面(或基准面),即通过点并垂直于给定的面或基准面,如图 4-23(e)所示。

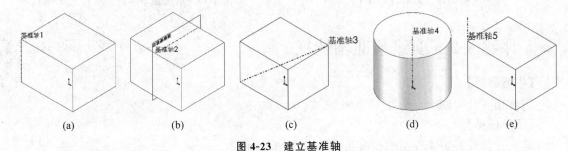

(a)           (b)           (c)           (d)           (e)

图 4-23    建立基准轴

**3. 通过一条草图直线、边线或轴创建基准轴 1**

单击【特征】选项卡上的【基准轴】按钮 ✎,会出现【基准轴】属性管理器。

① 单击【一直线/边线/轴】按钮 ⬜。

② 选择块上一条边线,如图 4-24 所示,单击【确定】按钮 ✓,建立基准轴 1。

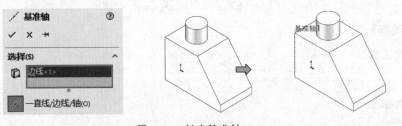

图 4-24    创建基准轴 1

💡 提示    关于如何调整基准轴长短

选中已建立的基准轴,单击拖动基准轴端点,可以调整基准轴的长短,如图 4-25 所示。

图 4-25    调整基准轴的长短

**4. 通过两个平面创建基准轴 2**

单击【特征】选项卡上的【基准轴】按钮 ✎,会出现【基准轴】属性管理器。

① 单击【两平面】按钮 ⬜。

② 选择块斜面和基准面,如图 4-26 所示,单击【确定】按钮 ✓,建立基准轴 2。

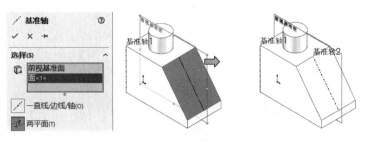

图 4-26 创建基准轴 2

### 5. 通过两个点创建基准轴 3

单击【特征】选项卡上的【基准轴】按钮 ∕，会出现【基准轴】属性管理器。

① 单击【两点/顶点】按钮 ↘。

② 选择一边中点和一边端点，如图 4-27 所示，单击【确定】按钮 ✓，建立基准轴 3。

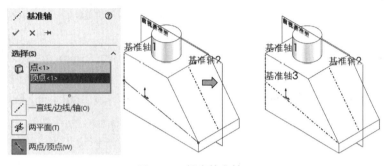

图 4-27 创建基准轴 3

### 6. 通过圆柱面/圆锥面的轴线创建基准轴 4

单击【特征】选项卡上的【基准轴】按钮 ∕，会出现【基准轴】属性管理器。

① 单击【圆柱/圆锥面】按钮 ⊞。

② 选择圆柱面，如图 4-28 所示，单击【确定】按钮 ✓，建立基准轴 4。

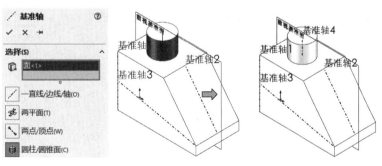

图 4-28 创建基准轴 4

### 7. 通过点并垂直于给定的面或基准面创建基准轴 5

单击【特征】选项卡上的【基准轴】按钮 ∕，会出现【基准轴】属性管理器。

① 单击【点和面/基准面】按钮 ⊥。

② 选择块斜面和一端点，如图 4-29 所示，单击【确定】按钮 ✓，建立基准轴 5。

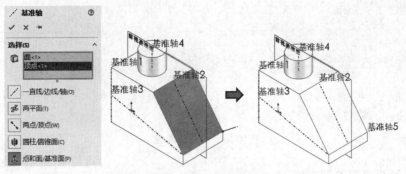

图 4-29　创建基准轴 5

**8. 编辑模型**

编辑模型,观察所建基准轴,检验基准轴对块的参数化关系,如图 4-30 所示。

**9. 存盘**

选择【文件】|【保存】命令,保存文件。

**【任务拓展】**

按照图 4-31 和图 4-32 所示创建模型。

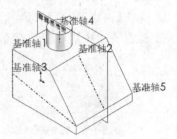

图 4-30　相关改变

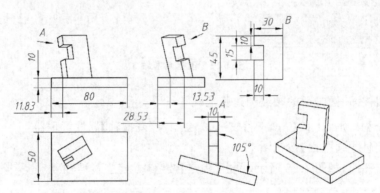

图 4-31　拓展练习 4-3

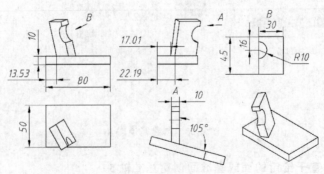

图 4-32　拓展练习 4-4

【知识拓展】

显示临时轴

每一个圆柱和圆锥体都有一条轴线是临时轴。临时轴是由模型中的圆锥和圆柱隐含生成的，用户可以设置默认为隐藏或显示所有临时轴。

要显示临时轴可以选择【视图】|【隐藏/显示】|【临时轴】命令，如图 4-33 所示。

临时轴

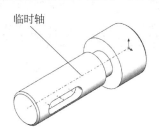

图 4-33 显示临时轴

# 模块五

# 使用附加特征

附加特征也叫应用特征，是一种在不改变基本特征主要形状的前提下，对已有特征进行局部修饰的建模方法。附加特征主要包括圆角、倒角、异形孔向导、筋特征、抽壳、拔模、包覆、镜像和阵列等，这些特征对实体造型的完整性非常重要。

视频讲解

## 课题 5-1 圆角、倒角、筋与镜像

【学习目标】

（1）创建圆角特征。

（2）创建倒角特征。

（3）创建筋特征。

（4）创建镜像特征。

【工作任务】

圆角、倒角、筋与镜像应用实例，如图 5-1 所示。

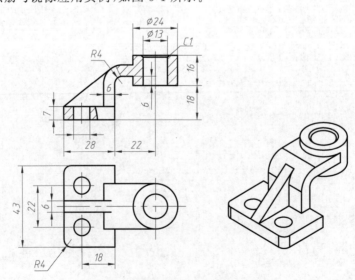

图 5-1　圆角、倒角、筋与镜像应用实例

**【任务实施】**

**1. 新建文件**

新建文件并保存为"圆角-倒角-筋与镜像应用实例.sldprt"。

**2. 建立基体**

(1) 在右视基准面绘制草图,如图 5-2 所示。

(2) 单击【特征】选项卡上的【拉伸凸台/基体】按钮 ⓜ,会出现【凸台-拉伸】属性管理器。

① 在【方向 1】组,从【终止条件】列表中选择【两侧对称】选项。

② 在【深度】文本框内输入 43.00mm。

③ 选中【薄壁特征】复选框。

④ 在【薄壁特征】组,从【类型】列表中选择【单向】选项。

⑤ 在【厚度】文本框内输入 7.00mm。

⑥ 如图 5-3 所示,在【所选轮廓】组,激活选中的轮廓,在图形区选择水平线,然后单击【确定】按钮 ⓥ。

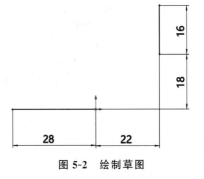

图 5-2　绘制草图

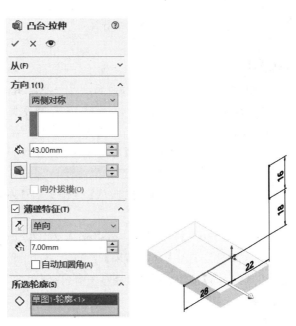

图 5-3　拉伸底座

(3) 单击【特征】选项卡上的【旋转凸台/基体】 🕭,会出现【旋转】属性管理器。

① 在【旋转轴】组,激活【旋转轴】列表,在图形区选择【直线 2】。

② 在【方向 1】组,从【旋转类型】列表中选择【给定深度】选项。

③ 在【角度】文本框内输入 360.00 度。

④ 选中【薄壁特征】复选框。

⑤ 在【薄壁特征】组,从【类型】列表中选择【单向】选项。

⑥ 在【厚度】文本框内输入 12.00mm。

⑦ 如图 5-4 所示,在【所选轮廓】组,激活所选的轮廓,在图形区选择竖直线,然后单击【确定】按钮✓。

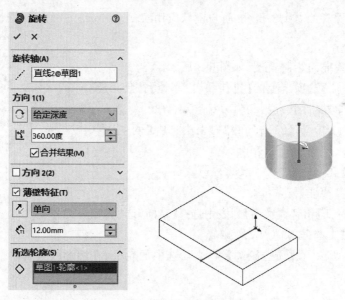

图 5-4　旋转圆柱

!提示　关于共享草图

旋转特征仍使用草图 1 创建,它与上一步的拉伸特征共享一个草图,进入【旋转】属性管理器后,需要在工作区左上角的【设计树】列表中选中【拉伸-薄壁 1】下的【草图 1】,然后再进行操作。

(4) 在右视基准面绘制草图,如图 5-5 所示。

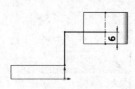

图 5-5　绘制草图

(5) 单击【特征】选项卡上的【拉伸凸台/基体】按钮⬛,会出现【凸台-拉伸】属性管理器。

① 在【方向 1】组,从【终止条件】列表中选择【两侧对称】选项。

② 在【深度】文本框内输入 24.00mm。

③ 选中【合并结果】复选框。

④ 在【薄壁特征】组,点选【反向】按钮,从【类型】列表中选择【单向】选项。

⑤ 在【厚度】文本框内输入 6.00mm。

⑥ 选中【自动加圆角】复选框。

⑦ 在【圆角半径】文本框输入 4.00mm,如图 5-6 所示,单击【确定】按钮✓。

!提示　关于薄壁特征建模

基体建模运用了薄壁特征建模思路。

**3. 建立筋**

(1) 在右视基准面绘制草图,如图 5-7 所示。

(2) 单击【特征】选项卡上的【筋】按钮⬛,会出现【筋】属性管理器。

① 在【参数】组,设置筋【厚度】的方向为【两侧】▤。

② 在【筋厚度】文本框内输入 6.00mm。

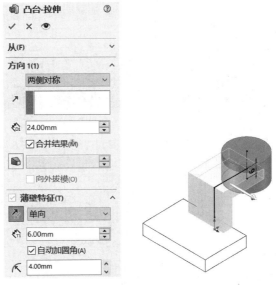

图 5-6　建立连接

③ 设置【拉伸方向】为【平行于草图】◈，如图 5-8 所示，单击【确定】按钮✓。

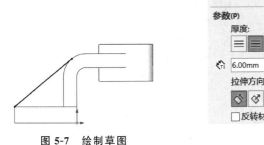

图 5-7　绘制草图

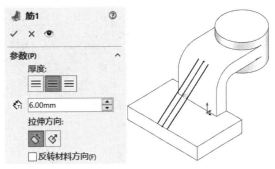

图 5-8　建立筋

**⊕提示　关于筋**

所谓筋，是指在零件上增加强度的部分。生成筋特征前，必须先绘制一个与零件相交的草图，该草图既可以是开环的也可以是闭环的。

⌐ **筋的方向** ⌐

【筋的厚度方向】：筋的厚度方向有 3 种形式，分别为第一边、两侧和第二边，如图 5-9 所示。

【筋的拉伸方向】：筋的拉伸方向可以分为平行于草图及垂直于草图两种，如图 5-10 所示。

【筋的延伸方向】：当筋沿草图的垂直方向拉伸时，如果草图未完全与实体边线接触，系统会自动将草图延伸至实体边，筋的延伸方向有线性延伸和自然延伸两种。

（1）线性，如图 5-11 所示。

单击【特征】选项卡上的【筋】按钮🕮，会出现【筋】属性管理器。

① 在【参数】组，设置【筋的厚度方向】为【两侧】▤。

② 在【筋厚度】文本框内输入 5.00mm。

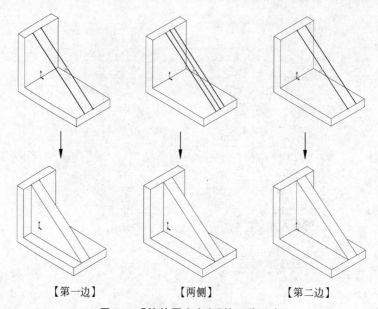

【第一边】 【两侧】 【第二边】

图 5-9 【筋的厚度方向】的 3 种形式

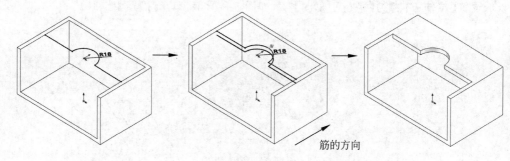

筋的方向

(a) 筋的拉伸方向平行于草图

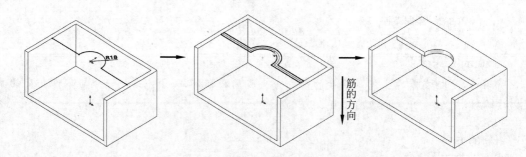

筋的方向

(b) 筋的拉伸方向垂直于草图

图 5-10 【筋的拉伸方向】的两种形式

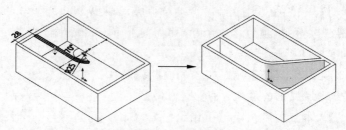

图 5-11 线性延伸

③ 设置【拉伸方向】为【垂直于草图】👁️。

④ 选择【类型】为【线性】单选按钮。

（2）自然，如图 5-12 所示。

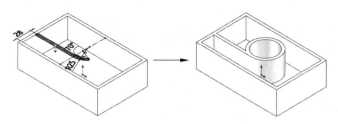

图 5-12 自然延伸

单击【特征】选项卡上的【筋】按钮 🥄，会出现【筋】属性管理器。

① 在【参数】组，设置【筋的厚度方向】为【两侧】≡。

② 在【筋厚度】文本框内输入 2.00mm。

③ 设置【拉伸方向】为【垂直于草图】👁️。

④ 选择【类型】为【自然】单选按钮。

┤ 生成筋特征的操作流程 ├

① 在与基体零件基准面等距的基准面上生成一个草图。

② 单击【特征】选项卡上的【筋】按钮 🥄，会出现【筋】属性管理器。

③ 在【筋】属性管理器中，设定属性管理器选项，单击【确定】按钮✓，生成筋。

**4. 建立孔**

（1）在指定面上绘制草图，如图 5-13 所示。

（2）单击【特征】选项卡上的【拉伸切除】按钮 ◎，会出现【切除-拉伸】属性管理器。

在【方向1】组，从【终止条件】列表中选择【完全贯穿】选项，如图 5-14 所示，单击【确定】按钮✓。

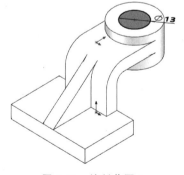

图 5-13 绘制草图 1

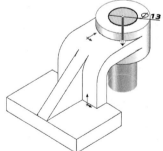

图 5-14 切除 1

（3）在指定面上绘制草图，如图 5-15 所示。

（4）单击【特征】选项卡上的【拉伸切除】按钮 ◎，会出现【切除-拉伸】属性管理器。

在【方向1】组，从【终止条件】列表中选择【完全贯穿】选项，如图 5-16 所示，单击【确定】按钮✓。

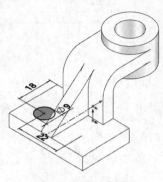

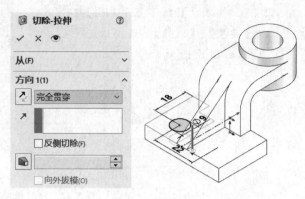

图 5-15 绘制草图 2 图 5-16 切除 2

### 5. 镜像

单击【特征】选项卡上的【镜像】按钮 ，会出现【镜像】属性管理器。

① 在【镜像面/基准面】组，激活【镜像面/基准面】列表，在 FeatureManager 设计树中选择【右视基准面】。

② 在【要镜像的特征】组，激活【要镜像的特征】列表，在 FeatureManager 设计树中选择【切除-拉伸 2】，如图 5-17 所示，单击【确定】按钮 ✓。

> **提示** 关于镜像
>
> 镜像特征是将一个或多个特征沿指定的平面复制，生成平面另一侧的特征。镜像所生成的特征是与源特征相关的，源特征的修改会影响到镜像的特征。
>
> 生成镜像特征的操作流程如下。
>
> ① 单击【特征】选项卡上的【镜像】按钮 ，会出现【镜像】属性管理器。
>
> ② 在【镜像面/基准面】组，激活【镜像面/基准面】列表，选择【右视基准面】。
>
> ③ 在【要镜像的特征】组，激活【要镜像的特征】列表，在 FeatureManager 设计树中选择【切除-拉伸 1】，如图 5-18 所示。

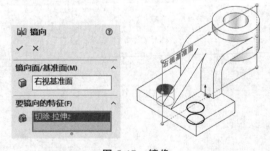

图 5-17 镜像

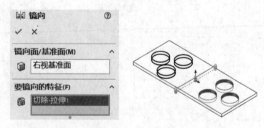

图 5-18 特征镜像

### 6. 倒角

单击【特征】选项卡上的【倒角】按钮 ，会出现【倒角】属性管理器。

① 选中【角度距离】单选按钮 。

② 激活【边线、面和环】列表，在图形区选中要倒角的边线。

③ 在【距离】文本框内输入 1.00mm，在【角度】文本框内输入 45.00 度，如图 5-19 所示，单

击【确定】按钮 ✓,生成倒角。

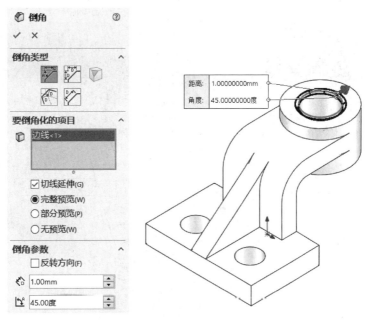

图 5-19　倒直角

⊙ 提示　关于倒角

倒角工具的作用是在所选边线、面或顶点上生成一个倾斜特征。

倒角类型有三种,其中【角度-距离】如图 5-20(a)所示,【距离-距离】如图 5-20(b)所示,【顶点】如图 5-20(c)所示。

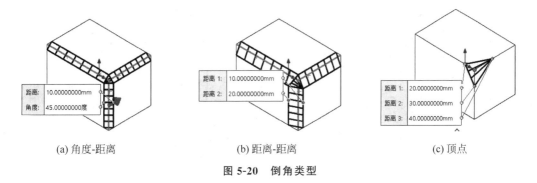

(a) 角度-距离　　　　　　　　(b) 距离-距离　　　　　　　　(c) 顶点

图 5-20　倒角类型

### 7. 倒圆角

单击【特征】选项卡上的【圆角】按钮 ⊙,会出现【圆角】属性管理器。

① 在【圆角类型】组,选中【恒定大小圆角】单选按钮 ⊡。

② 激活【边线、面、特征和环】列表,在图形区选择需倒圆角的边线。

③ 在【圆角参数】组的【半径】文本框输入 4.00mm,如图 5-21 所示,单击【确定】按钮 ✓。

⊙ 提示　关于倒圆角

圆角用于在零件上生成一个内圆角或外圆角,还可以为一个面的所有边线、所选的多组

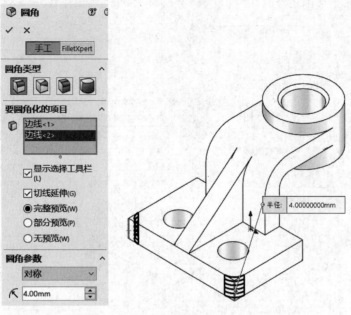

图 5-21　倒圆角

面、所选的边线或边线环生成圆角。

### 8. 存盘

选择【文件】|【保存】命令,保存文件。

【任务拓展】

按照图 5-22 和图 5-23 所示创建模型。

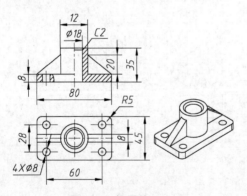

图 5-22　拓展练习 5-1

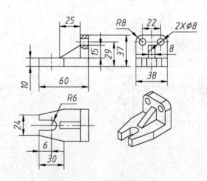

图 5-23　拓展练习 5-2

视频讲解

## 课题 5-2　孔与阵列

### 【学习目标】

(1) 创建孔特征。

(2) 运用异形孔向导创建异形孔特征。

(3) 创建圆周阵列特征。

(4) 创建线性阵列特征。

## 【工作任务】

孔与阵列特征应用实例,如图 5-24 所示。

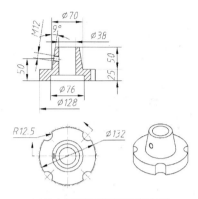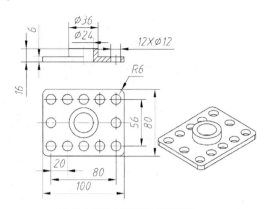

(a) 孔与圆周阵列特征应用实例　　　　　　(b) 孔与线性阵列特征应用实例

**图 5-24　孔与阵列特征应用实例**

## 【任务实施】

### 1. 新建文件

新建文件并保存为"孔与圆周阵列特征应用实例.sldprt"。

### 2. 建立基体

(1) 在上视基准面绘制草图,如图 5-25 所示。

(2) 单击【特征】选项卡上的【拉伸凸台/基体】按钮🔳,会出现【凸台-拉伸】属性管理器。

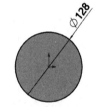

**图 5-25　绘制草图 1**

① 在【方向 1】组,从【终止条件】列表中选择【给定深度】选项。

② 在【深度】文本框内输入 25.00mm,如图 5-26 所示,单击【确定】按钮☑。

(3) 在上表面绘制草图,如图 5-27 所示。

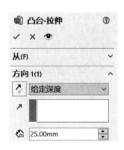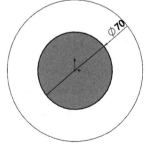

**图 5-26　拉伸底座**　　　　　　**图 5-27　绘制草图 2**

(4) 单击【特征】选项卡上的【拉伸凸台/基体】按钮🔳,会出现【凸台-拉伸】属性管理器。

① 在【方向 1】组,从【终止条件】列表中选择【给定深度】选项。

② 在【深度】文本框内输入 51.00mm。

③ 打开【拔模开/关】,在【拔模角度】文本框输入 9.00 度,如图 5-28 所示,单击【确定】按钮☑。

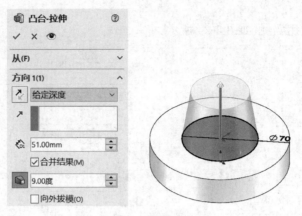

图 5-28　拉伸凸台

### 3. 打异形孔

（1）单击【特征】选项卡上的【异形孔向导】按钮 ，会出现
【孔规格】属性管理器，打开【类型】选项卡。

① 在【孔类型】组，单击【柱形沉头孔】按钮。

② 在【标准】列表中选择【GB】选项。

③ 在【类型】列表中选择【六角头螺栓 C 级 GB/T5780】
选项。

④ 在【孔规格】组的【大小】列表中选择【M36】选项。

⑤ 在【配合】列表中选择【正常】选项。

⑥ 选中【显示自定义大小】复选按钮。

⑦ 在【通孔直径】文本框中输入 38.000mm。

⑧ 在【柱形沉头孔直径】文本框中输入 76.000mm。

⑨ 在【柱形沉头孔深度】文本框中输入 12.500mm。

⑩ 从【终止条件】列表中选择【完全贯穿】选项，如图 5-29
所示。

（2）打开【位置】选项卡，单击【3D 草图】按钮，在支座底面
设定孔的圆心位置，单击【确定】按钮 ✓，如图 5-30 所示。

（3）在 FeatureManager 设计树中展开刚建立的孔特征，选
中【3D 草图】从快捷工具栏中单击【编辑草图】按钮 ☑，进入【草
图】环境，设定孔的圆心位置，如图 5-31 所示，单击【退出草图】
按钮 ☑，退出【草图】环境。

图 5-29　【异形孔向导】应用

💡 提示　关于异形孔向导

异形孔向导可以按照不同的标准快速建立各种复杂的异形孔，如柱形沉头孔、锥形沉头
孔、螺纹孔或管螺纹孔等。可使用异形孔向导生成基准面上的孔，以及在平面和非平面上生成
孔。平面上的孔可生成一个与特征成某一角度的孔。

### 4. 打简单孔

（1）选择【插入】|【特征】|【简单直孔】命令，会出现【孔】属性管理器。

图 5-30 确定孔位置

图 5-31 孔定位 1

① 在支座表面为孔中心选择一位置,如图 5-32 所示。

② 在【方向 1】组,从【终止条件】列表中选择【完全贯穿】选项。

③ 在【孔直径】文本框中输入 25.00mm,如图 5-33 所示,单击【确定】按钮☑,建立孔特征。

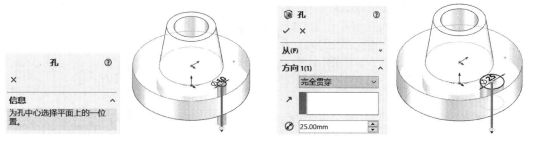

图 5-32 为孔中心选择一位置          图 5-33 建立孔特征

④ 在 FeatureManager 设计树中单击刚建立的孔特征,从快捷工具栏中单击【编辑草图】按钮☑,进入【草图】环境,设定孔的圆心位置,如图 5-34 所示,单击【退出草图】按钮☑,退出【草图】环境。

💡提示  关于简单直孔

简单直孔是指在确定的平面上,设置孔的直径和深度生成的特征。

在确定简单直孔的位置时,可以通过标注尺寸的方式来确定,对于特殊的图形,可以通过添加几何关系来确定,如图 5-35 所示。

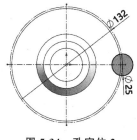

图 5-34 孔定位 2

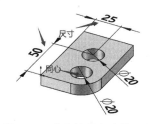

图 5-35 确定简单直孔的位置

(2) 单击【特征】选项卡上的【圆周阵列】按钮 ❀,会出现【阵列(圆周)】属性管理器。

① 在【方向 1】组,激活【阵列轴】列表,在图形区选择外圆面。

② 选中【等间距】复选框。

③ 在【实例数】文本框中输入 4。

④ 在【特征和面】组,激活【要阵列的特征】列表,在 FeatureManager 设计树中选择【孔 1】,如图 5-36 所示,单击【确定】按钮 ✓。

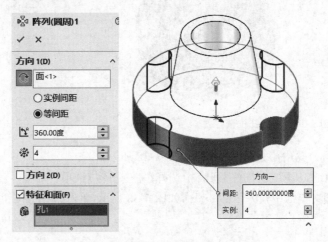

图 5-36　圆周阵列孔

!提示　关于圆周阵列

圆周阵列是将一个或多个特征、实体、面,绕一轴心的方式进行阵列。可以在图形区域中选取以下任一实体作为阵列轴:轴、圆形边线或草图直线、线性边线或草图直线、圆柱面或曲面、旋转面或曲面、角度尺寸。阵列绕此轴生成。如有必要,单击【反向】按钮 来改变圆周阵列的方向。

**5. 打侧孔**

(1) 单击【参考几何体】选项卡上的【基准面】按钮 ,会出现【基准面】属性管理器。

① 在【第一参考】组,激活【第一参考】,在图形区选择下表面。

② 选中【反转等距】复选按钮。

③ 在【偏移距离】文本框输入 50.00mm,如图 5-37 所示,单击【确定】按钮 ✓,建立基准面 1。

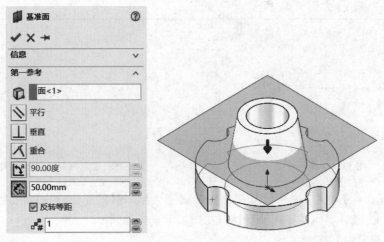

图 5-37　建立基准面 1

（2）单击【特征】选项卡上的【异形孔向导】按钮，会出现【孔规格】属性管理器，打开【类型】选项卡。

① 在【孔类型】组，单击【孔】按钮。

② 在【标准】列表中选择【GB】选项。

③ 在【类型】列表中选择【螺纹钻孔】选项。

④ 在【孔规格】组的【大小】列表中选择【M12】选项。

⑤ 在【终止条件】组，从【终止条件】列表中选择【成形到下一面】选项，如图 5-38 所示。

（3）打开【位置】选项卡，单击【3D 草图】按钮，在支座侧面设定孔的圆心位置，如图 5-39 所示，单击【确定】按钮。

图 5-38　【异形孔向导】应用

图 5-39　在支座侧面设定孔的圆心位置

（4）在 FeatureManager 设计树中展开刚建立的孔特征，选中【3D 草图】从快捷工具栏中单击【编辑草图】按钮，进入【草图】环境。

① 单击【添加几何关系】按钮，激活【所选实体】列表，选择圆心点与基准面 1，单击【在平面上】按钮，如图 5-40 所示，单击【确定】按钮。

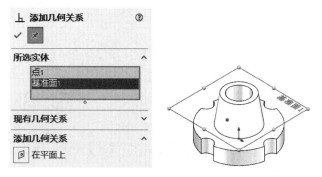

图 5-40　定位圆心点 1

② 单击【添加几何关系】按钮上,激活【所选实体】列表,选择圆心点与右视基准面,单击【在平面上】按钮⬚,如图 5-41 所示,单击【确定】按钮✓。

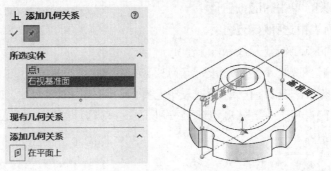

图 5-41　定位圆心点 2

③ 单击【退出草图】按钮⬚,退出【草图】环境。

> **!提示**　关于异形孔定位
>
> ◇ 直接选择平面,所产生的草图为 2D 草图。
> ◇ 单击【3D 草图】按钮,所产生的草图是 3D 草图。
> ◇ 与 2D 草图不一样,不能将 3D 草图约束到直线,但可将 3D 草图约束到面。

### 6. 存盘

选择【文件】|【保存】命令,保存文件。

### 7. 再次新建文件

再次新建文件并保存为"孔与线性阵列特征应用实例. sldprt"。

### 8. 建立基体

(1) 在右视基准面绘制草图,如图 5-42 所示。

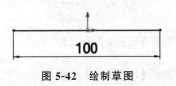

图 5-42　绘制草图

(2) 单击【特征】选项卡上的【拉伸凸台/基体】按钮⬚,会出现【凸台-拉伸】属性管理器。

① 在【方向 1】组,从【终止条件】列表中选择【两侧对称】选项。

② 在【深度】文本框内输入 80.00mm。

③ 选中【薄壁特征】复选框。

④ 在【薄壁特征】组,从【类型】列表中选择【单向】选项。

⑤ 在【厚度】文本框内输入 6.00mm,如图 5-43 所示,单击【确定】按钮✓。

(3) 在上表面绘制草图,如图 5-44 所示。

(4) 单击【特征】选项卡上的【拉伸凸台/基体】按钮⬚,会出现【凸台-拉伸】属性管理器。

① 在【方向 1】组,从【终止条件】列表中选择【给定深度】选项。

② 在【深度】文本框内输入 16.00mm,如图 5-45 所示,单击【确定】按钮✓。

### 9. 打简单孔

(1) 选择【插入】|【特征】|【简单直孔】命令,会出现【孔】属性管理器。

① 在支座表面为孔中心选择一位置,如图 5-46 所示。

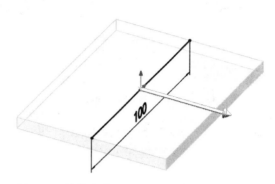

图 5-43  拉伸底座

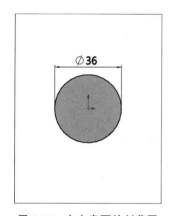

图 5-44  在上表面绘制草图

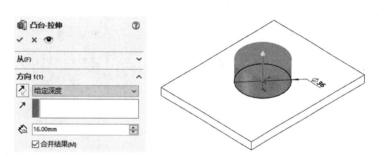

图 5-45  拉伸凸台

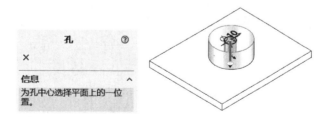

图 5-46  为孔中心选择一位置

② 在【方向 1】组,从【终止条件】列表中选择【完全贯穿】选项。

③ 在【孔直径】文本框中输入 24.00mm,如图 5-47 所示,单击【确定】按钮☑,建立孔特征。

④ 在 FeatureManager 设计树中单击刚建立的孔特征,从快捷工具栏中单击【编辑草图】按钮☑,进入【草图】环境,设定孔的圆心位置,如图 5-48 所示,单击【退出草图】按钮☑,退出【草图】环境。

(2) 选择【插入】|【特征】|【简单直孔】命令,会出现【孔】属性管理器。

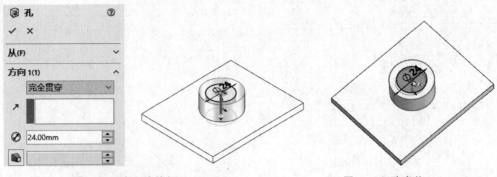

图 5-47　建立孔特征(24.00mm)　　　　图 5-48　孔定位(24.00mm)

① 在支座表面为孔中心选择一位置,如图 5-49 所示。

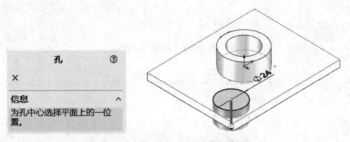

图 5-49　为孔中心选择一位置

② 在【方向1】组,从【终止条件】列表中选择【完全贯穿】选项。

③ 在【孔直径】文本框中输入 12.00mm,如图 5-50 所示,单击【确定】按钮 ✓ ,建立孔特征。

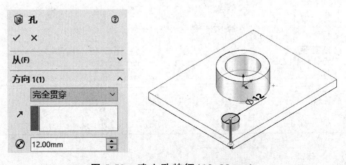

图 5-50　建立孔特征(12.00mm)

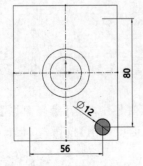

图 5-51　孔定位(12.00mm)

④ 在 FeatureManager 设计树中单击刚建立的孔特征,从快捷工具栏中单击【编辑草图】按钮 ✍ ,进入【草图】环境,设定孔的圆心位置,如图 5-51 所示,单击【退出草图】按钮,退出【草图】环境。

(3) 单击【特征】选项卡上的【线性阵列】按钮 ᙀ ,会出现【线性阵列】属性管理器。

① 在【方向1】组,激活【阵列方向】列表,在图形区选择图示边线为方向1。

② 在【间距】文本框中输入 28.00mm。

③ 在【实例】文本框中输入 3。

④ 在【方向 2】组，激活【阵列方向】列表，在图形区选择图示边线为方向 2。

⑤ 在【间距】文本框中输入 20.00mm。

⑥ 在【实例】文本框中输入 5。

⑦ 在【特征和面】组，激活【要阵列的特征】列表，在 FeatureManager 设计树中选择【孔 2】。

⑧ 在【可跳过的实例】组，激活【要跳过的实例】列表，在图形区选择要跳过的实例（2,2），(2,3),(2,4),如图 5-52 所示，单击【确定】按钮 ✓。

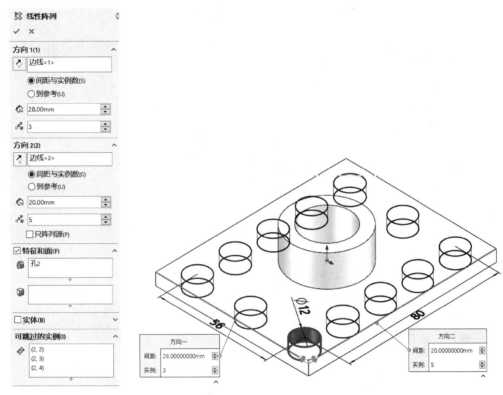

图 5-52　线性阵列孔

**提示**　关于线性阵列

线性阵列是将一个或多个特征、实体、面，沿一个或多个方向阵列图形。可以选择线性边线、直线、轴、尺寸、平面的面和曲面、圆锥面和曲面、圆形边线和参考平面作为阵列方向。如有必要，单击【反向】按钮 ⬙ 来反转线性阵列的方向。

**10. 倒圆角**

单击【特征】选项卡上的【圆角】按钮 ⬤ ，会出现【圆角】属性管理器。

① 在【圆角类型】组，选中【恒定大小圆角】单选按钮 ▣ 。

② 激活【边线、面、特征和环】列表，在图形区选择一条需倒圆角的边线，出现小工具条，单击【连接到开始环，3 边线】。

③ 在【圆角参数】组的【半径】文本框输入 6.00mm，如图 5-53 所示，单击【确定】按钮 ✓ 。

**11. 存盘**

选择【文件】|【保存】命令，保存文件。

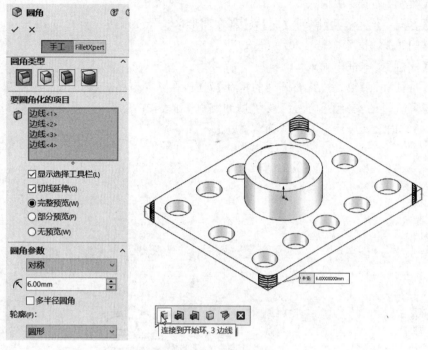

图 5-53　倒圆角

## 【任务拓展】

按照图 5-54 和图 5-55 所示创建模型。

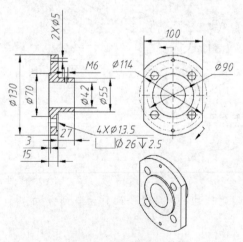

图 5-54　拓展练习 5-3

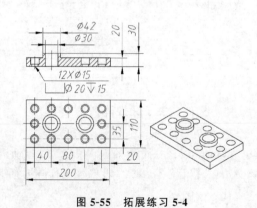

图 5-55　拓展练习 5-4

视频讲解

## 课题 5-3　拔模与抽壳

### 【学习目标】

(1) 创建拔模特征。

(2) 创建抽壳特征。

(3) 创建完全圆角特征。

【工作任务】

拔模与抽壳应用实例,如图 5-56 所示。

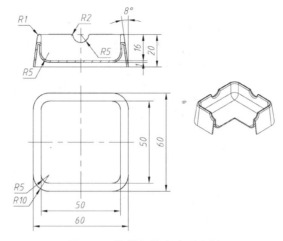

图 5-56　拔模与抽壳应用实例

【任务实施】

### 1. 新建文件

新建文件并保存为"拔模与抽壳应用实例.sldprt"。

### 2. 建立基体

(1) 在右视基准面绘制草图,如图 5-57 所示。

(2) 单击【特征】选项卡上的【拉伸凸台/基体】按钮 ,会出现【凸台-拉伸】属性管理器。

① 在【方向 1】组,从【终止条件】列表中选择【两侧对称】选项。

② 在【深度】文本框内输入 60.00mm。

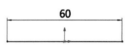

图 5-57　在右视基准面
绘制草图

③ 选中【薄壁特征】复选框。

④ 在【薄壁特征】组,从【类型】列表中选择【单向】选项。

⑤ 在【厚度】文本框内输入 20.00mm,如图 5-58 所示,单击【确定】按钮 。

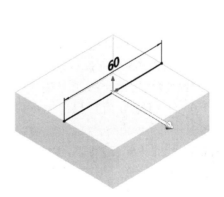

图 5-58　拉伸凸台

(3) 在上表面绘制草图,如图 5-59 所示。

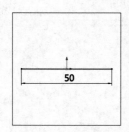

图 5-59 在上表面
绘制草图

(4) 单击【特征】选项卡上的【拉伸切除】按钮 ,会出现【切除-拉伸】属性管理器。

① 在【方向1】组,从【终止条件】列表中选择【给定深度】选项。

② 在【深度】文本框内输入 16.00mm。

③ 选中【薄壁特征】复选框。

④ 在【薄壁特征】组,从【类型】列表中选择【两侧对称】选项。

⑤ 在【厚度】文本框内输入 50.00mm,如图 5-60 所示,单击【确定】按钮 。

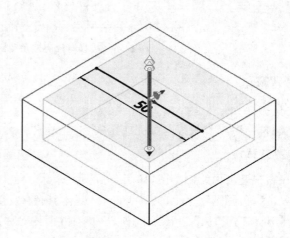

图 5-60 切除

(5) 单击【特征】选项卡上的【圆角】按钮 ,会出现【圆角】属性管理器。

① 在【圆角类型】组,选中【恒定大小圆角】单选按钮 。

② 激活【边线、面、特征和环】列表,在图形区选择需倒圆角的边线。

③ 选中【多半径圆角】复选框。

④ 在图形区单击半径文本框,输入相应半径,如图 5-61 所示,单击【确定】按钮 ,生成圆角。

**3. 拔模**

(1) 单击【特征】选项卡上的【拔模】按钮 ,会出现【拔模】属性管理器。

① 在【拔模类型】组,选中【中性面】单选按钮。

② 在【拔模角度】组的【拔模角度】文本框输入 8.00 度。

③ 在【中性面】组,激活【中性面】列表,在图形区域中选择上表面为中性面,确定拔模方向。

④ 在【拔模面】组,激活【拔模面】列表,在图形区选择腔体内表面为拔模面,如图 5-62 所示,单击【确定】按钮 ,生成拔模。

(2) 单击【特征】选项卡上的【拔模】按钮 ,会出现【拔模】属性管理器。

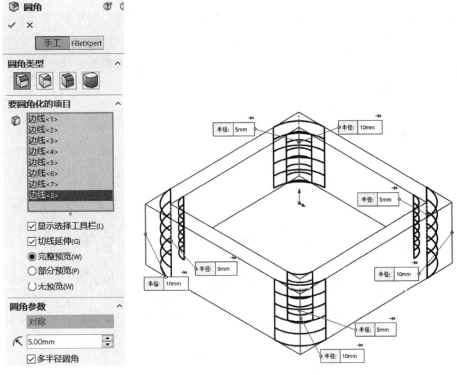

图 5-61 倒圆角(多半径圆角)

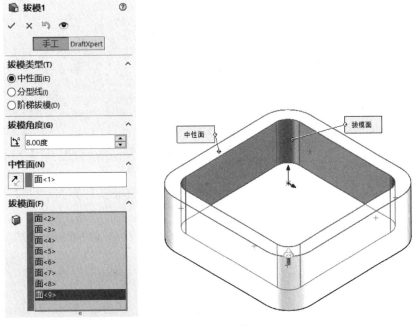

图 5-62 内拔模

① 在【拔模类型】组,选中【中性面】单选按钮。

② 在【拔模角度】组的【拔模角度】文本框输入 8.00 度。

③ 在【中性面】组,激活【中性面】列表,在图形区域中选择底面为中性面,确定拔模方向。

④ 在【拔模面】组,激活【拔模面】列表,在图形区选择腔体外表面为拔模面,如图 5-63 所示,单击【确定】按钮 ✓,生成拔模。

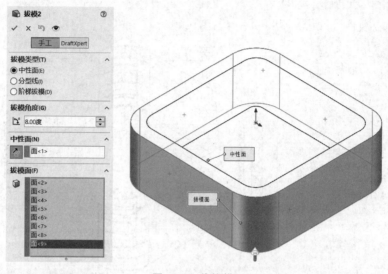

图 5-63    外拔模

**提示1    关于拔模**

拔模就是将直的平面或曲面倾斜一定角度,得到一个斜面或者是锥化的曲面。

**提示2    关于拔模角度**

拔模角度垂直于中性面进行测量。

**提示3    关于拔模方向**

中性面为用来决定拔模方向的基准面或面。

**4. 切口**

(1) 在前视基准面绘制草图,如图 5-64 所示。

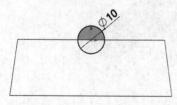

图 5-64    在前视基准面绘制草图

(2) 单击【特征】选项卡上的【拉伸切除】按钮 ⓘ,会出现【切除-拉伸】属性管理器。

① 在【方向 1】组,从【终止条件】列表中选择【完全贯穿】选项。

② 选中【方向 2】复选框,从【终止条件】列表中选择【完全贯穿】选项,如图 5-65 所示,单击【确定】按钮 ✓。

(3) 同样方法切另一组口,如图 5-66 所示。

**5. 倒圆角**

(1) 单击【特征】选项卡上的【圆角】按钮 ⓘ,会出现【圆角】属性管理器。

① 在【圆角类型】组,选中【恒定大小圆角】单选按钮 🔲。

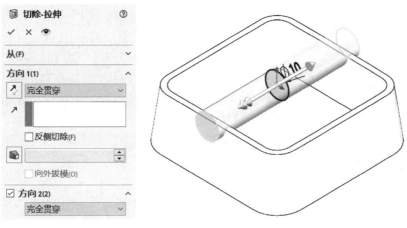

图 5-65　切口

② 激活【边线、面、特征和环】列表框,在图形区中选择需倒圆角的边线。

③ 在【圆角参数】组的【半径】文本框内输入 5.00mm。

④ 选中【切线延伸】复选框,如图 5-67 所示,单击【确定】按钮☑,生成圆角。

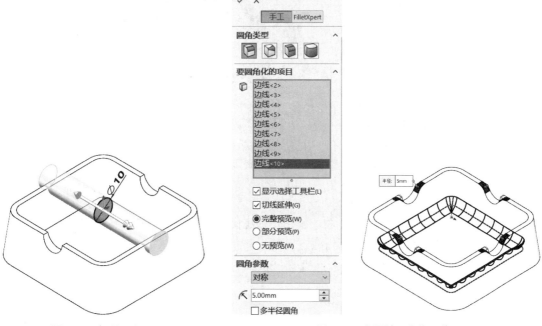

图 5-66　切另一组口　　　　　　　　　　　　图 5-67　倒圆角(边线延伸)

(2) 单击【特征】选项卡上的【圆角】按钮 ◉ ,会出现【圆角】属性管理器。

① 在【圆角类型】组,选中【完整圆角】单选按钮▣。

② 在【要圆角化的项目】组,激活【面组 1】列表,在图形区选择内壁。

③ 激活【中央面组】列表,在图形区选择上面。

④ 激活【面组 2】列表,在图形区选择外面,如图 5-68 所示,单击【确定】按钮☑,生成圆角。

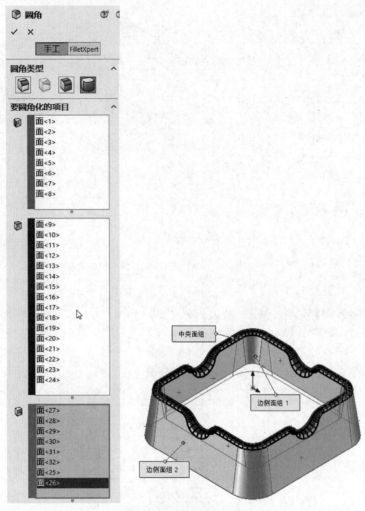

图 5-68    倒完整圆角

### 6. 抽壳

单击【特征】选项卡上的【抽壳】按钮 ，会出现【抽壳】属性管理器。

① 在【厚度】文本框内输入 1.00mm。

② 激活【移除的面】列表，在图形区选择开放面，如图 5-69 所示，单击【确定】按钮 ，生成壳。

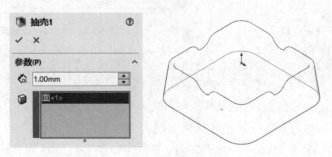

图 5-69    抽壳

> **提示**　关于抽壳
>
> 抽壳工具会使所选择的面敞开,并在剩余的面上生成薄壁特征。如果没有选择模型上的任何面,可抽壳一个实体零件,生成一闭合的空腔。所建成的空心实体可分为等厚度及不等厚度两种。

### 7. 存盘

选择【文件】|【保存】命令,保存文件。

**【任务拓展】**

按照图 5-70 和图 5-71 所示创建模型。

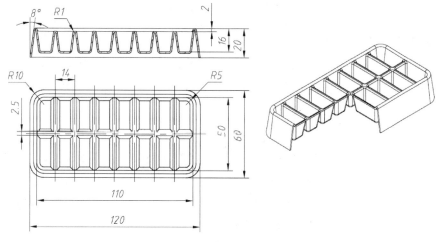

**图 5-70　拓展练习 5-5**

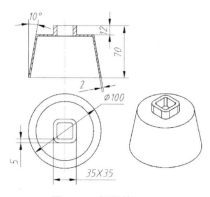

**图 5-71　拓展练习 5-6**

 ## 课题 5-4　包覆

**【学习目标】**

(1) 创建包覆特征。

(2) 方程式。

**【工作任务】**

包覆特征应用实例,如图 5-72 所示。

视频讲解

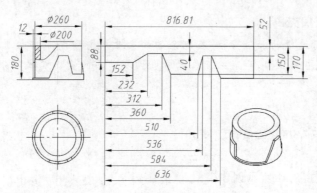

图 5-72　包覆特征应用实例

## 【任务实施】

### 1. 新建文件

新建文件并保存为"包覆特征应用实例.sldprt"。

图 5-73　绘制草图

### 2. 创建基体

(1) 在上视基准面绘制草图,如图 5-73 所示。

(2) 单击【特征】选项卡上的【拉伸凸台/基体】按钮 ,会出现【凸台-拉伸】属性管理器。

① 在【方向 1】组,从【终止条件】列表中选择【给定深度】选项。

② 在【深度】文本框内输入 180.00mm。

③ 选中【薄壁特征】复选框。

④ 在【薄壁特征】组,点选【反向】按钮,从【类型】列表中选择【单向】选项。

⑤ 在【厚度】文本框输入 30.00mm,如图 5-74 所示,单击【确定】按钮 。

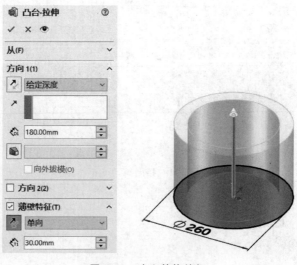

图 5-74　建立基体特征

### 3. 包覆建立凸轮

(1) 在前视基准面绘制草图,如图 5-75 所示。

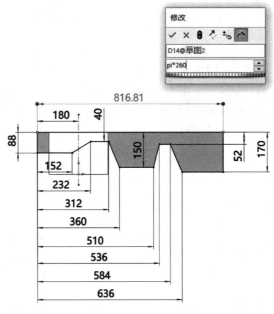

图 5-75　绘制草图

!提示　关于草图尺寸

图 5-75 中的尺寸"pi * 260"为圆周的周长,其中"pi"代表圆周率,"*"为乘号。

(2) 退出草图,在 FeatureManager 设计树中选中刚刚建立的草图后,单击【特征】选项卡上的【包覆】按钮 ,会出现【包覆】属性管理器。

① 在【包覆类型】组,选中【蚀雕】单选按钮 。

② 激活【包覆草图的面】列表,在图形区选择面。

③ 在【深度】文本框中输入 12.00mm,如图 5-76 所示,单击【确定】按钮 。

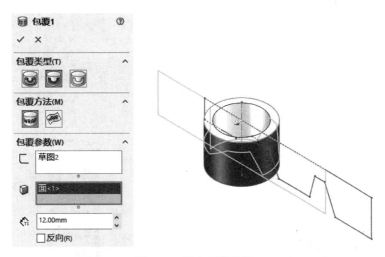

图 5-76　建立包覆特征

!提示　关于包覆

包覆特征的功能是将草图包覆到平面或非平面上。包覆的类型有以下三种。

◇ 【浮雕】：在面上生成一突起特征。

◇ 【蚀雕】：在面上生成一缩进特征。

◇ 【刻划】：在面上生成一草图轮廓印记。

(3) 单击【特征】选项卡上的【圆角】按钮 ◉ ，会出现【圆角】属性管理器。

① 在【圆角类型】组，选中【恒定大小圆角】单选按钮 ◙ 。

② 激活【边线、面、特征和环】列表，在图形区选择需倒圆角的边线。

③ 在【圆角参数】组的【半径】文本框输入 30.00mm，如图 5-77 所示，单击【确定】按钮 ✓ 。

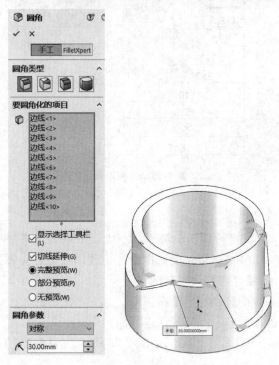

图 5-77    倒圆角

### 4. 存盘

选择【文件】|【保存】命令，保存文件。

### 【任务拓展】

按照图 5-78 和图 5-79 所示创建模型。

图 5-78    拓展练习 5-7

图 5-79    拓展练习 5-8

# 模块六

# 扫描和放样特征建模

扫描特征是建模中常用的一类特征,该特征是通过沿着一条路径移动轮廓(截面)来生成基体、凸台、切除实体、生成曲面等。

放样特征也是建模中常用的一类特征,该特征是通过将多个轮廓进行过渡生成或切除实体或生成曲面。

 ## 课题 6-1 扫描建模

视频讲解

【学习目标】

创建扫描特征。

【工作任务】

应用扫描特征创建模型,如图 6-1 所示。

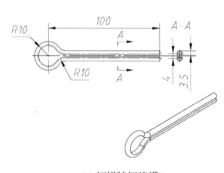

(a)扫描特征建模1

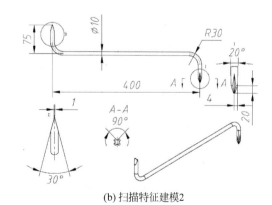

(b)扫描特征建模2

图 6-1 扫描特征建模

【任务实施】

**1. 新建文件**

新建文件并保存为"扫描特征建模 1.sldprt"。

**2. 建立路径**

(1)在右视基准面绘制草图,如图 6-2 所示。

（2）在 FeatureManager 设计树中右击【草图 1】，从快捷菜单中选择【特征属性】命令，会出现【特征属性】对话框，在【名称】文本框中输入"路径"，如图 6-3 所示，单击【确定】按钮。

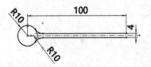

图 6-2    绘制"路径"草图 　　　　　　　　图 6-3    设置特征属性

（3）单击快速访问工具栏上的【重建模型】按钮 ⬛ ，退出草图绘制环境。

**提示　关于扫描路径**

扫描路径描述了轮廓运动的轨迹，有以下几个特点。

◇ 扫描特征只能有一条扫描路径。

◇ 扫描路径可以使用已有模型的边线或曲线，可以是草图中包含的一组草图曲线，也可以是曲线特征。

◇ 扫描路径可以是开环的也可以是闭环的。

◇ 扫描路径的起点必须位于轮廓的基准面上。

◇ 扫描路径不能有自相交叉的情况。

**3. 建立轮廓**

（1）单击【特征】选项卡上的【基准面】按钮 ▤ ，会出现【基准面】属性管理器。

① 在【第一参考】组，激活【第一参考】，在图形区选择路径直线端，单击【垂直】按钮 ⊥ 。

② 在【第二参考】组，激活【第二参考】，在图形区选择路径端点，如图 6-4 所示，单击【确定】按钮 ✓ ，建立基准面 1。

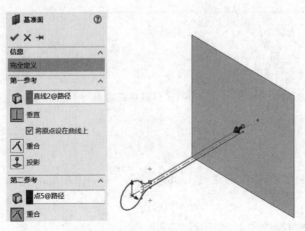

图 6-4    建立基准面 1

（2）绘制轮廓。

① 在新建基准面草绘图形。

② 单击【草图】选项卡上的【添加几何关系】按钮上，会出现【添加几何关系】属性管理器。在【所选实体】组的图形区域中选择"圆心"和"路径"；单击【穿透】按钮，添加穿透几何关系，如图6-5所示，单击【确定】按钮。

③ 在FeatureManager设计树中右击【草图2】，从快捷菜单中选择【特征属性】命令，会出现【特征属性】对话框，在【名称】文本框中输入"轮廓"，单击【确定】按钮。

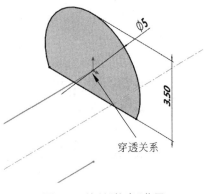

图6-5　绘制"轮廓"草图

（3）单击快速访问工具栏上的【重建模型】按钮，退出草图绘制环境。

> **提示**　关于扫描轮廓

使用草图定义扫描特征的截面，对草图有以下几点要求。

◇ 基体或凸台扫描特征的轮廓应为闭环。曲面扫描特征的轮廓可为开环也可为闭环。任何扫描特征的轮廓都不能有自相交叉的情况。

◇ 草图可以是嵌套的也可以是分离的，但不能违背零件和特征的定义。

◇ 扫描截面的轮廓尺寸不能过大，否则可能导致扫描特征的交叉情况。

### 4. 建立扫描特征

单击【特征】选项卡上的【扫描】按钮，会出现【扫描】属性管理器。

① 在【轮廓和路径】组，激活【轮廓】列表，在图形区域中选择"轮廓"草图。

② 激活【路径】列表，在图形区域中选择"路径"草图，如图6-6所示，单击【确定】按钮，生成扫描特征。

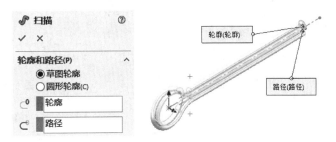

图6-6　扫描特征建模1

> **提示**　关于创建扫描特征的流程

① 生成路径草图。

② 生成轮廓草图。

③ 在【特征】选项卡上单击【扫描】按钮，会出现【扫描】属性管理器。在【轮廓和路径】组，激活【轮廓】列表，在图形区域中选择"轮廓"草图；激活【路径】列表，在图形区域中选择"路径"草图。

④ 设定其他属性管理器选项，单击【确定】按钮，生成扫描特征。

**5. 存盘**

选择【文件】|【保存】命令,保存文件。

**6. 再次新建文件**

再次新建文件并保存为"扫描特征建模 2.sldprt"。

**7. 创建基体**

(1) 建立路径。

① 在右视基准面绘制草图,如图 6-7 所示。

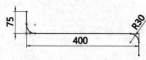

② 在 FeatureManager 设计树中右击【草图 1】,从快捷菜单中选择【特征属性】命令,会出现【特征属性】对话框,在【名称】文本框中输入"路径 1",单击【确定】按钮。

③ 单击快速访问工具栏上的【重建模型】按钮，退出草图绘制环境。

图 6-7　绘制"路径"草图

(2) 建立扫描特征。

单击【特征】选项卡上的【扫描】按钮，会出现【扫描】属性管理器。

① 在【轮廓和路径】组,选中【圆形轮廓】单选按钮。

② 激活【路径】列表,在图形区域中选择"路径 1"草图。

③ 在【直径】文本框输入 10.00mm,如图 6-8 所示,单击【确定】按钮，生成扫描特征。

**8. 建立平口段**

(1) 在右视基准面绘制草图,如图 6-9 所示。

图 6-8　扫描特征建模 2　　　　　　图 6-9　建立草图

(2) 单击【特征】选项卡上的【拉伸切除】按钮，会出现【切除-拉伸】属性管理器。在【方向 1】组,从【终止条件】列表中选择【完全贯穿-两者】选项,如图 6-10 所示,单击【确定】按钮。

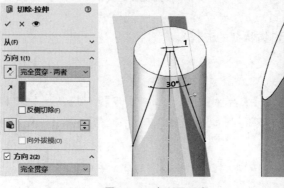

图 6-10　建立平口段

**9. 建立十字花段**

（1）倒角。

单击【特征】选项卡上的【倒角】按钮，会出现【倒角】属性管理器。

① 选中【距离-距离】单选按钮。

② 激活【边线、面和环】列表，在图形区中选择实体的边线。

③ 在倒角方法列表中选择【非对称】，在【距离1】文本框内输入4.00mm，在【距离2】文本框内输入10.00mm，如图6-11所示，单击【确定】按钮，生成倒角。

（2）在右视基准面绘制草图，设置名称为【路径2】，如图6-12所示。单击【退出草图】按钮，退出【草图】环境。

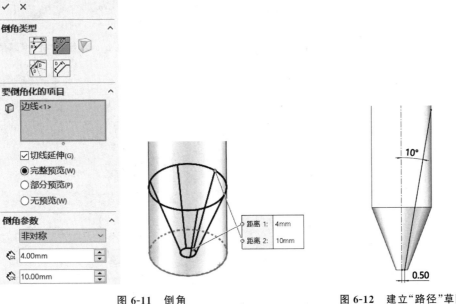

图 6-11　倒角　　　　　　　　　　　　图 6-12　建立"路径"草图

（3）单击【特征】选项卡上的【基准面】按钮，会出现【基准面】属性管理器。

① 在【第一参考】组，激活【第一参考】，在图形区选择路径2直线，单击【垂直】按钮。

② 在【第二参考】组，激活【第二参考】，在图形区选择路径2直线端点，如图6-13所示，单击【确定】按钮，建立基准面1。

（4）绘制轮廓。

① 在新建基准面草绘图形，设置【名称】为"轮廓"。

② 单击【草图】选项卡上的【添加几何关系】按钮，会出现【添加几何关系】属性管理器。在【所选实体】组的图形区域中选择"点"和"路径2"；单击【穿透】按钮，添加穿透几何关系，如图6-14所示，单击【确定】按钮。

（5）建立切除-扫描特征。

退出草图后，单击【特征】选项卡上的【扫描切除】按钮，会出现【切除-扫描】属性管理器。

① 在【轮廓和路径】组，激活【轮廓】列表，在图形区域中选择"轮廓"草图。

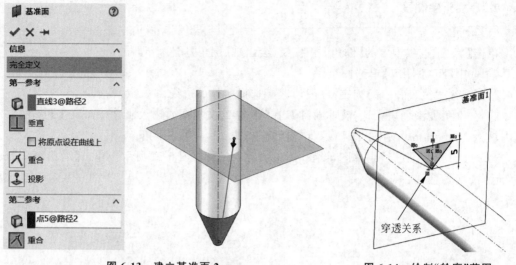

图 6-13　建立基准面 2　　　　　　　　　　图 6-14　绘制"轮廓"草图

② 激活【路径】列表,在图形区域中选择"路径 2"草图,如图 6-15 所示,单击【确定】按钮 ☑,生成切除-扫描特征。

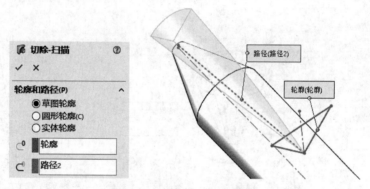

图 6-15　生成切除-扫描特征

(6) 创建圆周阵列。

单击【特征】选项卡上的【圆周阵列】按钮 ❖,会出现【阵列(圆周)】属性管理器。

① 在【方向 1】组,激活【阵列轴】列表,在图形区选择边线。

② 选中【等间距】复选框。

③ 在【实例数】文本框中输入 4。

④ 在【特征和面】组,激活【要阵列的特征】列表,在 FeatureManager 设计树中选择【切除-扫描 1】,如图 6-16 所示,单击【确定】按钮 ☑。

**10. 存盘**

选择【文件】|【保存】命令,保存文件。

**【任务拓展】**

按照图 6-17 和图 6-18 所示创建模型。

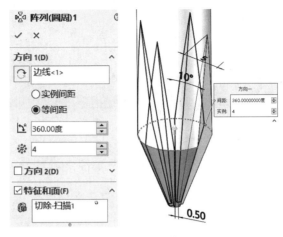

图 6-16 圆周阵列

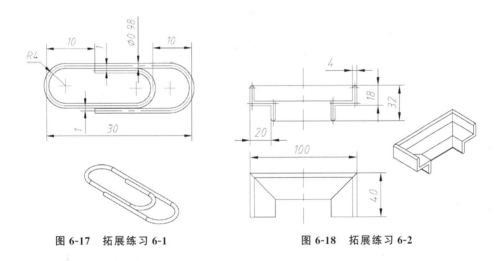

图 6-17 拓展练习 6-1          图 6-18 拓展练习 6-2

 **课题 6-2 使用路径与引导线扫描建模**

视频讲解

**【学习目标】**

创建路径与引导线扫描特征。

**【工作任务】**

使用路径与引导线扫描特征创建模型,如图 6-19 所示。

**【任务实施】**

**1. 新建文件**

新建文件并保存为"使用路径与引导线扫描特征建模.sldprt"。

**2. 建立路径**

在右视基准面绘制草图,设置【名称】为"路径",如图 6-20 所示。

**3. 建立引导线**

(1) 在右视基准面绘制草图,设置【名称】为"引导线 1",如图 6-21 所示。

(2) 在前视基准面绘制草图,设置【名称】为"引导线 2",如图 6-22 所示。

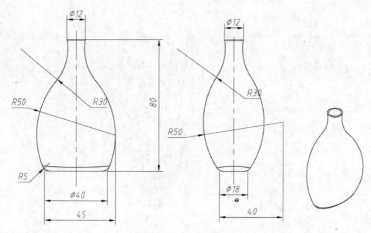

图 6-19    使用路径与引导线扫描特征建模

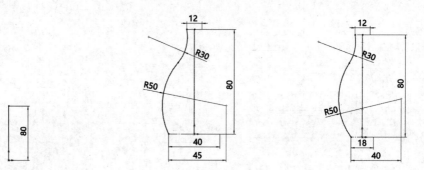

图 6-20    建立"路径"草图      图 6-21    建立"引导线 1"草图      图 6-22    建立"引导线 2"草图

### 4. 建立轮廓

(1) 单击【特征】选项卡上的【基准面】按钮 🗋 ,会出现【基准面】属性管理器。

① 在【第一参考】组,激活【第一参考】,在图形区选择路径直线,单击【垂直】按钮 ⊥ 。

② 在【第二参考】组,激活【第二参考】,在图形区选择路径端点,如图 6-23 所示,单击【确定】按钮 ☑ ,建立基准面 1。

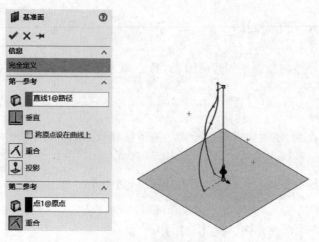

图 6-23    建立基准面

（2）绘制轮廓。

① 在新建基准面草绘图形,设置【名称】为"轮廓"。

② 单击【草图】选项卡上的【添加几何关系】按钮 ⊥,会出现【添加几何关系】属性管理器。在【所选实体】组的图形区域中选择"椭圆圆心"和"路径",单击【穿透】按钮 ,添加穿透几何关系。

③ 单击【草图】选项卡上的【添加几何关系】按钮 ⊥,会出现【添加几何关系】属性管理器。在【所选实体】组,在图形区域中选择"交点"和"引导线 1";单击【重合】按钮 人,添加重合几何关系。

④ 单击【草图】选项卡上的【添加几何关系】按钮 ⊥,会出现【添加几何关系】属性管理器。在【所选实体】组的图形区域中选择"交点"和"引导线 2";单击【重合】按钮 人,添加重合几何关系,如图 6-24 所示,单击【确定】按钮 。

**5. 建立路径与引导线扫描特征**

退出草图,单击【特征】选项卡上的【扫描】按钮 ,会出现【扫描】属性管理器。

① 在【轮廓和路径】组,激活【轮廓】列表,在图形区域中选择"轮廓"草图。

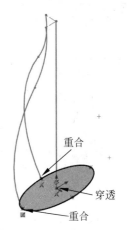

图 6-24　绘制"轮廓"草图

② 激活【路径】列表,在图形区域中选择"路径"草图。

③ 在【引导线】组,激活【引导线】列表,在图形区域中分别选择"引导线 1""引导线 2"草图,如图 6-25 所示,单击【确定】按钮 。

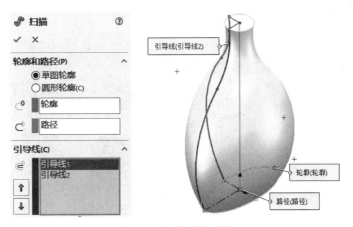

图 6-25　扫描特征建模

**6. 倒圆角**

单击【特征】选项卡上的【圆角】按钮 ,会出现【圆角】属性管理器。

① 在【圆角类型】组,选中【恒定大小圆角】按钮 。

② 激活【边线、面、特征和环】列表,在图形区中选择实体的边线。

③ 在【半径】文本框内输入 5.00mm,如图 6-26 所示,单击【确定】按钮 。

**7. 抽壳**

单击【特征】选项卡上的【抽壳】按钮 ,会出现【抽壳】属性管理器。

① 在【厚度】文本框内输入 1.00mm。

② 激活【移除的面】列表,在图形区选择开放面,如图 6-27 所示,单击【确定】按钮 ✓ 。

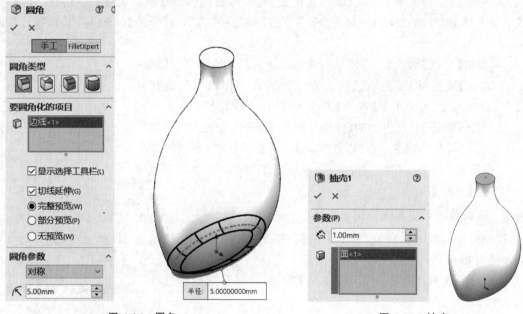

图 6-26　圆角　　　　　　　　　　　　　　图 6-27　抽壳

### 8. 完整圆角

单击【特征】选项卡上的【圆角】按钮 ◎ ,会出现【圆角】属性管理器。

① 在【圆角类型】组,选中【完整圆角】按钮 ▣ 。

② 在【要圆角化的项目】组,激活【面组 1】列表,在图形区选择内壁。

③ 激活【中央面组】列表,在图形区选择上面。

④ 激活【面组 2】列表,在图形区选择外面,如图 6-28 所示,单击【确定】按钮 ✓ 。

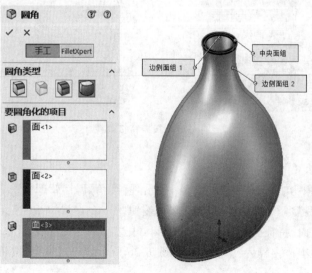

图 6-28　完整圆角

**9. 存盘**

选择【文件】|【保存】命令，保存文件。

**【任务拓展】**

按照图 6-29 和图 6-30 所示创建模型。

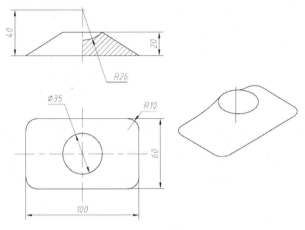

图 6-29　拓展练习 6-3

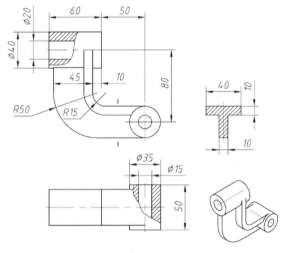

图 6-30　拓展练习 6-4

 **课题 6-3　放样特征建模**

视频讲解

**【学习目标】**

创建放样特征。

**【工作任务】**

应用放样特征创建模型，如图 6-31 所示。

**【任务实施】**

**1. 新建文件**

新建文件并保存为"放样特征建模.sldprt"。

**2. 建立轮廓 1**

在上视基准面绘制草图,设置【名称】为"轮廓 1",如图 6-32 所示。

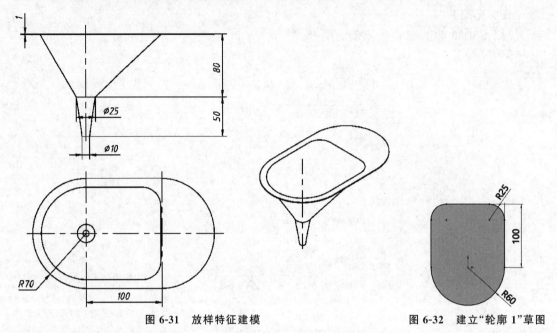

图 6-31    放样特征建模                                    图 6-32    建立"轮廓 1"草图

**3. 建立轮廓 2**

(1) 单击【特征】选项卡上的【基准面】按钮 ▇,会出现【基准面】属性管理器。

① 在【第一参考】组,激活【第一参考】,在图形区选择上视基准面。

② 在【偏移距离】文本框输入 80.00mm,选中【反转等距】复选框,如图 6-33 所示,单击【确定】按钮 ✓。

(2) 在新建基准面绘制草图,设置【名称】为"轮廓 2",如图 6-34 所示。

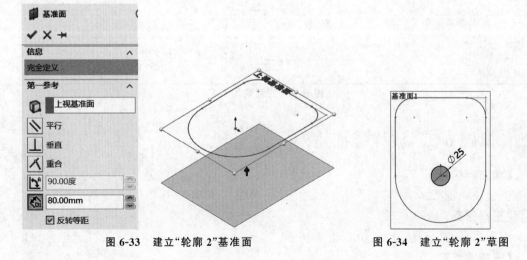

图 6-33    建立"轮廓 2"基准面                        图 6-34    建立"轮廓 2"草图

💡 提示    关于轮廓

放样是通过两个或两个以上的截面,按一定的顺序在截面之间进行过渡形成的形状。

**说明** 建立放样特征必须存在两个或以上的轮廓,轮廓可以是草图,也可以是其他特征的面,甚至是一个点。用点进行放样时,只允许第一个轮廓或最后一个轮廓是点。

**4. 建立放样特征**

单击【特征】选项卡上的【放样凸台/基体】按钮 ,会出现【放样】属性管理器。在【轮廓】组,激活【轮廓】列表,在图形区域中选择"轮廓 1"和"轮廓 2",如图 6-35 所示,单击【确定】按钮 。

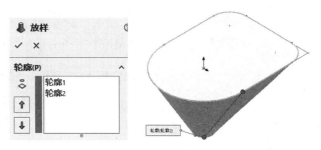

图 6-35 放样"轮廓 2"特征建模

**5. 建立轮廓 3**

(1) 单击【特征】选项卡上的【基准面】按钮 ,会出现【基准面】属性管理器。

① 在【第一参考】组,激活【第一参考】,在图形区选择指定面。

② 在【偏移距离】文本框输入 50.00mm,如图 6-36 所示,单击【确定】按钮 。

(2) 在新建基准面绘制草图,设置【名称】为"轮廓 3",如图 6-37 所示。

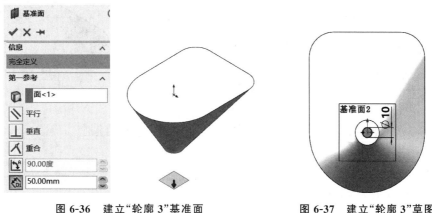

图 6-36 建立"轮廓 3"基准面　　　　图 6-37 建立"轮廓 3"草图

**6. 建立放样特征**

单击【特征】选项卡上的【放样凸台/基体】按钮 ,会出现【放样】属性管理器。在【轮廓】组,激活【轮廓】列表,在图形区域中选择"面"和"轮廓 3",如图 6-38 所示,单击【确定】按钮 。

**提示** 关于创建放样特征的流程

① 生成轮廓 1 草图。

② 生成轮廓 2 草图,以此类推。

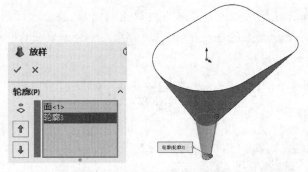

图 6-38 放样"轮廓 3"特征建模

③ 在【特征】选项卡上单击【放样凸台/基体】按钮 ⚬ ,会出现【放样】属性管理器。在【轮廓】组,激活【轮廓】列表,在图形区域中选择"轮廓 1"草图、"轮廓 2"草图、……

④ 设定其他属性管理器选项,单击【确定】按钮 ✓ ,生成放样特征。

### 7. 生成边缘

(1) 在指定面绘制草图,如图 6-39 所示。

(2) 单击【特征】选项卡上的【拉伸凸台/基体】按钮 ⚬ ,会出现【凸台-拉伸】属性管理器。

① 在【方向 1】组,从【终止条件】列表中选择【给定深度】选项,选中【反向】单选按钮 ↗ 。

② 在【深度】文本框内输入 1.00mm,如图 6-40 所示,单击【确定】按钮 ✓ 。

图 6-39 绘制草图          图 6-40 生成边缘

### 8. 抽壳

单击【特征】选项卡上的【抽壳】按钮 ⚬ ,会出现【抽壳】属性管理器。

① 在【厚度】文本框内输入 1.00mm。

② 激活【移除面】列表,在图形区选择上下开放面,如图 6-41 所示,单击【确定】按钮 ✓ 。

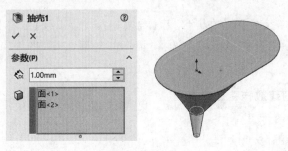

图 6-41 抽壳

### 9. 存盘

选择【文件】|【保存】命令，保存文件。

**【任务拓展】**

按照图 6-42 和图 6-43 所示创建模型。

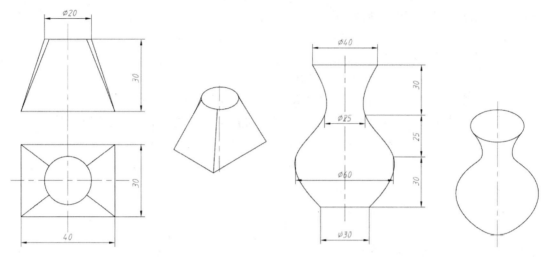

图 6-42　拓展练习 6-5　　　　　　　　图 6-43　拓展练习 6-6

 **课题 6-4　使用引导线放样特征建模**

视频讲解

**【学习目标】**

使用引导线创建放样特征。

**【工作任务】**

使用引导线放样特征创建模型，如图 6-44 所示。

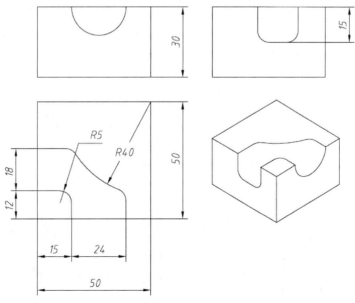

图 6-44　使用引导线放样特征创建模型

**【任务实施】**

**1. 新建文件**

新建文件并保存为"使用引导线放样特征创建模型.sldprt"。

**2. 建立毛坯**

(1) 在右视基准面绘制草图,如图 6-45 所示。

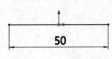

图 6-45 绘制草图

(2) 单击【特征】选项卡上的【拉伸凸台/基体】按钮 📦,会出现【凸台-拉伸】属性管理器。

① 在【方向 1】组,从【终止条件】列表中选择【两侧对称】选项。

② 在【深度】文本框内输入 50.00mm。

③ 在【薄壁特征】组,从【类型】列表中选择【单向】选项,选中【反向】单选按钮 ↗。

④ 在【厚度】文本框内输入 30.00mm,如图 6-46 所示,单击【确定】按钮 ✓。

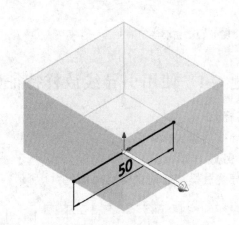

图 6-46 拉伸凸台

**3. 建立引导线**

(1) 在上表面绘制草图,设置【名称】为"引导线 1",如图 6-47 所示。

(2) 在上表面绘制草图,设置【名称】为"引导线 2",如图 6-48 所示。

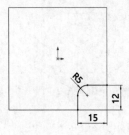

图 6-47 引导线 1

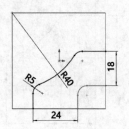

图 6-48 引导线 2

提示　关于引导线

引导线可以建立在一张草图上。

**4. 建立轮廓**

（1）在左端面绘制草图，设置【名称】为"轮廓 1"，如图 6-49 所示。

（2）在右端面绘制草图，设置【名称】为"轮廓 2"，如图 6-50 所示。

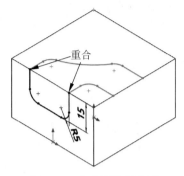

图 6-49　左端面绘制草图

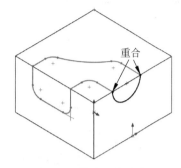

图 6-50　右端面绘制草图

提示　关于轮廓线

轮廓 1 和轮廓 2 均为不封闭的曲线，用于生成曲面。

**5. 建立使用引导线放样的放样曲面**

选择【插入】|【曲面】|【放样曲面】命令 ，会出现【曲面-放样】属性管理器。

① 在【轮廓】组，激活【轮廓】列表，图形区域中选择"轮廓 1"和"轮廓 2"。

② 激活【引导线】列表，在图形区域中选择"引导线 1"和"引导线 2"，如图 6-51 所示，单击【确定】按钮 。

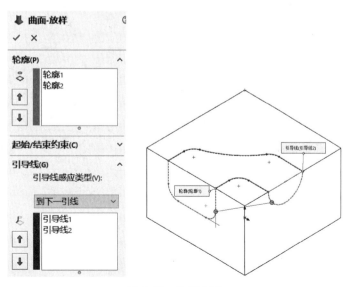

图 6-51　放样曲面

!提示　关于引导线放样

通过使用两个或多个轮廓并使用一条或多条引导线来连接轮廓,可以生成引导线放样。轮廓可以是平面轮廓或空间轮廓。引导线可以帮助控制所生成的中间轮廓。

**6. 切槽**

选择【插入】|【切除】|【使用曲面】命令 🖱,会出现【使用曲面切除】属性管理器。在设计树中选择"曲面-放样 1",确定切除方向,如图 6-52 所示,单击【确定】按钮 ✓。

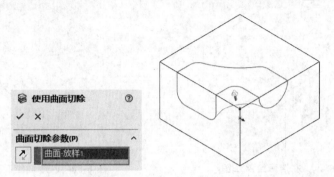

图 6-52　使用曲面切除

**7. 存盘**

选择【文件】|【保存】命令,保存文件。

**【任务拓展】**

按照图 6-53 和图 6-54 所示创建模型。

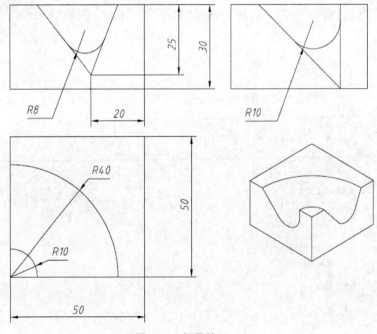

图 6-53　拓展练习 6-7

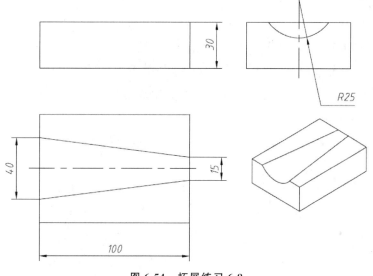

图 6-54　拓展练习 6-8

 # 课题 6-5　使用中心线放样特征建模

**【学习目标】**

使用中心线创建放样特征。

**【工作任务】**

使用中心线放样特征创建模型,如图 6-55 所示。

**【任务实施】**

**1. 新建文件**

新建文件并保存为"使用中心线放样特征创建模型.sldprt"。

**2. 建立中心线**

在右视基准面绘制草图,设置【名称】为"中心线",如图 6-56 所示。

视频讲解

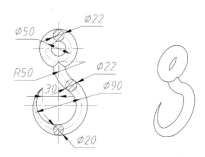

图 6-55　使用中心线放样特征创建模型

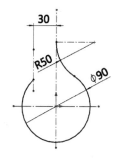

图 6-56　绘制中心线

⚠️ **提示**　关于中心线

在建立中心线草图时,可以根据设计意图插入点,作为绘制截面的中心点。

**3. 建立轮廓**

(1) 单击【特征】选项卡上的【基准面】按钮 ▦，会出现【基准面】属性管理器。

① 在【第一参考】组，激活【第一参考】，在图形区选择中心线，单击【垂直】按钮 ⊥。

② 在【第二参考】组，激活【第二参考】，在图形区选择点，如图 6-57 所示，单击【确定】按钮 ☑，建立基准面 1。

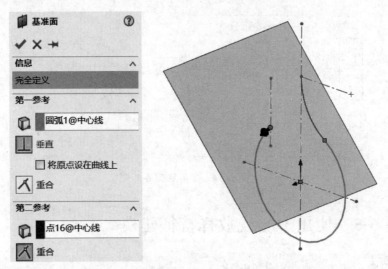

图 6-57  建立基准面 1

(2) 在基准面 1 上绘制草图，设置【名称】为"轮廓 1"，如图 6-58 所示。

(3) 在前视基准面上绘制草图，设置【名称】为"轮廓 2"，如图 6-59 所示。

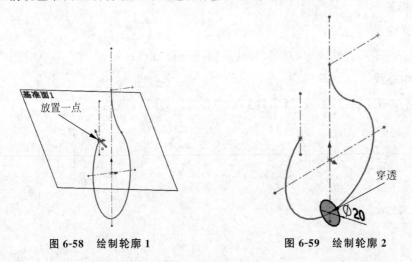

图 6-58  绘制轮廓 1                 图 6-59  绘制轮廓 2

(4) 单击【特征】选项卡上的【基准面】按钮 ▦，会出现【基准面】属性管理器。

① 在【第一参考】组，激活【第一参考】，在图形区选择中心线，单击【垂直】按钮 ⊥。

② 在【第二参考】组，激活【第二参考】，在图形区选择点，如图 6-60 所示，单击【确定】按钮 ☑，建立基准面 2。

(5) 在基准面 2 上绘制草图，设置【名称】为"轮廓 3"，如图 6-61 所示。

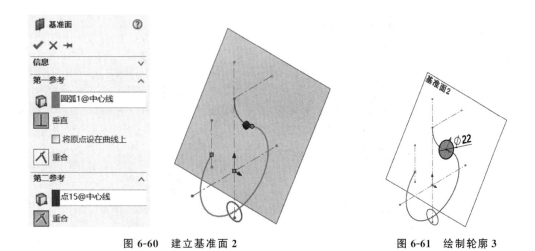

图 6-60　建立基准面 2　　　　　　　　　图 6-61　绘制轮廓 3

（6）单击【特征】选项卡上的【基准面】按钮 ，会出现【基准面】属性管理器。

① 在【第一参考】组，激活【第一参考】，在图形区选择中心线，单击【垂直】按钮。

② 在【第二参考】组，激活【第二参考】，在图形区选择点，如图 6-62 所示，单击【确定】按钮，建立基准面 3。

（7）在基准面 3 上绘制草图，设置【名称】为"轮廓 4"，如图 6-63 所示。

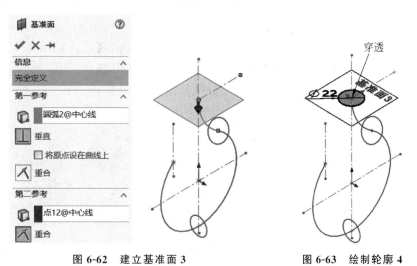

图 6-62　建立基准面 3　　　　　　　　　图 6-63　绘制轮廓 4

**4．建立使用中心放样的放样特征**

单击【特征】选项卡上的【放样凸台/基体】按钮 ，会出现【放样】属性管理器。

① 在【轮廓】组，激活【轮廓】列表，在图形区域中选择"轮廓 1""轮廓 2""轮廓 3"和"轮廓 4"。

② 在【中心线参数】组，激活【中心线】列表，在图形区选择中心线草图，如图 6-64 所示，单击【确定】按钮。

提示　**关于使用中心线放样和轮廓顺序**

可以生成一个使用一条变化的引导线作为中心线的放样。所有中间截面的草图基准面都

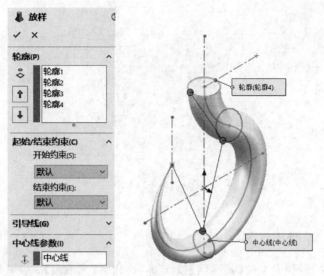

图 6-64　建立中心线放样特征

与此中心线垂直。此中心线可以是草图曲线、模型边线或曲线。放样时,必须根据绘制草图的方式和放样命令选择草图的顺序。

**5. 建立环**

(1) 在前视基准面绘制草图,如图 6-65 所示。

(2) 单击【特征】选项卡上的【旋转凸台/基体】按钮🍩,会出现【旋转】属性管理器。

① 在【旋转轴】组,激活【旋转轴】列表,在图形区选择【直线 2】。

② 在【方向 1】组,从【旋转类型】列表中选择【给定深度】选项。

③ 在【角度】文本框输入 360.00 度,如图 6-66 所示,单击【确定】按钮✔。

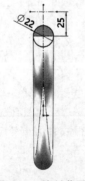

图 6-65　绘制草图

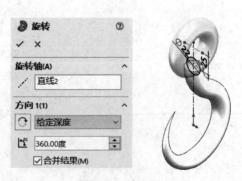

图 6-66　建立环

**6. 存盘**

选择【文件】|【保存】命令,保存文件。

**【任务拓展】**

按照图 6-67 和图 6-68 所示创建模型。

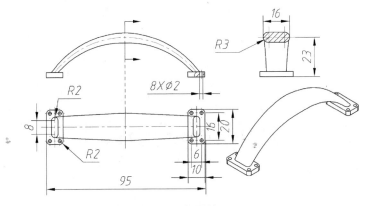

图 6-67 拓展练习 6-9

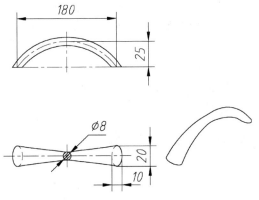

图 6-68 拓展练习 6-10

# 模块七

# 曲线和曲面设计

SOLIDWORKS 提供了曲面建模技术，能够满足绝大部分工业产品的曲面造型设计需求，可以生成拉伸曲面、旋转曲面、扫描曲面、放样曲面、平面区域、等距曲面和中间曲面等特征，还可以对已经生成的曲面进行剪裁、延伸或倒角等操作。利用填充曲面，不仅可以对输入有缺陷的曲面进行修复，而且可以建立复杂的曲面。曲面建成后，还可以利用其指定的厚度建立凸台和切除特征，从而建立零件的实体模型。

视频讲解

## 课题 7-1 螺旋线与交叉曲线

【学习目标】

（1）螺旋线。

（2）交叉曲线。

【工作任务】

应用螺旋线与交叉曲线创建五角星弹簧模型，如图 7-1 所示。

【任务实施】

**1. 新建文件**

新建文件并保存为"五角星弹簧.sldprt"。

**2. 创建拉伸曲面**

（1）在上视基准面绘制草图，如图 7-2 所示。

图 7-1　五角星弹簧模型

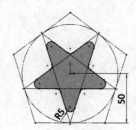

图 7-2　绘制草图

（2）单击【曲面】选项卡上的【拉伸曲面】按钮 ，会出现【曲面-拉伸】属性管理器。

① 在【方向1】组，从【终止条件】列表中选择【给定深度】选项。

② 在【深度】文本框输入 80.00mm，如图 7-3 所示，单击【确定】按钮 。

**3. 创建螺旋线扫描曲面**

（1）在上视基准面绘制草图，如图 7-4 所示。

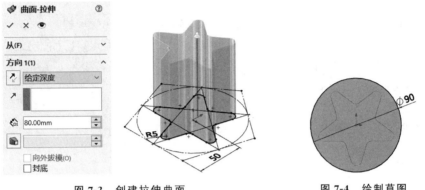

图 7-3　创建拉伸曲面　　　　　　　图 7-4　绘制草图

**提示　关于草图圆的作用**

圆的直径控制螺旋线的开始直径。

（2）单击【特征】选项卡上【曲线】下拉列表中的【螺旋线/涡状线】按钮 ，会出现【螺旋线/涡状线】属性管理器。

① 在【定义方式】组，从【类型】列表中选择【高度和圈数】选项。

② 在【参数】组，选中【恒定螺距】单选按钮。

③ 在【高度】文本框内输入 90.00mm。

④ 在【圈数】文本框内输入 4。

⑤ 在【起始角度】文本框内输入 0.00 度。

⑥ 选中【顺时针】单选按钮，如图 7-5 所示，单击【确定】按钮 ，生成螺旋线曲线。

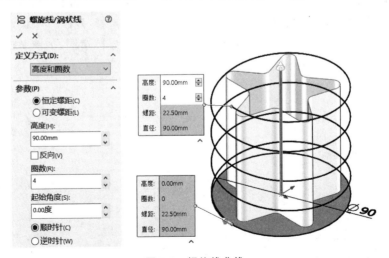

图 7-5　螺旋线曲线

> **!提示**　**关于螺旋线的定义方式**

◇ 螺距和圈数：生成由螺距和圈数所定义的螺旋线。

◇ 高度和圈数：生成由高度和圈数所定义的螺旋线。

◇ 高度和螺距：生成由高度和螺距所定义的螺旋线。

◇ 涡状线：生成由螺距和圈数所定义的涡状线。

（3）新建基准面。

单击【特征】选项卡上的【基准面】按钮 📙 ，会出现【基准面】属性管理器。

① 在【第一参考】组，激活【第一参考】，在图形区选择"螺旋线/涡状线1"，单击【垂直】按钮。

② 在【第二参考】组，激活【第二参考】，在图形区选择"螺旋线/涡状线1"端点，如图7-6所示，单击【确定】按钮 ✓ ，建立基准面。

（4）绘制草图。

在新建基准面上绘制草图，设置【名称】为"轮廓"，如图7-7所示。

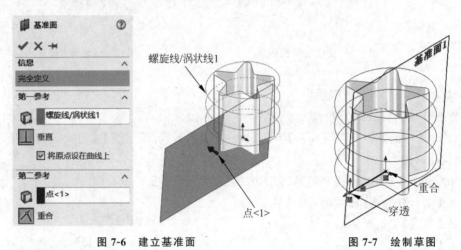

图 7-6　建立基准面　　　　　　　图 7-7　绘制草图

（5）生成曲面-扫描特征。

单击【曲面】选项卡上的【扫描曲面】按钮 🖋 ，会出现【曲面-扫描】属性管理器。

① 在【轮廓和路径】组，激活【轮廓】列表，在图形区域中选择"轮廓"草图。

② 激活【路径】列表，在图形区域中选择"螺旋线/涡状线1"草图，如图7-8所示，单击【确定】按钮 ✓ ，生成曲面-扫描特征。

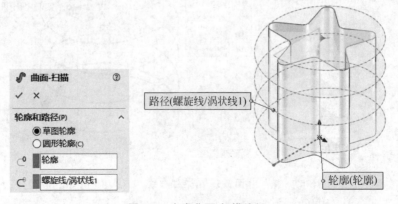

图 7-8　生成曲面-扫描特征

#### 4. 创建交叉曲线

选择【工具】|【草图工具】|【交叉曲线】命令 ，会出现【交叉曲线】属性管理器。在图形区选择"曲面-拉伸 1"和"曲面-扫描 1",如图 7-9 所示,单击【确定】按钮 ，生成交叉曲线。

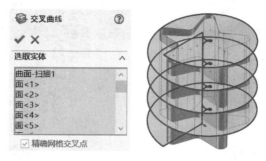

图 7-9  创建交叉曲线

> **提示**  关于交叉曲线

交叉曲线有如下几种类型。

◇ 基准面和曲面或模型面,交叉点处生成绘制的曲线。

◇ 两个曲面,交叉点处生成绘制的曲线。

◇ 曲面和模型面,交叉点处生成绘制的曲线。

◇ 基准面和整个零件,交叉点处生成绘制的曲线。

◇ 曲面和整个零件,交叉点处生成绘制的曲线。

#### 5. 建立五角星弹簧

单击【特征】选项卡上的【扫描】按钮 ，会出现【扫描】属性管理器。

① 在【轮廓和路径】组,选中【圆形轮廓】单选按钮。

② 激活【路径】列表,在图形区域中选择"3D 草图 1"草图。

③ 在【直径】文本框输入 3.00mm,如图 7-10 所示,单击【确定】按钮 ，生成扫描特征。

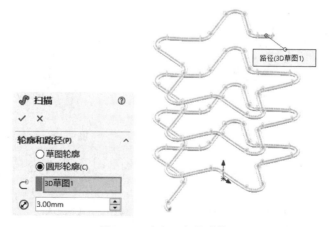

图 7-10  建立五角星弹簧

#### 6. 存盘

选择【文件】|【保存】命令,保存文件。

**【任务拓展】**

按照图 7-11 和图 7-12 所示创建模型。

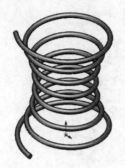

图 7-11　拓展练习 7-1

图 7-12　拓展练习 7-2

视频讲解

# 课题 7-2　投影曲线与组合曲线

**【学习目标】**

(1) 投影曲线。

(2) 组合曲线。

**【工作任务】**

应用投影曲线与组合曲线创建拉伸弹簧模型,如图 7-13 所示。

**【任务实施】**

**1. 新建文件**

新建文件并保存为"拉伸弹簧.sldprt"。

**2. 创建螺旋线曲线**

(1) 在前视基准面绘制草图,如图 7-14 所示。

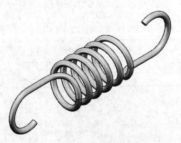

图 7-13　拉伸弹簧模型

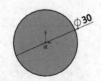

图 7-14　绘制草图

(2) 单击【特征】选项卡上【曲线】下拉列表中的【螺旋线/涡状线】按钮 ⅛,会出现【螺旋线/涡状线】属性管理器。

① 在【定义方式】组,从【定义方式】列表中选择【螺距和圈数】选项。

② 在【参数】组,选中【恒定螺距】单选按钮。

③ 在【螺距】文本框内输入 10.00mm,并选中【反向】复选框。

④ 在【圈数】文本框内输入 5。

⑤ 在【起始角度】文本框内输入 0.00 度。

⑥ 选中【顺时针】单选按钮,如图7-15所示,单击【确定】按钮 ✓ ,生成螺旋线曲线。

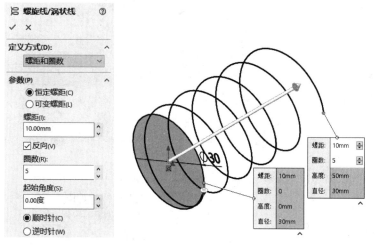

图7-15　螺旋线曲线

### 3. 创建左拉钩曲线

(1) 在前视基准面绘制四分之一圆草图,如图7-16所示。

说明　与草图1圆建立【相等】几何关系 = 。

(2) 在上视基准面绘制四分之一圆草图,如图7-17所示。

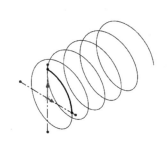

图7-16　绘制四分之一圆(前视基准面)

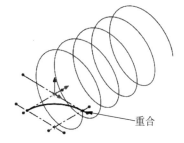

图7-17　绘制四分之一圆(上视基准面)

(3) 退出草图后,单击【特征】选项卡上【曲线】下拉列表中的【投影曲线】按钮 🗐 ,会出现【投影曲线】属性管理器。

① 在【投影类型】组,选中【草图上草图】单选按钮。

② 激活【要投影的一些草图】列表,在图形区选择"草图2"和"草图3",单击【确定】按钮 ✓ ,完成投影曲线,如图7-18所示。

提示　关于投影曲线的类型

◇ 面上草图:将绘制的曲线投影到模型面上。

◇ 草图上草图:两个草图投影到相互之上以形成三维曲线。

(4) 在右视基准面绘制草图,如图7-19所示。

### 4. 创建右拉钩曲线

(1) 退出草图后,单击【特征】选项卡上的【基准面】按钮 🗐 ,会出现【基准面】属性管理器。

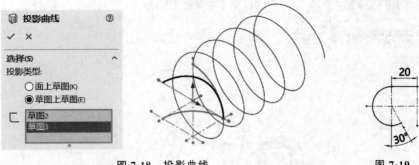

图 7-18    投影曲线                                图 7-19    "左拉钩"草图

① 在【第一参考】组,激活【第一参考】,选择前视基准面。

② 在【第二参考】组,激活【第二参考】,在图形区中选择点,如图 7-20 所示,单击【确定】按钮 ☑,建立基准面 1。

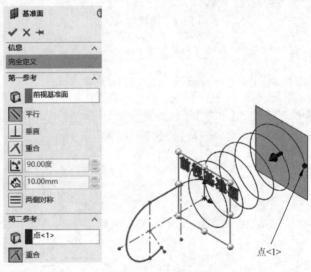

图 7-20    建立基准面

(2) 在基准面 1 上绘制四分之一圆草图,如图 7-21 所示。

**说明**    与草图 1 圆建立【相等】几何关系 =。

(3) 在上视基准面绘制四分之一圆草图,如图 7-22 所示。

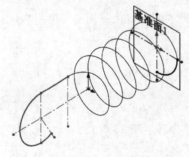

图 7-21    绘制四分之一圆(基准面 1)

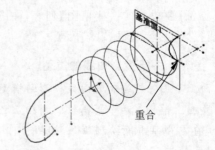

图 7-22    绘制四分之一圆(上视基准面)

（4）退出草图后，单击【特征】选项卡上【曲线】下拉列表中的【投影曲线】按钮 ⚙ ，会出现【投影曲线】属性管理器。

① 在【投影类型】组，选中【草图上草图】单选按钮。

② 激活【要投影的一些草图】列表，在图形区选择"草图 5"和"草图 6"，如图 7-23 所示，单击【确定】按钮 ✓ ，创建投影曲线。

（5）在右视基准面绘制草图，如图 7-24 所示。

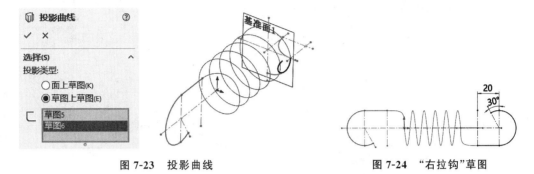

图 7-23　投影曲线　　　　　　　　图 7-24　"右拉钩"草图

### 5. 创建组合曲线

退出草图后，单击【特征】选项卡上【曲线】下拉列表中的【组合曲线】按钮 ⌇ ，会出现【组合曲线】属性管理器。激活【要连接的草图、边线以及曲线】列表框，在 FeatureManager 设计树中选择"螺旋线/涡状线 1""草图 4""草图 7""曲线 1"和"曲线 2"，如图 7-25 所示，单击【确定】按钮 ✓ ，创建组合曲线。

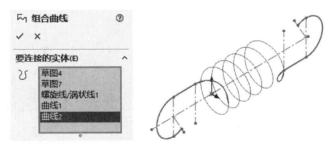

图 7-25　组合曲线

🛑 提示　关于组合曲线

可以将草图、边线以及曲线组合为一条 3D 曲线。

### 6. 建立拉伸弹簧

单击【特征】选项卡上的【扫描】按钮 ✎ ，会出现【扫描】属性管理器。

① 在【轮廓和路径】组，选中【圆形轮廓】单选按钮。

② 激活【路径】列表，在图形区域中选择"组合曲线 1"草图。

③ 在【直径】文本框输入 4.00mm，如图 7-26 所示，单击【确定】按钮 ✓ ，生成扫描特征。

### 7. 存盘

选择【文件】|【保存】命令，保存文件。

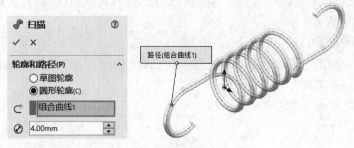

图 7-26    建立拉伸弹簧

【任务拓展】

按照图 7-27 和图 7-28 所示创建模型。

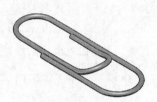

图 7-27    拓展练习 7-3

图 7-28    拓展练习 7-4

视频讲解

# 课题 7-3    分割曲线、曲面填充与曲面缝合

【学习目标】

(1) 分割曲线。

(2) 曲面填充。

(3) 曲面缝合。

【工作任务】

应用分割曲线、曲面填充与曲面缝合创建空心吊环模型,如图 7-29 所示。

【任务实施】

## 1. 新建文件

新建文件并保存为"吊环.sldprt"。

## 2. 创建旋转曲面 1

(1) 在前视基准面绘制草图,如图 7-30 所示。

图 7-29    空心吊环模型

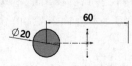

图 7-30    绘制草图

（2）单击【曲面】选项卡上的【旋转曲面】按钮 ◎，会出现【曲面-旋转】属性管理器。

① 在【旋转轴】组，激活【旋转轴】列表，在图形区选择【直线 2】。

② 在【方向 1】组，从【旋转类型】列表中选择【给定深度】选项。

③ 在【角度】文本框输入 360.00 度，如图 7-31 所示，单击【确定】按钮 ✓。

### 3. 创建旋转曲面 2

（1）在上视基准面绘制草图，如图 7-32 所示。

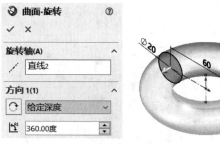
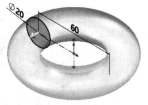
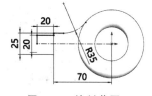

图 7-31　旋转曲面 1　　　　　　　　图 7-32　绘制草图 1

（2）单击【曲面】选项卡上的【旋转曲面】按钮 ◎，会出现【曲面-旋转】属性管理器。

① 在【旋转轴】组，激活【旋转轴】列表，在图形区选择【直线 1】。

② 在【方向 1】组，从【旋转类型】列表中选择【给定深度】选项，点选【反向】按钮 ⟳。

③ 在【角度】文本框输入 180.00 度，如图 7-33 所示，单击【确定】按钮 ✓。

### 4. 创建分割线

（1）在上视基准面绘制草图，如图 7-34 所示。

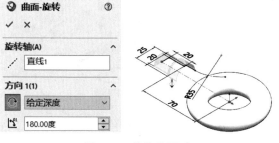
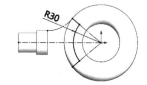

图 7-33　旋转曲面 2　　　　　　　　图 7-34　绘制草图 2

（2）单击【曲线】选项卡上的【分割线】按钮 ▨，会出现【分割线】属性管理器。

① 在【分割类型】组，选中【投影】单选按钮。

② 在【选择】组，激活【要投影的草图】列表，默认"当前草图"。

③ 激活【要分割的面】列表，在图形区选择"面〈1〉"，如图 7-35 所示，单击【确定】按钮 ✓。

!提示　关于分割曲线

可以将草图、实体、曲面、面、基准面或曲面样条曲线投影到表面、曲面或平面，将所选面分割成多个单独面。

### 5. 删除面

单击【曲面】选项卡上的【删除面】按钮 ▨，会出现【删除面】属性管理器。

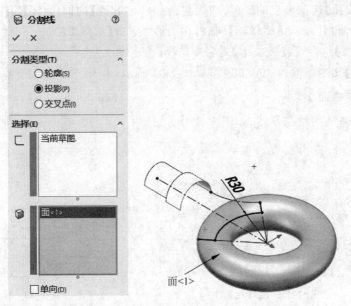

图 7-35　创建分割线

① 在【选择】组,激活【要删除的面】列表,在图形区选择要删除的面。

② 在【选项】组,选中【删除】单选按钮,如图 7-36 所示,单击【确定】按钮✓。

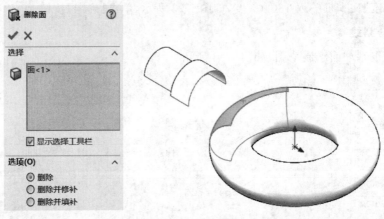

图 7-36　删除面

⚠️提示　关于删除面

可以从曲面和实体中删除面。

**6. 拉伸曲面**

(1) 在上视基准面绘制草图,如图 7-37 所示。

(2) 单击【曲面】选项卡上的【拉伸曲面】按钮 🖉,会出现【曲面-拉伸】属性管理器。

① 在【方向 1】组,从【终止条件】列表中选择【给定深度】选项。

② 在【深度】文本框输入 10.00mm,如图 7-38 所示,单击【确定】按钮✓。

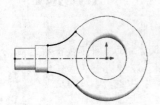

图 7-37　绘制草图

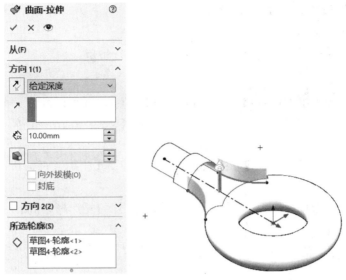

图 7-38　拉伸曲面

**！提示**　关于此处建立拉伸曲面的目的

创建拉伸曲面是为下一步填充曲面做准备，对于曲率控制可以选择相切，以保证曲面的连续性，待填充曲面命令完成后，即可隐藏拉伸曲面。

**7. 填充曲面**

单击【曲面】选项卡上的【填充曲面】按钮 ，会出现【填充曲面】属性管理器。

① 从【曲率控制】列表中选择【相切】选项。

② 在【修补边界】组，激活【修补边界】列表，在图形区选择"边线〈1〉""边线〈2〉""边线〈3〉""边线〈4〉""边线〈5〉""边线〈6〉"。

③ 选中【优化曲面】复选框，如图 7-39 所示，单击【确定】按钮 。

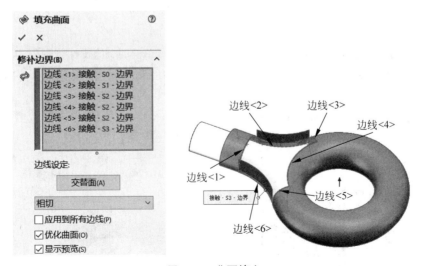

图 7-39　曲面填充

> **提示**　关于填充曲面的曲率控制
>
> ◇ 相触：在所选边界内创建曲面。
> ◇ 相切：在所选边界内创建曲面，但保持修补边线的相切。

**8. 镜像**

单击【特征】选项卡上的【镜像】按钮 ⊞ ，会出现【镜像】属性管理器。

① 在【镜像面/基准面】组，激活【镜像面/基准面】列表，在 FeatureManager 设计树中选择【上视基准面】。

② 在【要镜像的实体】组，激活【要镜像的实体/曲面实体】列表，在图形区选择"曲面-旋转 2"和"曲面-填充 1"。

③ 在【选项】组，选中【合并实体】复选框和【缝合曲面】复选框，如图 7-40 所示，单击【确定】按钮 ✓ 。

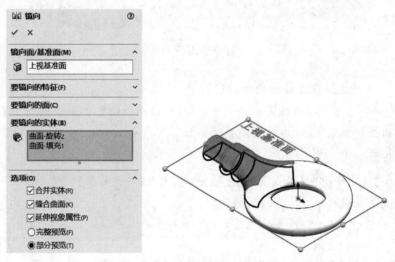

**图 7-40　镜像曲面**

**9. 缝合曲面**

单击【曲面】选项卡上的【缝合曲面】按钮 ⓐ ，会出现【缝合曲面】属性管理器。

① 在【选择】组，激活【要缝合的曲面和面】列表，在图形区选择"镜向 1[1]""镜向 1[2]""删除面 1"。

② 选中【创建实体】复选框和【合并实体】复选框，如图 7-41 所示，单击【确定】按钮 ✓ 。

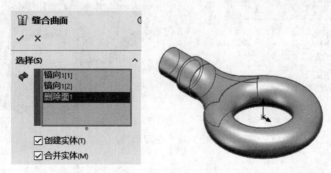

**图 7-41　缝合曲面**

**提示** 关于缝合曲面

可通过【缝合曲面】按钮将两个或多个面组合成一个曲面实体，并可通过选中【创建实体】复选框将片体填充为实体。

**10. 存盘**

选择【文件】|【保存】命令，保存文件。

**【任务拓展】**

按照图 7-42 和图 7-43 所示创建模型。

图 7-42　拓展练习 7-5

图 7-43　拓展练习 7-6

## 课题 7-4　曲面放样、曲面裁剪和加厚

视频讲解

**【学习目标】**

（1）曲面放样。

（2）曲面裁剪。

（3）曲面缝合。

（4）曲面填充。

（5）曲面加厚。

**【工作任务】**

创建吹风机模型，如图 7-44 所示。

图 7-44　吹风机模型

**【任务实施】**

**1. 新建文件**

新建文件并保存为"吹风机.sldprt"。

**2. 放样曲面 1**

（1）在右视基准面绘制草图，选择【工具】|【草图工具】|【草图图片】命令 ，选择"吹风机"图片，如图 7-45 所示，单击【确定】按钮 。

 **提示** 关于插入图片

利用概念设计的图片完成曲面建模，是一种最常用的曲面设计方法。

（2）绘制样条曲线，如图 7-46 所示。

（3）退出上一草图后，在右视基准面上继续绘制样条曲线，如图 7-47 所示。

（4）退出草图后，单击【曲面】选项卡上的【放样曲面】按钮 ，会出现【曲面-放样】属性管理器。

① 在【轮廓】组，激活【轮廓】列表，在图形区域中选择"草图 1"和"草图 2"。

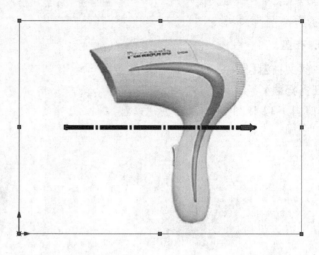

图 7-45　插入图片

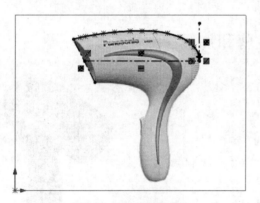

图 7-46　绘制样条曲线

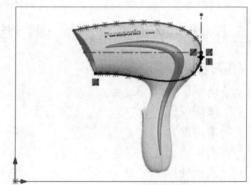

图 7-47　继续绘制样条曲线

② 在【起始/结束约束】组,从【起始处相切类型】列表中选择【垂直于轮廓】选项。

③ 在【起始处相切长度】文本框输入 2。

④ 从【结束处相切类型】列表中选择【垂直于轮廓】选项。

⑤ 在【结束处相切长度】文本框输入 1.5,并点选【反向】按钮🔄,如图 7-48 所示,单击【确定】按钮✓。

### 3. 放样曲面 2

(1) 在设计树中打开【曲面-放样 1】列表,右击【草图 1】弹出快捷工具栏,单击【显示】按钮👁,使草图 1 中插入的"吹风机"图片重新显示在图形区,在右视基准面上绘制草图,如图 7-49 所示。

(2) 退出上一草图后,在右视基准面上继续绘制草图,如图 7-50 所示。

(3) 退出草图后,单击【曲面】选项卡上的【放样曲面】按钮🔽,会出现【曲面-放样】属性管理器。

① 在【轮廓】组,激活【轮廓】列表,在图形区域中选择"草图 3"和"草图 4"。

② 在【起始/结束约束】组,从【起始处相切类型】列表中选择【垂直于轮廓】选项。

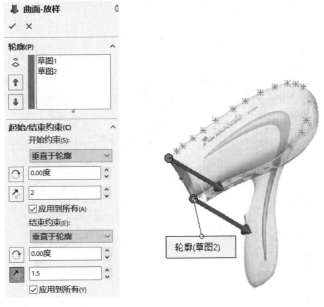

图 7-48 放样曲面

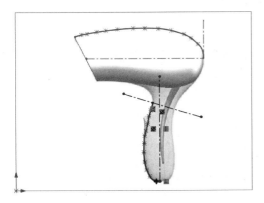

图 7-49 绘制草图

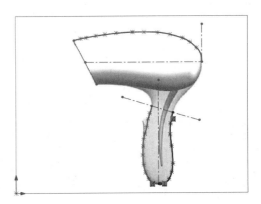

图 7-50 继续绘制草图

③ 在【起始处相切长度】文本框输入 2。

④ 从【结束处相切类型】列表中选择【垂直于轮廓】选项。

⑤ 在【结束处相切长度】文本框输入 2,并点选【反向】按钮 ⬚,如图 7-51 所示,单击【确定】按钮 ☑。

### 4. 剪裁曲面

(1) 在右视基准面上绘制草图,如图 7-52 所示。

(2) 单击【曲面】选项卡上的【剪裁曲面】按钮 ⬚,会出现【剪裁曲面】属性管理器。

① 在【剪裁类型】组,选中【标准】单选按钮。

② 在【选择】组,激活【剪裁工具】列表,在图形区选择"草图 5"。

③ 选中【保留选择】单选按钮。

④ 激活【保留的部分】列表,在图形区选择"曲面-放样 1-剪裁 0",如图 7-53 所示,单击【确定】按钮 ☑。

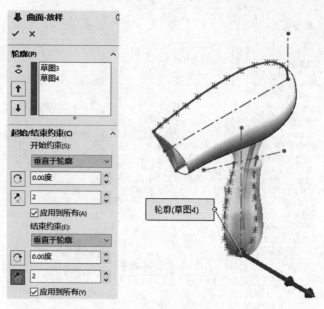

图 7-51    放样曲面

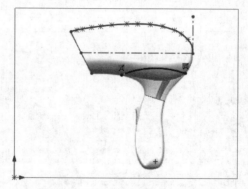

图 7-52    在右视基准面上绘制草图

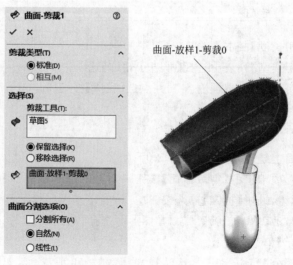

图 7-53    剪裁曲面

**！提示**　关于剪裁曲面

可使用曲面、基准面或草图作为剪裁工具来剪裁相交曲面,也可以将曲面和其他曲面联合使用作为相互的剪裁工具。

### 5. 放样曲面 3

(1) 在右视基准面上绘制草图,如图 7-54
所示。

(2) 退出草图后,单击【曲面】选项卡上的
【放样曲面】按钮 ,会出现【曲面-放样】属性管
理器。

① 在【轮廓】组,激活【轮廓】列表,在图形区
域中选择"边线〈1〉"和"边线〈2〉"。

② 在【起始/结束约束】组,从【起始处相切
类型】列表中选择【与面相切】选项。

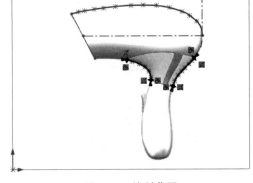

图 7-54　绘制草图

③ 在【起始处相切长度】文本框输入 1。

④ 从【结束处相切类型】列表中选择【与面相切】选项。

⑤ 在【结束处相切长度】文本框输入 1。

⑥ 在【引导线】组,激活【引导线】列表,在图形区域中选择"开环〈1〉"和"开环〈2〉",如
图 7-55 所示,单击【确定】按钮 。

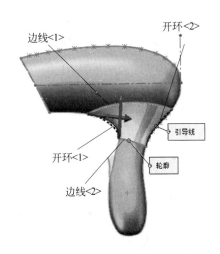

图 7-55　放样曲面

### 6. 缝合曲面

单击【曲面】选项卡上的【缝合曲面】按钮 📓,会出现【缝合曲面】属性管理器。在【选择】组,激活【要缝合的曲面和面】列表,在图形区选择"曲面-剪裁 1""曲面-放样 2"和"曲面-放样 3",如图 7-56 所示,单击【确定】按钮 ✓。

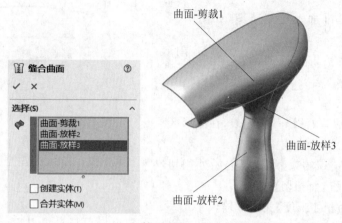

图 7-56　缝合曲面

### 7. 剪裁曲面

(1) 在右视基准面上绘制草图(隐藏曲面后即可显示"吹风机"图片,完成草图绘制后再使曲面重新显示),如图 7-57 所示。

> ⚠️ 提示　关于互相垂直构造几何线的作用

草图中互相垂直的构造几何线是为了对样条曲线的曲率进行约束,同时也是为后面建立草图基准面做准备。

(2) 单击【曲面】选项卡上的【剪裁曲面】按钮 ✂,会出现【剪裁曲面】属性管理器。

① 在【剪裁类型】组,选中【标准】单选按钮。

② 在【选择】组,激活【剪裁工具】列表,在图形区选择"草图 7"。

③ 选中【移除选择】单选按钮。

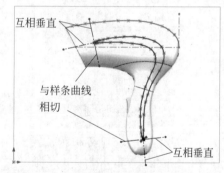

图 7-57　绘制草图

④ 激活【要移除的部分】列表,在图形区选择"曲面-缝合 1-剪裁 0",如图 7-58 所示,单击【确定】按钮 ✓。

### 8. 曲面填充

(1) 新建基准面。

在设计树中使刚刚建立的【草图 7】显示在图形区。

单击【特征】选项卡上的【基准面】按钮 📖,会出现【基准面】属性管理器。

① 在【第一参考】组,激活【第一参考】,在图形区选择"直线 7@草图 7",单击【垂直】按钮。

② 在【第二参考】组,激活【第二参考】,在图形区选择直线端点,如图 7-59 所示,单击【确定】按钮 ✓,建立基准面。

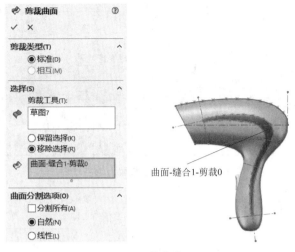

图 7-58 剪裁曲面

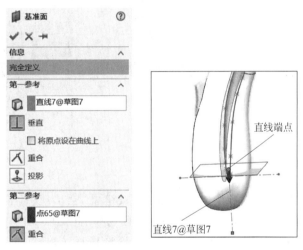

图 7-59 新建基准面

🔔 **注意** 对于建立基准面1时所选的参考直线(直线7@草图7),在绘制它时,要注意不要使它的上端点落在与其垂直的另外一条中心线之上,因为在借助该参考线的上端点对基准面1进行定位时,需要保证剪裁曲面后所产生的豁口处的两侧边线均穿过基准面1,以方便下一步在基准面1上绘制草图。在接下来建立基准面3时同理,要确保基准面3也处在正确的位置,以方便其上草图的绘制。

(2) 在新建基准面上绘制草图,如图 7-60 所示。

(3) 新建基准面。

退出草图后,单击【特征】选项卡上的【基准面】按钮 📄 ,会出现【基准面】属性管理器。

① 在【第一参考】组,激活【第一参考】,在图形区选择"边线〈1〉",单击【垂直】按钮。

② 在【第二参考】组,激活【第二参考】,在图形区选择边线端点"顶点〈1〉",如图 7-61 所示,单击【确定】按钮 ✓ ,建立基准面。

(4) 在新建基准面上绘制草图,如图 7-62 所示。

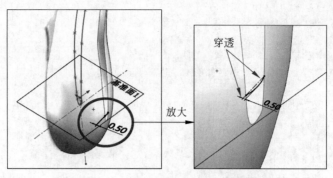

图 7-60    在新建基准面上绘制草图

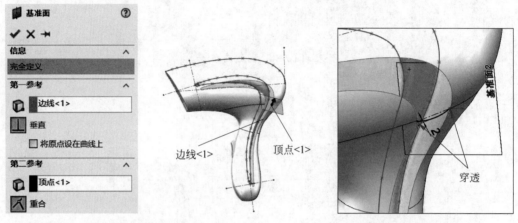

图 7-61    新建基准面(边线)          图 7-62    绘制草图(边线)

(5)新建基准面。

退出草图后,单击【特征】选项卡上的【基准面】按钮 📖,会出现【基准面】属性管理器。

① 在【第一参考】组,激活【第一参考】,在图形区选择"直线 6@草图 7",单击【垂直】按钮。

② 在【第二参考】组,激活【第二参考】,在图形区选择直线端点,如图 7-63 所示,单击【确定】按钮 ☑,建立基准面。

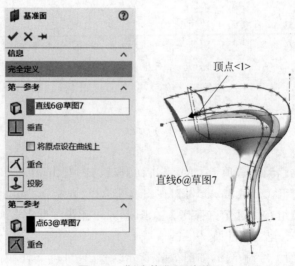

图 7-63    新建基准面(直线)

（6）在新建基准面上绘制草图，如图7-64所示。

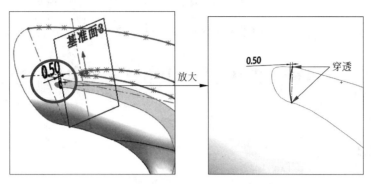

图7-64　绘制草图（直线）

（7）退出草图后，单击【曲面】选项卡上的【填充曲面】按钮 ◈ ，会出现【填充曲面】属性管理器。

① 从【曲率控制】列表中选择【相触】选项。

② 在【修补边界】组，激活【修补边界】列表，在图形区选择"边线〈1〉""边线〈2〉""边线〈3〉""边线〈4〉""边线〈5〉"和"边线〈6〉"。

③ 选中【优化曲面】复选框。

④ 在【约束曲线】组，激活【约束曲线】列表，在图形区选择"草图8""草图9"和"草图10"。

⑤ 选中【合并结果】复选框，如图7-65所示，单击【确定】按钮 ✓ 。

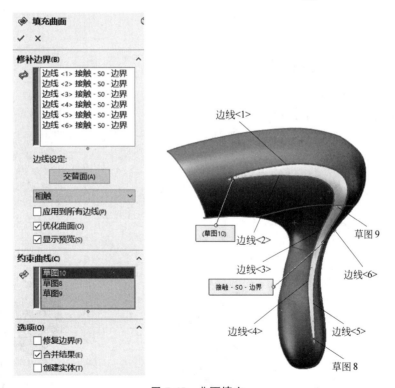

图7-65　曲面填充

### 9. 镜像

单击【特征】选项卡上的【镜像】按钮 ⊨ ，会出现【镜像】属性管理器。

① 在【镜像面/基准面】组,激活【镜像面/基准面】列表,在 FeatureManager 设计树中选择【右视基准面】。

② 在【要镜像的实体】组,激活【要镜像的实体/曲面实体】列表,在图形区中选择"曲面填充 1"。

③ 在【选项】组,选中【合并实体】、【缝合曲面】和【延伸视象属性】复选框,如图 7-66 所示,单击【确定】按钮✓。

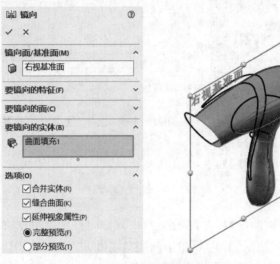

图 7-66 曲面镜像       彩色图片

### 10. 加厚

单击【曲面】选项卡上的【加厚】按钮 ,会出现【加厚】属性管理器。

① 激活【要加厚的曲面】列表,在图形区选中曲面。

② 在【厚度】类型中单击【加厚侧边 2】按钮 。

③ 在【厚度】文本框输入 5.00mm,如图 7-67 所示,单击【确定】按钮✓。

**提示** 关于加厚

通过加厚一个或多个相邻曲面来生成实体特征。

### 11. 上色

上色效果如图 7-68 所示。

图 7-67 加厚

图 7-68 上色

**12. 存盘**

选择【文件】|【保存】命令,保存文件。

**【任务拓展】**

按照图 7-69 和图 7-70 所示创建模型。

图 7-69　拓展练习 7-7　　　　　　　图 7-70　拓展练习 7-8

# 模块八

# 钣 金 设 计

SOLIDWORKS 提供了一些专门应用于钣金零件建模的特征,包括几种法兰特征(如基体法兰、边线法兰和斜接法兰)、薄片、折叠以及展开工具。SOLIDWORKS 还提供了成形工具,可以很方便地建立各种钣金形状,也可以很方便地修改或建立成形工具。

视频讲解

 **课题 8-1　基体法兰与边线法兰**

**【学习目标】**

(1) 基体法兰。

(2) 边线法兰。

(3) 展开操作。

(4) 折叠操作。

(5) 读懂钣金零件图。

**【工作任务】**

应用基体法兰与边线法兰创建钣金模型,如图 8-1 所示。

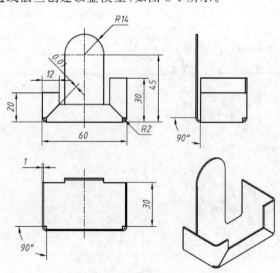

**图 8-1　应用基体法兰与边线法兰创建钣金模型**

**【任务实施】**

**1. 新建文件**

新建文件并保存为"应用基体法兰与边线法兰创建钣金模型.sldprt"。

**2. 创建基体法兰特征**

(1) 在右视基准面绘制草图，如图 8-2 所示。

(2) 单击【钣金】选项卡上的【基体法兰/薄片】按钮 ，会出现
【基体法兰】属性管理器。

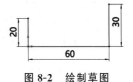

图 8-2 绘制草图

① 在【方向 1】组，从【终止条件】列表中选择【给定深度】选项。

② 在【深度】文本框输入 30.00mm。

③ 在【钣金参数】组的【厚度】文本框输入 1.00mm。

④ 在【折弯半径】文本框输入 2.00mm，如图 8-3 所示，单击【确定】按钮 。

**提示1　关于基体法兰特征**

基体法兰是钣金零件的基本特征，是钣金零件设计的起点。建立基体法兰特征以后，系统就会将该零件标记为钣金零件。该特征不仅生成了零件最初的实体，而且为以后的钣金特征设置了参数。基体法兰特征的草图，可以是单一开环、单一闭环或多重封闭轮廓。

**提示2　关于钣金零件的 FeatureManager 设计树**

基体法兰特征建立后，自动形成了以下 3 个特征。

◇ 钣金：包含默认的折弯参数。若要编辑默认折弯半径、折弯系数、折弯扣除或默认释放槽类型，右击钣金，在快捷工具栏中选择【编辑特征】即可。

◇ 基体-法兰 1：代表钣金零件的第一个实体特征。

◇ 平板型式：解除压缩后可展开钣金零件。

在默认情况下，当零件处于折弯状态时，平板型式被压缩，将该特征解除压缩可展开钣金零件，如图 8-4 所示。

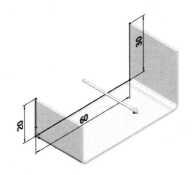

图 8-3　创建基体法兰

图 8-4　钣金零件的 FeatureManager
设计树

### 3. 创建边线法兰特征

(1) 边线法兰添加到一条边线。

单击【钣金】选项卡上的【边线法兰】按钮 ，会出现【边线-法兰】属性管理器。

① 在【法兰参数】组，激活【边线】列表，在图形区选择"边线〈1〉"。

② 在【角度】组的【法兰角度】文本框输入 90.00 度。

③ 在【法兰长度】组，从【长度终止条件】列表中选择【给定深度】选项。

④ 在【长度】文本框输入 20.00mm。

⑤ 单击【外部虚拟交点】按钮 。

⑥ 在【法兰位置】组，单击【折弯在外】按钮 ，如图 8-5 所示，单击【确定】按钮 。

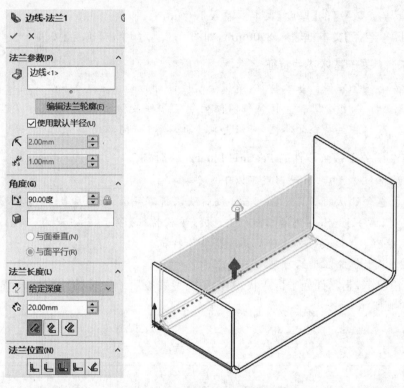

图 8-5　边线法兰添加到一条边线

**提示1　关于边线法兰**

边线法兰可以利用钣金零件的边线添加法兰,通过所选边线可以设置法兰的尺寸和方向。

**提示2　关于法兰交点**

法兰交点有【外部虚拟交点】 、【内部虚拟交点】 和【双弯曲】 三种,如图 8-5 所示。

**提示3　关于法兰位置**

常用的法兰位置有【材料在内】 、【材料在外】 、【折弯在外】 、【虚拟交点的折弯】 和【与折弯相切】 五种,如图 8-5 所示。

(2) 编辑边线法兰。

在 FeatureManager 设计树中右击【边线-法兰 1】,从快捷工具栏中选择【编辑草图】命令，编辑草图。修改草图，重新建模，如图 8-6 所示。

（3）边线法兰添加到多条边线。

单击【钣金】选项卡上的【边线法兰】按钮 ，会出现【边线-法兰】属性管理器。

① 在【法兰参数】组，激活【边线】列表，在图形区选择"边线〈1〉""边线〈2〉"和"边线〈3〉"。

② 在【缝隙距离】文本框输入 0.01mm。

③ 在【角度】组的【法兰角度】文本框输入 90.00 度。

④ 在【法兰长度】组，从【长度终止条件】列表中选择【给定深度】选项。

⑤ 在【长度】文本框输入 12.00mm。

⑥ 单击【外部虚拟交点】按钮 。

⑦ 在【法兰位置】组，单击【折弯在外】按钮 ，如图 8-7 所示，单击【确定】按钮 。

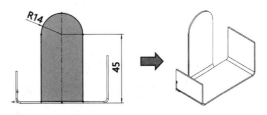

图 8-6　编辑边线法兰

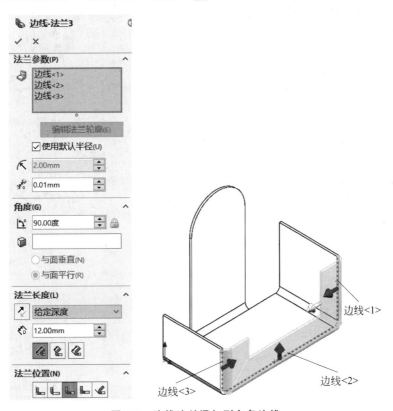

图 8-7　边线法兰添加到多条边线

### 4. 展开

单击【钣金】选项卡上的【展开】按钮 ，会出现【展开】属性管理器。

① 激活【固定面】列表，在图形区选择"面〈1〉"。

② 单击【收集所有折弯】按钮，收集要展开的折弯，如图 8-8 所示，单击【确定】按钮 。

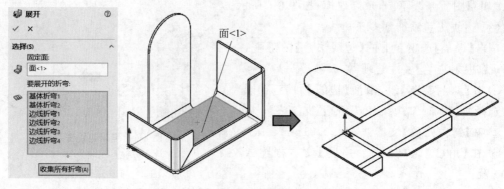

图 8-8　展开

## 5. 折叠

单击【钣金】选项卡上的【折叠】按钮 ，会出现【折叠】属性管理器。

① 激活【固定面】列表，在图形区选择"面〈1〉"。

② 单击【收集所有折弯】按钮，收集要折叠的折弯，如图 8-9 所示，单击【确定】按钮 ✓ 。

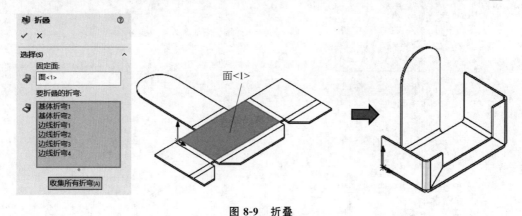

图 8-9　折叠

## 6. 存盘

选择【文件】|【保存】命令，保存文件。

### 【任务拓展】

按照图 8-10 和图 8-11 所示创建钣金模型。

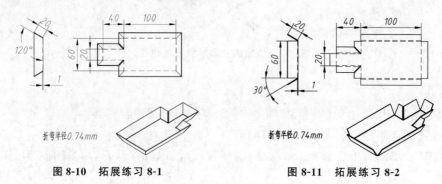

图 8-10　拓展练习 8-1　　　　　　　图 8-11　拓展练习 8-2

## 课题 8-2　斜接法兰与绘制的折弯

视频讲解

### 【学习目标】

（1）斜接法兰。

（2）绘制的折弯。

### 【工作任务】

应用斜接法兰与绘制的折弯创建钣金模型，如图 8-12 所示。

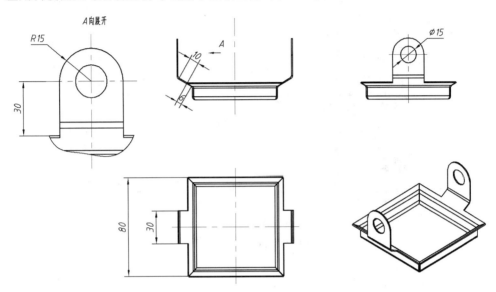

图 8-12　应用斜接法兰与绘制的折弯创建钣金模型

### 【任务实施】

**1. 新建文件**

新建文件并保存为"应用斜接法兰与绘制的折弯创建钣金模型. sldprt"。

**2. 创建基体法兰线**

（1）在上视基准面绘制草图，如图 8-13 所示。

（2）单击【钣金】选项卡上的【基体法兰/薄片】按钮，会出现【基体法兰】属性管理器。在【钣金参数】组的【厚度】文本框输入 1.00mm，如图 8-14 所示，单击【确定】按钮。

**3. 创建斜接法兰特征**

（1）在指定面绘制草图，如图 8-15 所示。

（2）单击【钣金】选项卡上的【斜接法兰】按钮，会出现【斜接法兰】属性管理器。

① 在【斜接参数】组，激活【沿边线】列表，在图形区选择"边线〈1〉""边线〈2〉""边线〈3〉"和"边线〈4〉"。

② 在【法兰位置】组，单击【材料在内】按钮。

③ 在【缝隙距离】下的【切口缝隙】文本框输入 0.25mm，如图 8-16 所示，单击【确定】按钮。

图 8-13　绘制草图 1

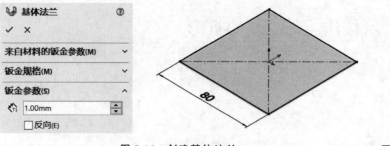

图 8-14　创建基体法兰　　　　　　　　　　　图 8-15　绘制草图 2

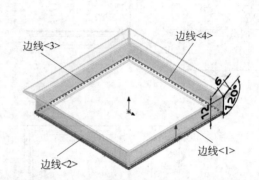

图 8-16　创建斜接法兰

**提示**　关于斜接法兰

斜接法兰用来生成一段或多段相互连接的法兰并自动生成必要的切口。通过设置法兰位置可以设置法兰在模型的外面或里面。

**4. 创建薄片特征**

(1) 在指定面绘制草图,如图 8-17 所示。

(2) 单击【钣金】选项卡上的【基体法兰/薄片】按钮 ⚓ ,会出现【基体法兰】属性管理器。选中【合并结果】复选框,如图 8-18 所示,单击【确定】按钮 ✓ 。

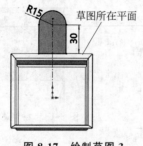

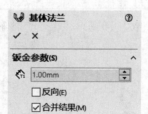

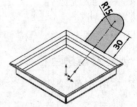

图 8-17　绘制草图 3　　　　　　　　　　　图 8-18　创建薄片

**5. 创建镜像**

单击【特征】选项卡上的【镜像】按钮 ⬛ ,会出现【镜像】属性管理器。

① 在【镜像面/基准面】组,激活【镜像面/基准面】列表,在 FeatureManager 设计树中选择【前视基准面】。

② 在【要镜像的特征】组，激活【要镜像的特征】列表，在 FeatureManager 设计树中选择"薄片 1"，如图 8-19 所示，单击【确定】按钮 ✓。

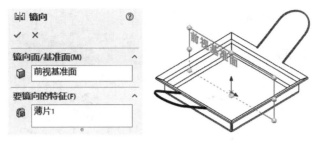

图 8-19　创建镜像

### 6. 创建绘制的折弯特征

（1）在指定面绘制草图，如图 8-20 所示。

（2）单击【钣金】选项卡上的【绘制的折弯】按钮 🔧，会出现【绘制的折弯】属性管理器。

① 在【折弯参数】组，激活【固定面】列表，在图形区选择"面〈1〉"。

② 在【折弯位置】组，单击【折弯中心线】按钮 🔳。

③ 在【折弯角度】文本框输入 60.00 度，如图 8-21 所示，单击【确定】按钮 ✓。

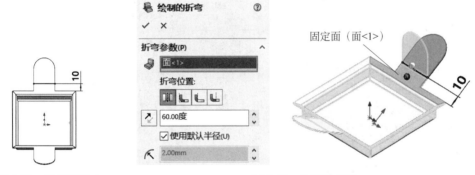

图 8-20　绘制草图 4　　　　　　图 8-21　绘制的折弯

> 💡 **提示**　关于绘制的折弯
>
> 如果需要在钣金零件上添加折弯，首先要在创建折弯的面上绘制一条草图线来定义折弯，该折弯类型被称为绘制的折弯。

（3）同样折弯另一侧，如图 8-22 所示。

### 7. 创建孔

（1）在指定面绘制草图，如图 8-23 所示。

图 8-22　折弯另一侧

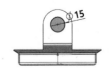

图 8-23　绘制草图 5

(2) 单击【钣金】选项卡上的【拉伸切除】按钮 ⓘ，会出现【切除-拉伸】属性管理器。在【方向 1】组，从【终止条件】列表中选择【完全贯穿】选项，如图 8-24 所示，单击【确定】按钮 ✓。

图 8-24  打孔

### 8. 存盘

选择【文件】|【保存】命令，保存文件。

### 【任务拓展】

按照图 8-25 和图 8-26 所示创建模型。

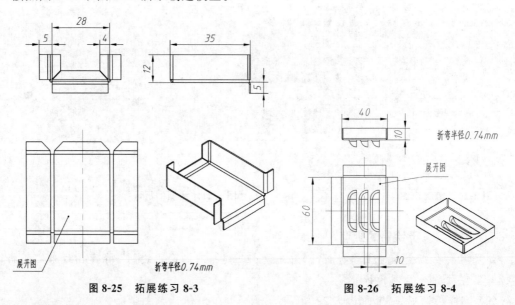

图 8-25  拓展练习 8-3          图 8-26  拓展练习 8-4

### 【操作提示】

(1) 单击【设计库】标签，展开设计库中的 forming tools 文件夹，默认情况下此文件夹包含了 SOLIDWORKS 软件提供的钣金成形工具，选择\forming tools\louvers 文件夹，文件夹中包含的钣金成形工具会显示在列表框中，如图 8-27 所示。

(2) 放置成形工具。拖动 louver 工具到模型的表面，在【旋转角度】文本框输入 0.00 度，如图 8-28 所示，单击【确定】按钮 ✓。

(3) 分别编辑定位草图和定形草图，如图 8-29 所示。

图 8-27  \forming tools\louvers 文件夹

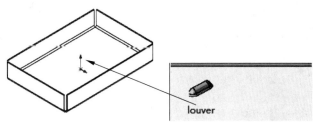

图 8-28  拖动并放置

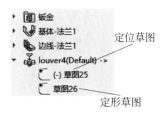

图 8-29  分别编辑定位草图和定形草图

 ## 课题 8-3  转折、褶边和断开边角

视频讲解

【学习目标】

（1）转折。

（2）褶边。

（3）断开边角。

【工作任务】

应用转折、褶边和断开边角创建钣金模型，如图 8-30 所示。

【任务实施】

### 1. 新建文件

新建文件并保存为"应用转折、褶边和断开边角创建钣金模型.sldprt"。

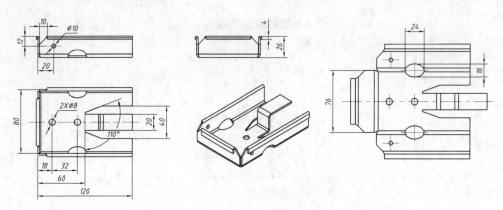

图 8-30  应用转折、褶边和断开边角创建钣金模型

### 2. 创建基体法兰

(1) 在上视基准面绘制草图,如图 8-31 所示。

(2) 单击【钣金】选项卡上的【基体法兰/薄片】按钮 ,会出现【基体-法兰】属性管理器。在【钣金参数】组的【厚度】文本框输入 2.00mm,如图 8-32 所示,单击【确定】按钮 。

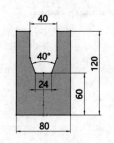

图 8-31  绘制草图 1

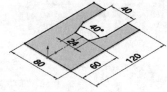

图 8-32  创建基体法兰

### 3. 创建斜接法兰特征

(1) 在指定面绘制草图,如图 8-33 所示。

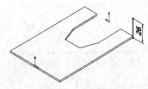

图 8-33  绘制草图 2

(2) 单击【钣金】选项卡上的【斜接法兰】按钮 ,会出现【斜接法兰】属性管理器。

① 在【斜接参数】组,激活【沿边线】列表,在图形区选择"边线〈1〉""边线〈2〉"和"边线〈3〉"。

② 在【法兰位置】组,单击【材料在内】按钮 。

③ 在【缝隙距离】下的【切口缝隙】文本框输入 0.25mm,如图 8-34 所示,单击【确定】按钮 。

### 4. 创建薄片特征

(1) 在指定面绘制草图,如图 8-35 所示。

(2) 单击【钣金】选项卡上的【基体法兰/薄片】按钮 ,会出现【基体法兰】属性管理器。选中【合并结果】复选框,如图 8-36 所示,单击【确定】按钮 。

### 5. 创建转折

(1) 在指定面绘制草图,如图 8-37 所示。

图 8-34 创建斜接法兰

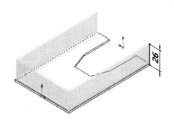

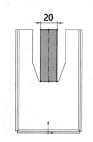

图 8-35 绘制草图 3

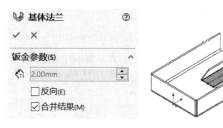

图 8-36 创建薄片

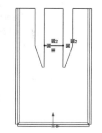

图 8-37 绘制草图 4

(2) 单击【钣金】选项卡上的【转折】按钮 ，会出现【转折】属性管理器。

① 在【选择】组，激活【固定面】列表，在图形区选择"面〈1〉"。

② 在【转折等距】组，从【终止条件】列表中选择【成形到一面】选项。

③ 激活【面/平面】列表，在图形区选择"面〈2〉"。

④ 在【尺寸位置】组，单击【外部等距】按钮 。

⑤ 在【转折位置】组，单击【材料在内】按钮 。

⑥ 在【转折角度】文本框输入 90.00，如图 8-38 所示，单击【确定】按钮 。

**提示** 关于转折

转折特征通过从草图线生成两个折弯而将材料添加到钣金零件上，从而生成闭合区域的钣金零件。

**6. 断开边角**

单击【钣金】选项卡上的【断裂边角/边角剪裁】按钮 ，会出现【断开边角】属性管理器。

① 在【断裂边角选项】组，激活【边角边线/法兰面】列表，在图形区选择"边线〈1〉""边线〈2〉""边线〈3〉"和"边线〈4〉"。

② 在【折断类型】组，单击【倒角】按钮 。

③ 在【距离】文本框输入 10.00mm，如图 8-39 所示，单击【确定】按钮 。

**提示** 关于断开边角

断开边角可以建立圆角形状或倒角形状的边角。

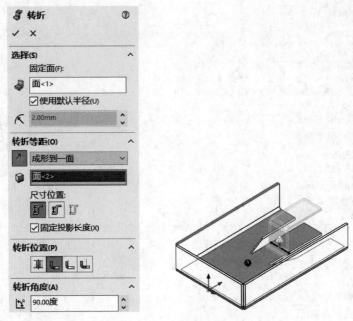

图 8-38    创建转折

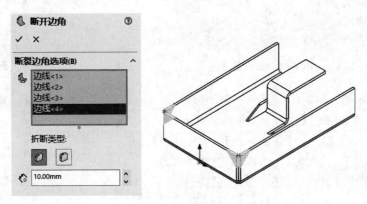

图 8-39    断开边角

### 7. 褶边

单击【钣金】选项卡上的【褶边】按钮，会出现【褶边】属性管理器。

① 在【边线】组，激活【边线】列表，在图形区选择"边线〈1〉""边线〈2〉"和"边线〈3〉"。

② 单击【材料在内】按钮。

③ 在【类型和大小】组，单击【闭合】按钮。

④ 在【长度】文本框输入 8.00mm，如图 8-40 所示，单击【确定】按钮。

**提示**    关于褶边

褶边工具可以将钣金零件的边线变成不同的形状。

### 8. 打孔

(1) 在指定面绘制草图，如图 8-41 所示。

(2) 单击【钣金】选项卡上的【拉伸切除】按钮，会出现【切除-拉伸】属性管理器。

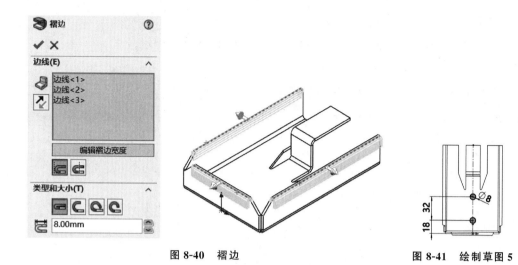

图 8-40　褶边　　　　　　　　　　　　　图 8-41　绘制草图 5

① 在【方向 1】组，从【终止条件】列表中选择【给定深度】选项。

② 选中【与厚度相等】复选框，如图 8-42 所示，单击【确定】按钮✓。

（3）在指定面绘制草图，如图 8-43 所示。

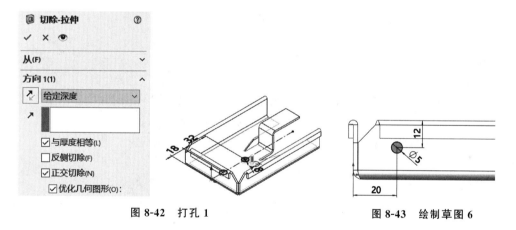

图 8-42　打孔 1　　　　　　　　　　　　图 8-43　绘制草图 6

（4）单击【钣金】选项卡上的【拉伸切除】按钮 🖾，会出现【切除-拉伸】属性管理器。在【方向 1】组，从【终止条件】列表中选择【完全贯穿】选项，如图 8-44 所示，单击【确定】按钮✓。

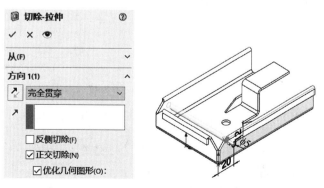

图 8-44　打孔 2

**9. 展开**

单击【钣金】选项卡上的【展开】按钮 ⚙️，会出现【展开】属性管理器。

① 激活【固定面】列表，在图形区选择"面〈1〉"。

② 单击【收集所有折弯】按钮，收集要展开的折弯，如图 8-45 所示，单击【确定】按钮 ✅。

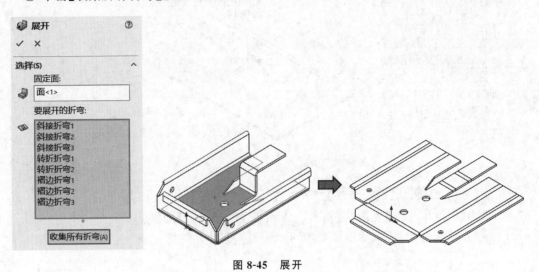

图 8-45　展开

**10. 打孔**

(1) 在指定面绘制草图，如图 8-46 所示。

(2) 单击【钣金】选项卡上的【拉伸切除】按钮 📄，会出现【切除-拉伸】属性管理器。

① 在【方向 1】组，从【终止条件】列表中选择【给定深度】选项。

② 选中【与厚度相等】复选框，如图 8-47 所示，单击【确定】按钮 ✅。

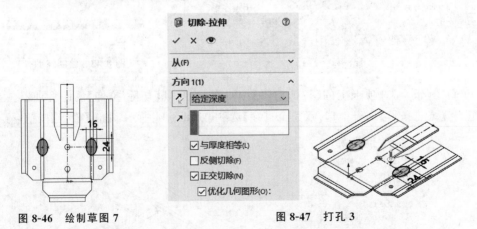

图 8-46　绘制草图 7　　　　　　　图 8-47　打孔 3

**11. 折叠**

单击【钣金】选项卡上的【折叠】按钮 🔧，会出现【折叠】属性管理器。

① 激活【固定面】列表，在图形区选择"面〈1〉"。

② 单击【收集所有折弯】按钮，收集要折叠的折弯，如图 8-48 所示，单击【确定】按钮 ✅。

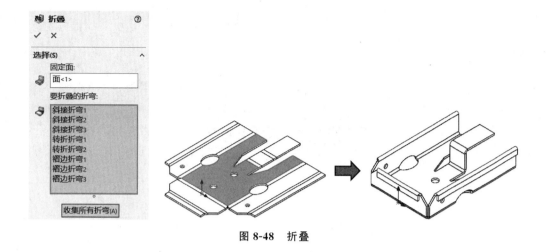

图 8-48　折叠

## 12．存盘

选择【文件】|【保存】命令，保存文件。

**【任务拓展】**

按照图 8-49 和图 8-50 所示创建钣金模型。

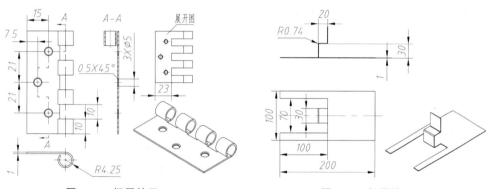

图 8-49　拓展练习 8-5　　　　　　　图 8-50　拓展练习 8-6

# 模块九

# 系列化零件设计

SOLIDWORKS 不仅提供了强大的造型功能,而且提供了实用性很强的产品设计系列化功能,包括方程式和数值连接、配置、系列零件设计表等。通过方程式方式可以控制特征间的数据关系;通过配置可以在同一个文件中同时反映产品零件的多种特征构成和尺寸规格;采用 Excel 表格建立系列零件设计表能够反映零件的尺寸规格和特征构成,表中的实例将成为零件中的配置。

  **课题 9-1　使用方程式**

视频讲解

## 【学习目标】

(1) 尺寸命名。

(2) 方程式。

## 【工作任务】

应用方程式创建模型,如图 9-1 所示。

(1) 阵列的孔等距分布。

(2) 孔的中心线直径与法兰的外径和套筒的内径有数学关系:阵列位于法兰的外径和套筒的内径中间,即 $\phi 65=(\phi 100+\phi 30)/2$。

(3) 孔的数量与法兰的外径有数学关系:孔阵列的实例数为圆环外径除以 16,然后取整,即 $6=\mathrm{int}(100/16)$。

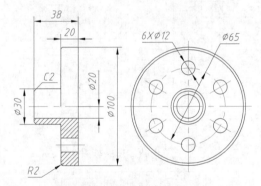

图 9-1　应用方程式创建模型

## 【任务实施】

### 1. 新建文件

新建文件并保存为"应用方程式创建模型.sldprt"。

### 2. 创建法兰

(1) 在上视基准面绘制草图,如图 9-2 所示。

(2) 单击【特征】选项卡上的【拉伸凸台/基体】按钮 ,会出现【凸台-拉伸】属性管理器。

① 在【方向 1】组,从【终止条件】列表选择【给定深度】选项。

② 在【深度】文本框内输入 15.00mm。

③ 在【所选轮廓】组,激活【所选轮廓】列表,在图形区选择轮廓,

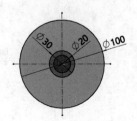

图 9-2　绘制草图 1

如图 9-3 所示,单击【确定】按钮 ✓。

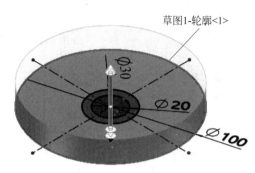

图 9-3　拉伸建模 1

（3）在 FeatureManager 设计树中选中【凸台-拉伸 1】列表下的【草图 1】,单击【特征】选项卡上的【拉伸凸台/基体】按钮 ◉,会出现【凸台-拉伸】属性管理器。

① 在【方向 1】组,从【终止条件】列表选择【给定深度】选项。

② 在【深度】文本框输入 38.00mm。

③ 在【所选轮廓】组,激活【所选轮廓】列表,右击删除默认选中的【草图 1】后,在图形区选择轮廓,如图 9-4 所示,将【草图 1】作为共享草图,建立特征【凸台-拉伸 2】,单击【确定】按钮 ✓。

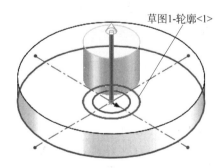

图 9-4　拉伸建模 2

（4）在 FeatureManager 设计树中继续选中【草图 1】，单击【特征】选项卡上的【拉伸切除】按钮 ◙ ，会出现【切除-拉伸】属性管理器。

① 在【方向 1】组，从【终止条件】列表选择【完全贯穿】选项，并点选【反向】按钮 ⤴ 。

② 在【所选轮廓】组，激活【所选轮廓】列表，右击删除默认选中的【草图 1】后，在图形区选择轮廓，如图 9-5 所示，单击【确定】按钮 ✓ 。

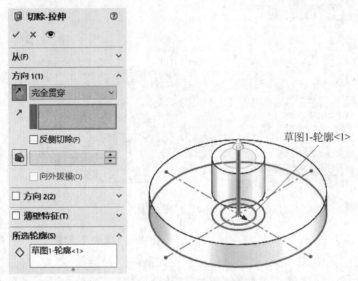

图 9-5　拉伸切除 1

（5）在上表面绘制草图，如图 9-6 所示。

（6）单击【特征】选项卡上的【拉伸切除】按钮 ◙ ，会出现【切除-拉伸】属性管理器。在【方向 1】组，从【终止条件】列表选择【完全贯穿】选项，如图 9-7 所示，单击【确定】按钮 ✓ 。

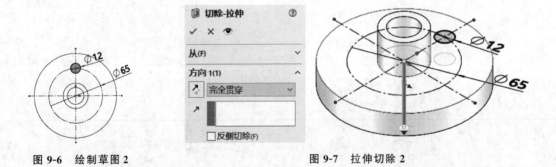

图 9-6　绘制草图 2　　　　　　　　　　图 9-7　拉伸切除 2

（7）单击【特征】选项卡上的【圆周阵列】按钮 ❋ ，会出现【阵列（圆周）】属性管理器。

① 在【方向 1】组，激活【阵列轴】列表，从图形区选择小圆柱外表面。

② 选中【等间距】单选按钮。

③ 在【实例数】文本框中输入 6。

④ 在【特征和面】组，激活【要阵列的特征】列表，在 FeatureManager 设计树中选择【切除-拉伸 2】，如图 9-8 所示，单击【确定】按钮 ✓ 。

（8）单击【特征】选项卡上的【圆角】按钮 ◙ ，会出现【圆角】属性管理器。

① 在【圆角类型】组，选中【恒定大小圆角】单选按钮 ◙ 。

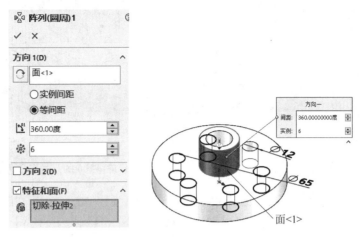

图 9-8 圆周阵列

② 在【要圆角化的项目】组，激活【边线、面、特征和环】列表，在图形区选择需倒圆角的边线。

③ 在【圆角参数】组的【半径】文本框输入 2.00mm，如图 9-9 所示，单击【确定】按钮☑，生成圆角。

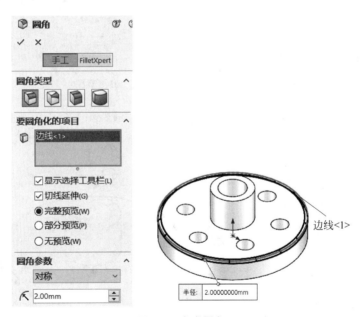

图 9-9 生成圆角

### 3. 修改尺寸名称

(1) 在 FeatureManager 设计树中右击【注解】，从快捷菜单中选择打开【显示注解】和【显示特征尺寸】命令，如图 9-10 所示。

(2) 单击尺寸 $\phi$100，会出现【尺寸】属性管理器，切换到【数值】选项卡，在【主要值】选项组的【名称】文本框中将名称改为"outD@草图 1"，如图 9-11 所示，单击【确定】按钮☑。

图 9-10　设置显示　　　　　　　图 9-11　修改 φ100 的尺寸名称为 outD@草图 1

(3) 单击尺寸 φ30,会出现【尺寸】属性管理器,切换到【数值】选项卡,在【主要值】组的【名称】文本框中将名称改为"inD@草图 1",如图 9-12 所示,单击【确定】按钮 ✓。

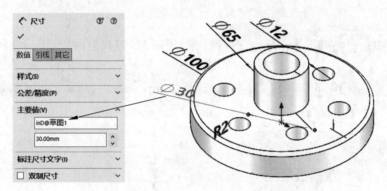

图 9-12　修改 φ30 的尺寸名称为 inD@草图 1

(4) 单击尺寸 φ65,会出现【尺寸】属性管理器,切换到【数值】选项卡,在【主要值】组的【名称】文本框中将名称改为"midD@草图 2",如图 9-13 所示,单击【确定】按钮 ✓。

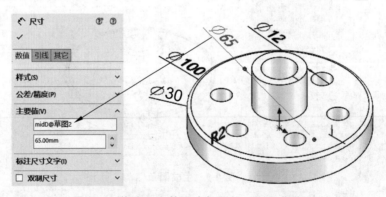

图 9-13　修改 φ65 的尺寸名称为 midD@草图 2

(5) 单击实例数 6,会出现【尺寸】属性管理器,切换到【数值】选项卡,在【主要值】组的【名称】文本框中将名称改为"n@阵列(圆周)1",如图 9-14 所示,单击【确定】按钮 ✓。

❗提示　关于尺寸名称

系统为尺寸创建的默认名称含义模糊,为了让其他设计人员更容易理解方程式并知道方程式控制的是什么参数,用户应该把尺寸改为更有逻辑并容易明白的名字。尺寸名称组成由

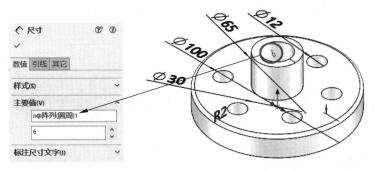

图 9-14 修改实例数 6 的尺寸名称为 n@阵列(圆周)1

名称@草图名或名称@特征名组成,其中名称可以改变。

**4. 建立方程式**

选择【工具】|【方程式】命令 Σ ,会出现【方程式、整体变量、及尺寸】对话框。

① 单击【按序排列的视图】按钮 。激活【名称】列表,在图形区域单击 midD 尺寸(φ65),"midD@草图 2"被添加到列表。激活【数值/方程式】列表。输入"=("。在图形区域中单击 outD 尺寸(φ100),"outD@草图 1"被添加到列表。输入"+"。在图形区域中单击 inD 尺寸(φ30),"inD@草图 1"被添加到列表。输入")/2",如图 9-15 所示,单击列表右端的【确定】按钮 。

| 方程式、整体变量、及尺寸 | | | | |
|---|---|---|---|---|
| Σ ⌂ ◈ ↕ ⊽ 过滤所有栏区 ↶ ↷ | | | | 确定 |
| **名称** | **数值/方程式** | ▲**估算到** | **评论** | 取消 |
| 1 | "midD@草图2" | = ( "outD@草图1" + "inD@草图1" ) / 2 | 65.00mm | |
| | *添加方程式* | | | |

图 9-15 建立方程式 1

② 激活【名称】列表,在图形区域单击 n 尺寸(实例数 6),"n@阵列(圆周)1"被添加到列表。激活【数值/方程式】列表。输入"=int("。在图形区域中单击 outD 尺寸,"outD@草图 1"被添加到列表。输入"/16)",如图 9-16 所示,单击列表右端的【确定】按钮 。

| 方程式、整体变量、及尺寸 | | | | |
|---|---|---|---|---|
| Σ ⌂ ◈ ↕ ⊽ 过滤所有栏区 ↶ ↷ | | | | 确定 |
| **名称** | **数值/方程式** | ▲**估算到** | **评论** | 取消 |
| 1 | "midD@草图2" | = ( "outD@草图1" + "inD@草图1" ) / 2 | 65.00mm | |
| 2 | "n@阵列(圆周)1" | = int ( "outD@草图1" / 16 ) | 6 | |

图 9-16 建立方程式 2

③ 单击【确定】按钮,完成方程式添加。

🔔 注意 输入公式前要将输入法切换至英文状态,SOLIDWORKS 方程式只识别英文字符。

❗ 提示 **关于方程式的编写顺序**

方程式是根据它们在列表中的先后顺序求解的。

例如,若有三个方程式:$A=B$、$C=D$、$D=B/2$,来看看改变 $B$ 的值会发生什么变化。首先系统会算出一个新的 $A$ 值,第二个方程式没有变化。在第三个方程式中,$B$ 值的变化会产生一个新的 $D$ 值,然而只有到第二次重建时,新的 $D$ 值才会作用到 $C$ 值上,将方程式重新排列就能解决这个问题。正确的顺序应该是:$A=B$,$D=B/2$,$C=D$。

### 5. 测试

将 outD 由 100 修改成 180,单击【重建模型】按钮 ❽,观察模型变化,如图 9-17 所示。

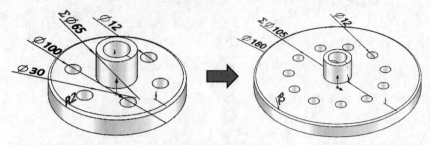

**图 9-17　测试**

> ⚠️ **提示** **关于方程式的总结**

很多时候需要在参数之间创建关联,可是这个关联却无法通过使用几何关系或常规的建模技术来实现。这时可以使用方程式创建模型中尺寸之间的数学关系。创建方程式需做的准备为:尺寸改名,确定因变量与自变量的关系,确定由哪个尺寸来驱动设计。

SOLIDWORKS 中方程式的形式为:因变量=自变量。例如,在方程式 $A=B$ 中,系统由尺寸 $B$ 求解尺寸 $A$,用户可以直接编辑尺寸 $B$ 并进行修改。一旦方程式写好并用到模型中,就不能再直接修改尺寸 $A$ 了,系统只能按照方程式控制尺寸 $A$ 的值。

### 6. 存盘

选择【文件】|【保存】命令,保存文件。

**【任务拓展】**

按照图 9-18 和图 9-19 所示创建模型。

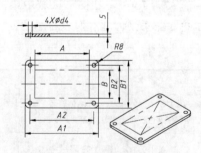

| 尺寸关系 | |
|---|---|
| $A$ | 100,120,150,180,200 |
| $A_1$ | $A_1=A+(5\sim6)d_4$ |
| $A_2$ | $A_2=(A_1+A)/2$ |
| $B$ | 50,60,75,90,100 |
| $B_1$ | $B_1=B+(5\sim6)d_4$ |
| $B_2$ | $B_2=(B1+B)/2$ |
| $d_4$ | $d_4=(M_6\sim M_8)$ |

**图 9-18　拓展练习 9-1**

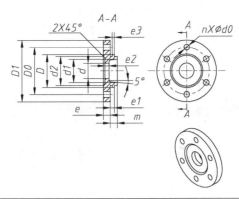

| 尺寸关系 | | | | | | |
|---|---|---|---|---|---|---|
| $d_0$ | 6,8,10 | $D$ | 45,65,85 | $e_3$ | $e_3 \leqslant e_1$ |
| $m$ | 10,15,20 | $e$ | $e=1.2d_0$ | $d$ | $d=d_2/2$ |
| $D_0$ | $D_0=D+20$ | $e_1$ | $e_1 \geqslant e$ | $d_1$ | $d_1=(d+d_2)/2$ |
| $D_1$ | $D_1=D_0+2.5d_0$ | $e_2$ | $e_2 \leqslant m$ | $d_2$ | $d_2=D_1/2$ |
| $n$ | $n=\text{int}(D_1/16)$ | | | | |

图 9-19　拓展练习 9-2

 ## 课题 9-2　配置

**【学习目标】**

（1）配置的操作。

（2）特征压缩。

**【工作任务】**

应用配置创建紧定螺钉模型，如图 9-20 所示。

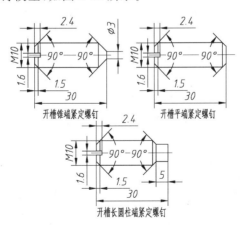

图 9-20　应用配置创建紧定螺钉模型

（1）建立紧定螺钉模型，修改默认配置为开槽长圆柱端紧定螺钉配置。

（2）建立开槽锥端紧定螺钉配置，修改尺寸配置、压缩特征配置。

（3）建立开槽锥端紧定螺钉，修改尺寸配置。

视频讲解

**【任务实施】**

**1. 新建文件**

新建文件并保存为"应用配置创建紧定螺钉模型.sldprt"。

**2. 建立开槽长圆柱端紧定螺钉配置**

(1) 打开【配置管理器】,右击【默认】,选择【属性】命令,如图 9-21 所示。

(2) 在出现的【配置属性】属性管理器的【配置名称】文本框中输入"开槽长圆柱端紧定螺钉",在【说明】文本框输入 GB75,如图 9-22 所示,单击【确定】按钮 ✓。

图 9-21　修改默认配置属性

图 9-22　修改默认配置为开槽长圆柱端
紧定螺钉配置

(3) 打开 FeatureManager 设计树,在前视基准面绘制草图,如图 9-23 所示。

(4) 单击【特征】选项卡上的【拉伸凸台/基体】按钮 ,会出现【凸台-拉伸】属性管理器。

① 在【方向 1】组,从【终止条件】列表选择【给定深度】选项,并点选【反向】按钮 。

② 在【深度】文本框内输入 25.00mm,如图 9-24 所示,单击【确定】按钮 ✓。

图 9-23　在前视基准面绘制草图

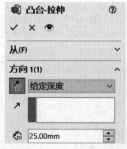

图 9-24　拉伸建模

(5) 单击【特征】选项卡上的【倒角】按钮 ,会出现【倒角】属性管理器。

① 在【倒角类型】组,选中【角度距离】单选按钮 。

② 在【要倒角化的项目】组,激活【边线、面和环】列表,在图形区中选择实体的边线。

③ 在【倒角参数】组的【距离】文本框输入 1.50mm,在【角度】文本框输入 45.00 度,如图 9-25 所示,单击【确定】按钮 ✓。

(6) 用同样方法,建立右端倒角,如图 9-26 所示。

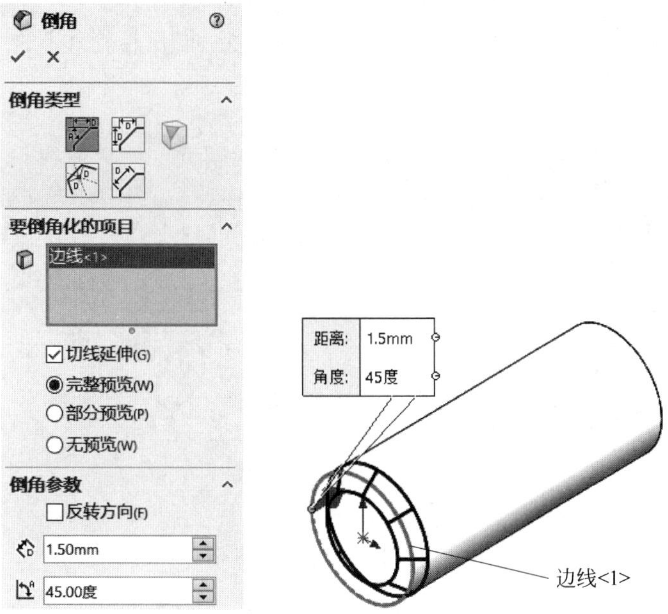


图 9-25　倒角

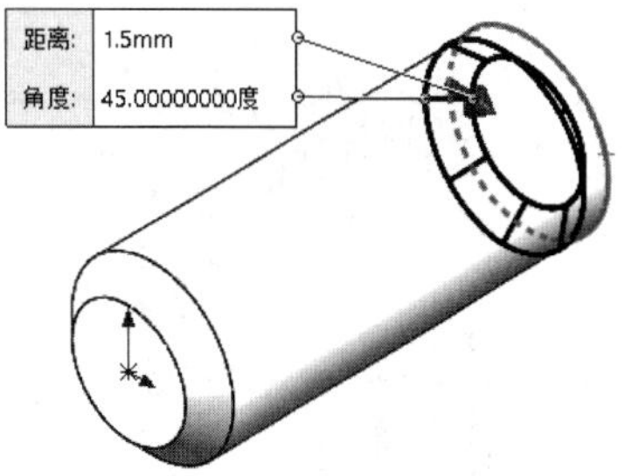


图 9-26　右端倒角

(7) 在前端面绘制草图，如图 9-27 所示。

(8) 单击【特征】选项卡上的【拉伸切除】按钮，会出现【切除-拉伸】属性管理器。

① 在【方向 1】组，从【终止条件】列表选择【给定深度】选项。

② 在【深度】文本框输入 2.40mm。

③ 选中【薄壁特征】复选框。

④ 从【类型】列表选择【两侧对称】选项。

⑤ 在【厚度】文本框输入 1.60mm，如图 9-28 所示，单击【确定】按钮✓。

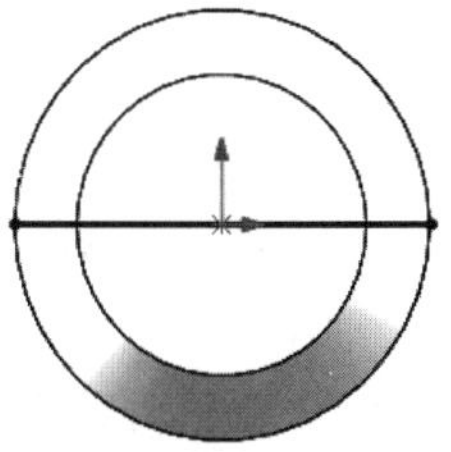

图 9-27　在前端面绘制草图

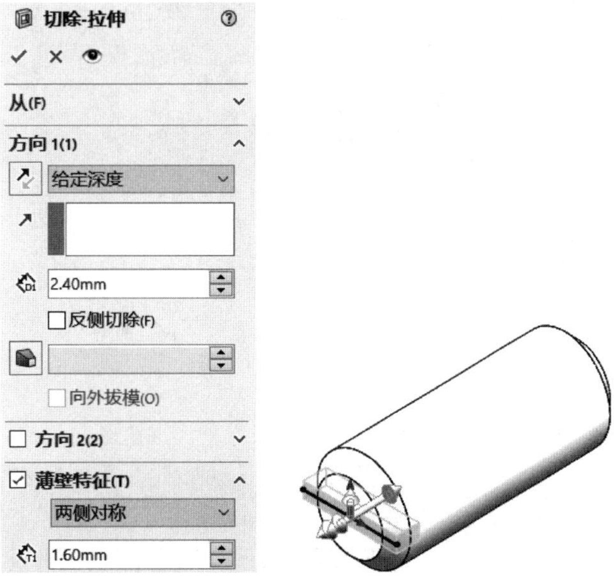


图 9-28　开槽

(9) 在后端面绘制草图,如图 9-29 所示。

(10) 单击【特征】选项卡上的【拉伸凸台/基体】按钮，会出现【凸台-拉伸】属性管理器。

① 在【方向 1】组，从【终止条件】列表选择【给定深度】选项。

② 在【深度】文本框内输入 5.00mm。

③ 选中【合并结果】复选框，如图 9-30 所示，单击【确定】按钮☑。

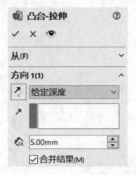
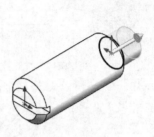

图 9-29    在后端面绘制草图                图 9-30    拉伸建模

(11) 保存，完成开槽长圆柱端紧定螺钉。

### 3. 建立开槽平端紧定螺钉配置

(1) 打开【配置管理器】，右击【应用配置创建紧定螺钉模型 配置】，选择【添加配置】命令，如图 9-31 所示。

(2) 打开【添加配置】属性管理器，在【配置名称】文本框输入"开槽平端紧定螺钉"，在【说明】文本框输入 GB73，如图 9-32 所示，单击【确定】按钮☑。

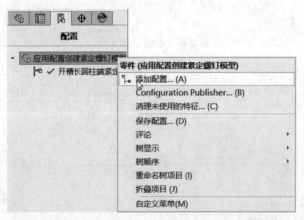

图 9-31    添加配置                图 9-32    新建开槽平端紧定
                                        螺钉配置

(3) 修改尺寸的配置。

在图形区域双击【凸台-拉伸 1】特征，并双击显示的尺寸"25.00mm"，会出现【修改】对话框。

① 在【尺寸】文本框输入 30.00mm。

② 单击【所有配置】下拉按钮，从下拉菜单中选择【此配置】选项，只对该配置修改尺寸。

③ 单击【修改】对话框上的【重建模型】按钮，重新建模，如图 9-33 所示，单击【确定】按钮☑，完成修改。

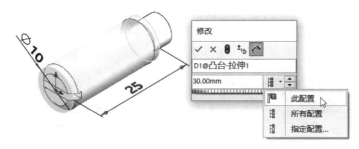

图 9-33　修改尺寸的配置

（4）压缩特征的配置。

在设计树中右击【凸台-拉伸 2】，从快捷工具栏中选择【压缩】命令，压缩【特征（凸台-拉伸 2）】，如图 9-34 所示。

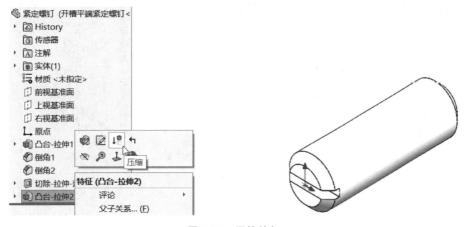

图 9-34　压缩特征

（5）保存开槽平端紧定螺钉。

**提示　关于压缩**

压缩用于临时删除有关特征。当一个特征被压缩后，系统会当它不存在。

**4. 建立开槽锥端紧定螺钉配置**

（1）打开【配置管理器】，右击【应用配置创建紧定螺钉模型 配置】，选择【添加配置】命令，打开【添加配置】属性管理器，在【配置名称】文本框输入"开槽锥端紧定螺钉"，在【说明】文本框输入 GB71，如图 9-35 所示，单击【确定】按钮 ✓。

（2）修改尺寸的配置。

在图形区域双击倒角 2 特征，并双击显示的尺寸"1.50mm"，会出现【修改】对话框。

　① 在【尺寸】文本框输入 3.50mm。

　② 单击【此配置】下拉按钮，从下拉菜单中选择【此配置】选项，只对该配置修改尺寸。

　③ 单击【修改】对话框上的【重建模型】按钮 ⑧，重新建模，如图 9-36 所示，单击【确定】按钮 ✓，完成修改。

图 9-35　新建开槽锥端紧定
螺钉配置

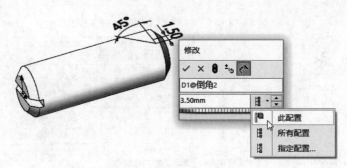

图 9-36　修改尺寸的配置

（3）保存，完成开槽锥端紧定螺钉。

**5. 验证**

打开【配置管理器】，分别双击各配置，观察设计树和零件的变化，如图 9-37 所示。

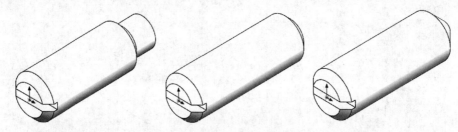

图 9-37　观察设计树和零件变化

⚠️ **提示**　关于配置的总结

配置可以在单一的文件中对零件或装配体生成多个设计变化。配置提供了简便的方法来开发与管理一组有着不同尺寸、零部件或其他参数的模型。要生成一个配置，先指定名称与属性，然后再根据需要来修改模型以生成不同的设计变化。

配置的应用如下。

◇ 在零件文件中，配置可以生成具有不同尺寸、特征和属性（包括自定义属性）的零件系列。

◇ 在装配体文件中，配置可以通过压缩零部件来生成简化的设计。使用不同的零部件配置、不同的装配体特征参数、不同的尺寸或配置特定的自定义属性来生成装配体系列。

◇ 在工程图文档中，可以显示在零件和装配体文档中所生成的配置的视图。

用户可以手动建立配置，或者使用系列零件设计表同时建立多个配置。系列零件设计表提供了一种简便的方法，可在简单易用的工作表中建立和管理配置。该方法可以在零件和装配体文件中使用系列零件设计表，而且可以在工程图中显示系列零件设计表。

**6. 存盘**

选择【文件】|【保存】命令，保存文件。

【任务拓展】

按照图 9-38 和图 9-39 所示创建模型。

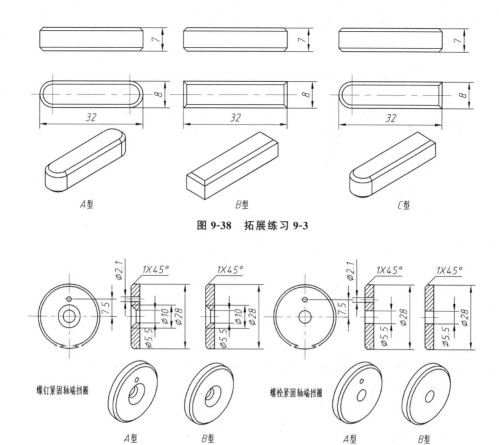

图 9-38　拓展练习 9-3

螺钉紧固轴端挡圈　　　　　　　螺栓紧固轴端挡圈

A型　　　　B型　　　　　　　　A型　　　　B型

图 9-39　拓展练习 9-4

 ## 课题 9-3　系列零件设计

【学习目标】

系列零件设计。

【工作任务】

应用系列零件设计紧六角螺母模型，如图 9-40 所示。

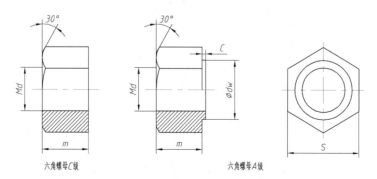

六角螺母C级　　　　　　六角螺母A级

图 9-40　应用系列零件设计紧六角螺母模型

视频讲解

六角螺母规格尺寸见表9-1。

表 9-1　六角螺母规格尺寸　　　　　　　　　　单位：mm

| 螺纹规格 | $S$ | $m$ | $C$ | $d_w$ |
|---|---|---|---|---|
| M6 | 10 | 6.4 | 0.5 | 8.9 |
| M8 | 13 | 7.9 | 0.6 | 11.6 |
| M10 | 16 | 9.5 | 0.6 | 14.6 |
| M12 | 18 | 12.2 | 0.6 | 16.6 |
| M16 | 24 | 15.9 | 0.8 | 22.5 |

**【任务实施】**

**1. 新建文件**

新建文件并保存为"应用系列零件设计紧六角螺母模型.sldprt"。

**2. 建立六角螺母**

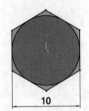

(1) 在前视基准面绘制草图，如图9-41所示。

(2) 单击【特征】选项卡上的【拉伸凸台/基体】按钮 ，会出现【凸台-拉伸】属性管理器。

① 在【方向1】组，从【终止条件】列表选择【给定深度】选项，并点选【反向】按钮 。

图 9-41　绘制草图

② 在【深度】文本框内输入6.40mm。

③ 在【所选轮廓】组，激活【所选轮廓】列表，在图形区选择轮廓，如图9-42所示，单击【确定】按钮 。

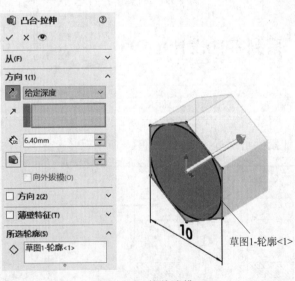

图 9-42　拉伸建模

(3) 在FeatureManager设计树中选中【凸台-拉伸1】列表下的【草图1】，单击【特征】选项卡上的【拉伸凸台/基体】按钮 ，会出现【凸台-拉伸】属性管理器。

① 在【方向1】组，从【终止条件】列表选择【给定深度】选项，并点选【反向】按钮 。

② 在【深度】文本框内输入6.40mm。

③ 取消选中【合并结果】复选框。

④ 单击【拔模开/关】按钮 ，在【拔模角度】文本框输入 60.00 度。

⑤ 选中【向外拔模】复选框。

⑥ 在【所选轮廓】组，激活【所选轮廓】列表，右击删除默认选中的【草图 1】后，在图形区选择轮廓，如图 9-43 所示，单击【确定】按钮 ，将【草图 1】作为共享草图，建立特征【凸台-拉伸 2】。

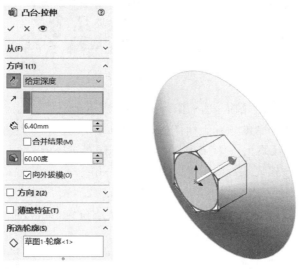

图 9-43　拉伸建模

（4）选择【插入】|【特征】|【组合】命令 ，会出现【组合】属性管理器。

① 在【操作类型】组，选中【共同】单选按钮。

② 在【要组合的实体】组，激活【实体】列表，在图形区选择"凸台-拉伸 1"和"凸台-拉伸 2"，如图 9-44 所示，单击【确定】按钮 。

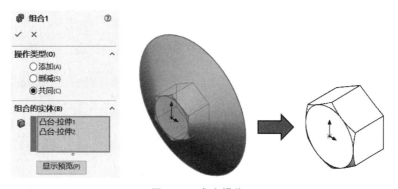

图 9-44　求交操作

（5）在指定面绘制草图，如图 9-45 所示。

（6）单击【特征】选项卡上的【拉伸凸台/基体】按钮 ，会出现【凸台-拉伸】属性管理器。

① 在【方向 1】组，从【终止条件】列表选择【给定深度】选项。

② 在【深度】文本框输入 0.50mm，如图 9-46 所示，单击【确定】按钮 。

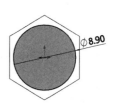

图 9-45　绘制草图

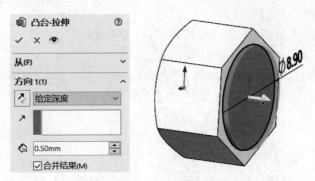

图 9-46　拉伸凸台

（7）选择【插入】|【特征】|【简单直孔】命令，会出现【孔】属性管理器。

① 在图形区中选择凸台的顶端平面作为放置平面。

② 在【方向 1】组，从【终止条件】选择【完全贯穿】选项，如图 9-47 所示。

③ 在【直径】文本框输入 6.00mm，单击【确定】按钮✓。

④ 在 FeatureManager 设计树中单击刚建立的【孔 1】列表下的【草图 3】，从快捷工具栏中单击【编辑草图】按钮，进入【草图】环境，设定孔的圆心位置，单击【退出草图】按钮，退出【草图】环境。

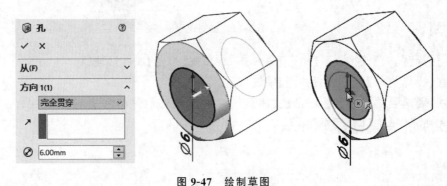

图 9-47　绘制草图

### 3. 建立尺寸链接

（1）在 FeatureManager 设计树中右击【注解】，从快捷菜单中选择【显示注解】和【显示特征尺寸】命令。

（2）右击【凸台-拉伸 1】的特征尺寸 6.40，从快捷菜单选择【链接数值】命令，会出现【共享数值】对话框，在【名称】文本框输入 m，如图 9-48 所示，单击【确定】按钮。

（3）右击【凸台-拉伸 2】的特征尺寸 6.40，从快捷菜单选择【链接数值】命令，会出现【共享数值】对话框，在【名称】列表中选择 m，单击【确定】按钮，建立尺寸链接，如图 9-49 所示。

提示　关于链接数值

如果两个数值间存在"相等"关系，可以使用链接数值方法实现。

### 4. 修改尺寸名称

（1）单击尺寸 10，会出现【尺寸】属性管理器，切换到【数值】选项卡，在【主要值】组的【名称】文本框输入"S@草图 1"，如图 9-50 所示，单击【确定】按钮✓。

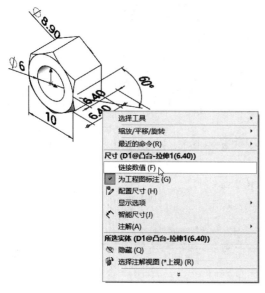

图 9-48　链接数值

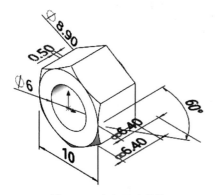

图 9-49　建立尺寸链接

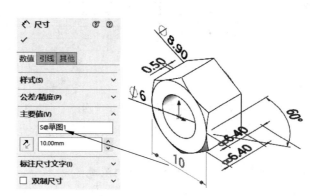

图 9-50　修改尺寸名称

（2）按同样的方法依照表 9-2 修改以下尺寸名称。

表 9-2　修改尺寸名称

| 原草图尺寸名称 | D1@草图 3 | D1@凸台-拉伸 1 | D1@凸台-拉伸 3 | D1@草图 2 |
|---|---|---|---|---|
| 修改后尺寸名称 | D@草图 3 | m@凸台-拉伸 1 | c@凸台-拉伸 3 | dw@草图 2 |

### 5. 新建系列零件设计表

（1）新建 Excel 文件。

打开 Microsoft Excel 软件，新建一个 Excel 文件，另存为"六角螺母.xlsx"文件。

（2）设置表头，如图 9-51 所示。

| ▲ | A | B | C | D | E | F | G |
|---|---|---|---|---|---|---|---|
| 1 | 规格 | D@草图3 | S@草图1 | m@凸台-拉伸1 | c@凸台-拉伸3 | dw@草图2 | $状态@凸台-拉伸3 |

图 9-51　表头

⚠️ **提示** 关于设计表参数

① 尺寸：这是最常用的参数,用于控制配置中特征的尺寸。

◇ 参数格式：dim@feature,其中 dim 表示尺寸名称,feature 表示特征名称,如 D1@拉伸 1。

◇ 参数值：必须指定有效的数值。

② 特征状态：用于控制配置中特征的压缩状态。

◇ 参数格式：$状态@feature,其中 feature 表示特征名称,如 $状态@切除-拉伸 1、$状态@线光源 2。

◇ 参数值：只有两个值可供选择,压缩(S)和解压缩(U)。

(3) 将表 9-1 内容输入六角螺母.xlsx,如图 9-52 所示。

| | A | B | C | D | E | F | G |
|---|---|---|---|---|---|---|---|
| 1 | 规格 | D@草图3 | S@草图1 | m@凸台-拉伸1 | c@凸台-拉伸3 | dw@草图2 | $状态@凸台-拉伸3 |
| 2 | M6A级 | 6 | 10 | 6.4 | 0.5 | 8.9 | U |
| 3 | M6C级 | 6 | 10 | 6.4 | 0.5 | 8.9 | S |
| 4 | M8A级 | 8 | 13 | 7.9 | 0.6 | 11.6 | U |
| 5 | M8C级 | 8 | 13 | 7.9 | 0.6 | 11.6 | S |
| 6 | M10A级 | 10 | 16 | 9.5 | 0.6 | 14.6 | U |
| 7 | M10C级 | 10 | 16 | 9.5 | 0.6 | 14.6 | S |
| 8 | M12A级 | 12 | 18 | 12.2 | 0.6 | 16.6 | U |
| 9 | M12C级 | 12 | 18 | 12.2 | 0.6 | 16.6 | S |
| 10 | M16A级 | 16 | 24 | 15.9 | 0.8 | 22.5 | U |
| 11 | M16C级 | 16 | 24 | 15.9 | 0.8 | 22.5 | S |

图 9-52　内容

### 6. 插入系列零件设计表

在 SOLIDWORKS 中选择【插入】|【表格】|【设计表】命令 ,会出现【系列零件设计表】属性管理器。

① 在【源】组,选中【来自文件】单选按钮。

② 单击【浏览】按钮,会出现【打开】对话框,选择"六角螺母.xlsx"文件,单击【打开】按钮,单击【确定】按钮 ,如图 9-53 所示。

③ 在绘图区出现 Excel 工作表。

④ 在 Excel 表以外的区域,单击,退出 Excel 编辑,系统提示生成的系列零件的数量和名称,如图 9-54 所示,单击【确定】按钮,完成操作。

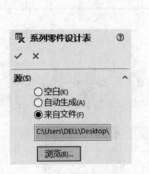

图 9-53　【系列零件设计表】属性管理器

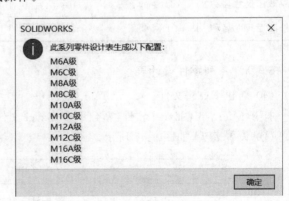

图 9-54　系统提示对话框

### 7. 显示配置

打开【配置管理器】,进入配置管理状态,分别双击各配置,观察模型变化,如图9-55所示。

### 8. 存盘

选择【文件】|【保存】命令,保存文件。

**提示** 关于系列零件设计表

当系列零件很多的时候(如标准件库)可以利用Microsoft Excel软件定义 Excel 表对配置进行驱动,利用表格中的数据可以自动生成配置,SOLIDWORKS 称之为"系列零件设计表"。

(a) M8A型　　　　(b) M8C型

**图9-55 模型变化情况**

### 【任务拓展】

按照图9-56和图9-57所示创建模型。

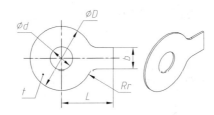

| 公制螺纹 | 单舌垫圈 | | | | | |
|---|---|---|---|---|---|---|
| | $d$ | $D$ | $t$ | $L$ | $b$ | $r$ |
| 6 | 6.5 | 18 | 0.5 | 15 | 6 | 3 |
| 10 | 10.5 | 26 | 0.8 | 22 | 9 | 5 |
| 16 | 17 | 38 | 1.2 | 32 | 12 | 6 |
| 20 | 21 | 45 | 1.2 | 36 | 15 | 8 |

**图9-56 拓展练习9-5**

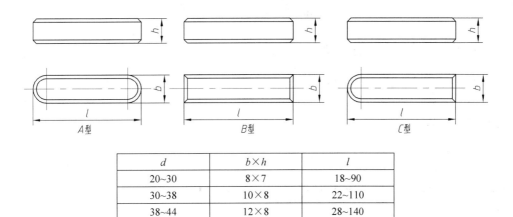

| $d$ | $b \times h$ | $l$ |
|---|---|---|
| 20~30 | 8×7 | 18~90 |
| 30~38 | 10×8 | 22~110 |
| 38~44 | 12×8 | 28~140 |
| 44~50 | 14×9 | 36~160 |

**图9-57 拓展练习9-6**

模块十

# 装 配 设 计

利用三维零件模型可以实现产品的装配。可将两个或多个零件模型(或部件)按照一定的约束关系进行安装,形成产品的装配。由于这种所谓的"装配",不是在装配车间的真实环境下完成,因此也称其为虚拟装配。

装配体文件是由多个零件和部件组成的一类新文件,在 SOLIDWORKS 文件中,装配体文件的扩展名为".sldasm"。

三维设计中建立装配体文件,是虚拟样机的基础。

利用产品的装配体模型,可以进行:

◇ 产品结构验证,分析设计的不足以及查找设计中的错误。例如,进行干涉检查,查找装配体中存在的设计错误。

◇ 产品的统计和计算。例如,计算产品总质量、统计产品中的零件类型和零件数量。

◇ 生成产品的爆炸图。

◇ 对产品进行运动分析和动态仿真,描绘运动部件特定点的运动轨迹。

◇ 生成产品的真实效果图,提供"概念产品"。

视频讲解

### 课题 10-1 简单装配

【学习目标】

(1) 熟悉装配环境。

(2) 掌握装配流程。

(3) 掌握配合方法。

【工作任务】

利用装配模板建立一新装配,添加组件,建立约束,如图 10-1 所示。

【任务实施】

**1. 新建"支架"零件**

新建文件并保存为"支架.sldprt",如图 10-2 所示。

**2. 新建"销轴"零件**

新建文件并保存为"销轴.sldprt",如图 10-3 所示。

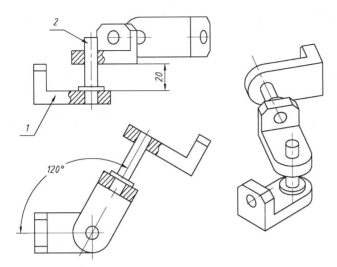

图 10-1　简单装配

| 编号 | 零件名 | 数量 |
|------|--------|------|
| 1 | 支架 | 3 |
| 2 | 销轴 | 2 |

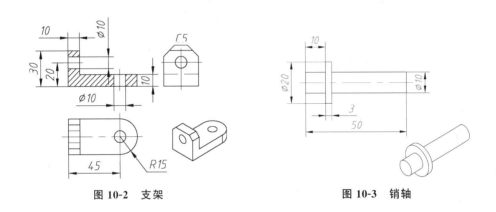

图 10-2　支架　　　　　　　　　图 10-3　销轴

🏵 **说明**　先将 $\phi 10$ 建成 $\phi 12$，后面在装配中修改。

**3. 新建装配体**

选择【文件】|【新建】命令，会出现【新建 SOLIDWORKS 文件】对话框，选择【gb_assembly】图标，如图 10-4 所示，单击【确定】按钮，进入装配体窗口。

**4. 插入第一个零部件**

(1) 进入装配体环境后，界面左侧出现【开始装配体】属性管理器，同时自动弹出【打开】对话框。此时可以进行下一步操作，选择要插入的零件，为了对相关设置有更深入的了解，暂时关闭【打开】对话框，在【开始装配体】属性管理器中，检查是否已经选中【生成新装配时开始命令】和【生成新装配时自动浏览】，如图 10-5 所示。

🏵 **说明**　如果选中【生成新装配时开始命令】复选框，那么以后再新建装配体文件时就会自动出现【开始装配体】属性管理器；如果选中【生成新装配时自动浏览】复选框，那么以后新建装配体文件或打开【插入零部件】属性管理器时就会自动弹出【打开】对话框。如果没有提前进行设置，系统将默认选中这两个复选框；关闭【打开】对话框后，若把【开始装配体】属性管理器也关闭，则可以单击【装配体】选项卡上的【插入零部件】按钮 🔧，将其重新打开。虽然重新打开后被称为【插入零部件】属性管理器,但是其实它和【开始装配体】属性管理器指的是同一个属性管理器,只是叫法不一样而已。

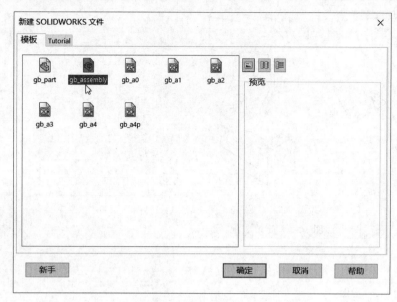

图 10-4　【新建 SOLIDWORKS 文件】对话框

图 10-5　【开始装配体】
属性管理器

(2) 单击【浏览】按钮,会出现【打开】对话框,选择要插入的零件"支架",如图 10-6 所示,单击【打开】按钮。

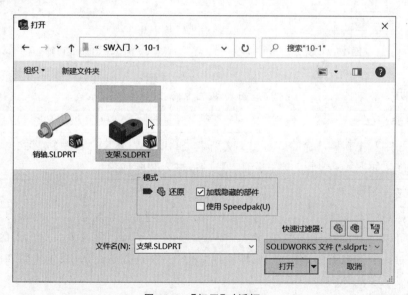

图 10-6　【打开】对话框

(3) 确定插入零件在装配体中的位置。将鼠标指针移至绘图区,此时在图形区中的鼠标指针变成,将鼠标指针移动到原点附近,鼠标指针形状变成如图 10-7 所示的形状,在图形区域中单击放置零部件。

图 10-7　固定零件
的光标

基体零件的原点与装配体原点重合,在 FeatureManager 设计树中的

"支架"之前标识"固定",说明该零件是装配体中的固定零件,如图10-8所示。

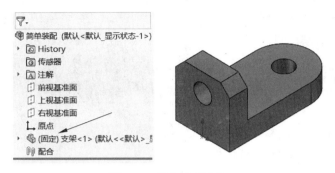

图 10-8　插入固定零件

!提示1　关于装配体原点

如果在图形区中没有显示装配体原点,可在前导视图工具栏上的【关闭可见性】下拉列表中单击【观阅原点】按钮 ↥ 打开。

!提示2　关于 FeatureManager 设计树

① FeatureManager 设计树为装配体显示这些项目:顶层装配体(第一项);各种文件夹,如注解和配合;装配体基准面和原点;零部件(子装配体和单个零件);装配体特征(切除或孔)和零部件阵列。可以单击零部件名称旁的展开▶或折叠▼,对每个零部件可以查看或关闭其细节,如果要折叠树中所有项目,用右击树中任何地方,然后选择【折叠项目】。

② 零部件状态。在 FeatureManager 设计树中,每一个零部件名称都可能有一个前缀,此前缀提供了有关该零部件与其他零部件关系的状态信息:(一)欠定义;(十)过定义;(固定)固定;(?)无解。如果没有前缀,则表明此零部件的位置已完全定义。

可以在一个装配体中多次使用相同的零部件,对于装配体中每个零部件实例,后缀〈n〉会递增。

!提示3　关于固定的零件

默认情况下,在装配体中的第一个零件为固定状态,即该零件在空间中不允许移动。一般来说,第一个零件在装配体中的固定位置应该是"零件的原点和装配体的原点重合,使三个对应的基准面相互重合",这对于处理其他零件和配合关系提供了很大的便利。其他的零件与被"固定"的零件添加配合关系,可以约束其他零件的自由度。

**5. 插入第二个零部件**

单击【装配体】选项卡上的【插入零部件】按钮 🖝,会出现【插入零部件】属性管理器,同时弹出【打开】对话框。选择"销轴",放置在适当位置,如图10-9所示。

**6. 添加配合**

单击【装配体】选项卡上的【配合】按钮 ◎,会出现【配合】属性管理器。

① 在【配合选择】组,激活【要配合的实体】列表,在图形区选择"支架"孔和"销轴"轴颈。

② 在【标准配合】组,单击【同轴心】按钮 ◎。

③ 选中【锁定旋转】复选框,如图10-10所示,单击【确定】按钮 ✓,添加同轴心配合。

④ 在【配合选择】组,激活【要配合的实体】列表,在图形区选择"支架"上表面和"销轴"支

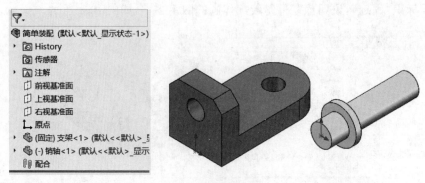

图 10-9    插入"销轴"

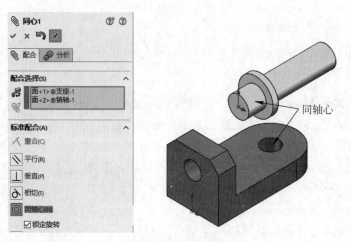

图 10-10    同轴心配合

撑面。

⑤ 在【标准配合】组,单击【重合】按钮 人,如图 10-11 所示,单击【确定】按钮 ✓,添加重合配合。如图 10-12 所示,再次单击【确定】按钮 ✓,完成配合。

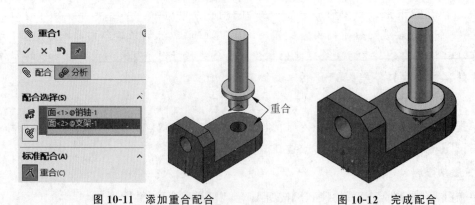

图 10-11    添加重合配合                    图 10-12    完成配合

### 7. 插入第三个零部件

单击【装配体】选项卡上的【插入零部件】按钮 ,会出现【插入零部件】属性管理器,同时弹出【打开】对话框。选择"支架",放置在适当位置,如图 10-13 所示。

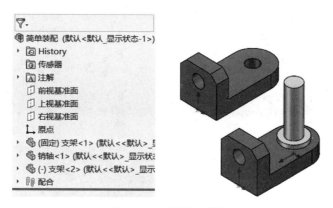

图 10-13 插入"支架"

### 8. 添加配合

单击【装配体】选项卡上的【配合】按钮 ◎,会出现【配合】属性管理器。

① 在【配合选择】组,激活【要配合的实体】列表,在图形区选择"支架"孔和"销轴"轴颈。

② 在【标准配合】组,单击【同轴心】按钮 ◎,如图 10-14 所示,单击【确定】按钮 ✓,添加同轴心配合。

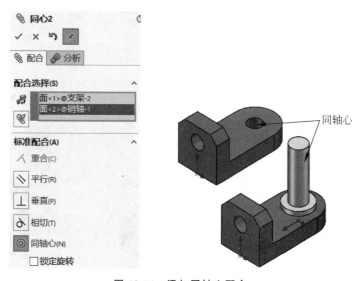

图 10-14 添加同轴心配合

③ 在【配合选择】组,激活【要配合的实体】列表,在图形区选择"支架〈1〉"上表面和"支架〈2〉"下表面。

④ 在【标准配合】组,单击【距离】按钮 ⊞。

⑤ 在【距离】文本框输入 20.00mm,如图 10-15 所示,单击【确定】按钮 ✓,添加距离配合。

⑥ 在【配合选择】组,激活【要配合的实体】列表,在图形区选择"支架〈1〉"右侧面和"支架〈2〉"右侧面。

⑦ 在【标准配合】组,单击【角度】按钮 ⊿。

⑧ 在【角度】文本框输入 120.00 度,如图 10-16 所示,单击【确定】按钮 ✓,添加角度配合。如图 10-17 所示,再次单击【确定】按钮 ✓,完成配合。

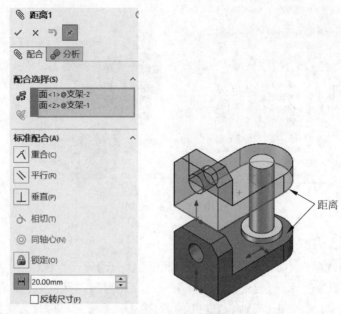

图 10-15 添加距离配合

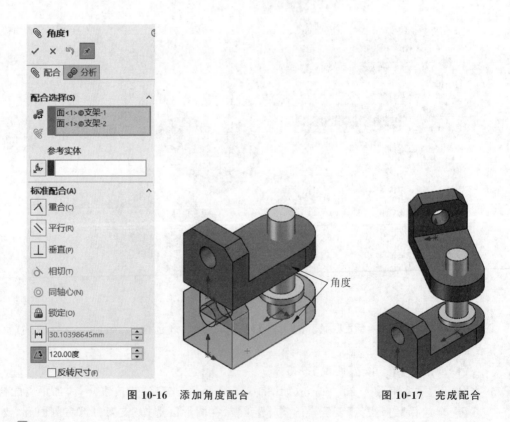

图 10-16 添加角度配合          图 10-17 完成配合

💡 提示 关于配合

SOLIDWORKS中提供的标准配合方式如下。

◇ 【重合】: 将所选择的面、边线及基准面(它们之间相互组合或与单一顶点组合)进行定位以使之共享同一无限长的直线。

◇【平行】：定位所选的项目使之保持相同的方向,并且彼此间保持相同的距离。

◇【垂直】：将所选项目以 90°相互垂直定位。

◇【相切】：将所选的项目放置到相切配合中(至少有一个选择项目必须为圆柱面、圆锥面或球面)。

◇【同轴心】：将所选的项目定位于共享同一中心点。

◇【距离】：将所选的项目以彼此间指定的距离定位。

◇【角度】：将所选项目以彼此间指定的角度定位。

**9. 插入其他零件**

按上述方法添加其他零件,完成配合。

**10. 保存装配**

选择【文件】|【保存】命令,保存为"简单装配",如图 10-18 所示。

> **提示**　关于零件装配的基本步骤

① 启动 SOLIDWORKS,进入零件装配模式。

② 在零件装配模式中,单击【装配体】选项卡上的【插入零部件】按钮,调入想要装配的主体零件到设计窗口中,然后用同样的方法调入想要装配的另一个零件到设计窗口中。

③ 根据装配体的要求定义零件之间的装配关系。

④ 再次执行②和③,直到全部装配完成。

⑤ 如果装配满意,则存盘退出；如果不满意,则对装配关系进行修改操作。

零件装配的基本流程,如图 10-19 所示。

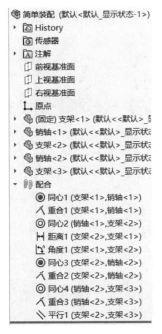

图 10-18　完成简单装配

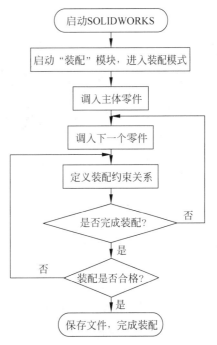

图 10-19　零件装配的基本流程

**11. 静态干涉检查**

单击【评估】选项卡上的【干涉检查】按钮，会出现【干涉检查】属性管理器。

① 选中【使干涉零件透明】复选框。

② 在【所选零部件】选项组中，单击【计算】按钮，在【结果】列表框中将出现检查结果，如图 10-20 所示。

从图中可看出，轴和孔不匹配发生干涉，需修改轴或修改孔的尺寸，单击【确定】按钮，退出【干涉检查】属性管理器。

**12. 在装配体中编辑零件**

(1) 进入零件编辑状态。

在 FeatureManager 设计树中右击【销轴】，在弹出的快捷工具栏中选择【编辑零件】命令，此时，"销轴"进入编辑状态，如图 10-21 所示。

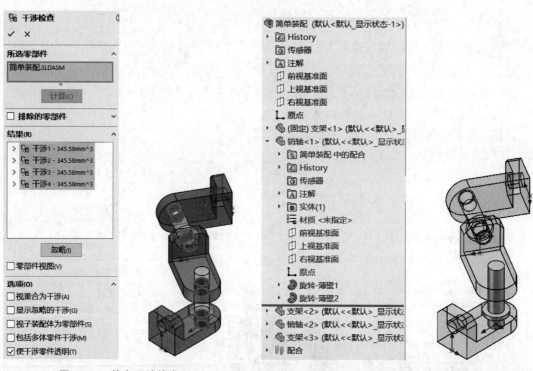

图 10-20　静态干涉检查　　　　图 10-21　在装配体中编辑零件

(2) 编辑"销轴"的【旋转-薄壁 1】特征，如图 10-22 所示。

(3) 退出编辑，再次检查，无干涉，如图 10-23 所示。

**13. 动态干涉检查**

(1) 在 FeatureManager 设计树中展开【配合】，右击【距离 1】配合，在弹出的快捷工具栏中选择【压缩】命令，如图 10-24 所示。

(2) 单击【装配体】选项卡上的【移动零部件】按钮，会出现【移动零部件】属性管理器。

① 选中【碰撞检查】单选按钮。

② 选中【碰撞时停止】复选框。

③ 选中【高亮显示面】复选框。

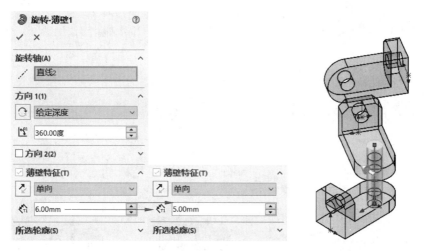

图 10-22　编辑"销轴"的【旋转-薄壁 1】特征

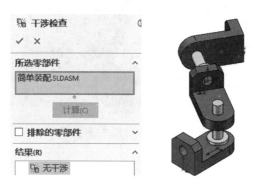

图 10-23　无干涉

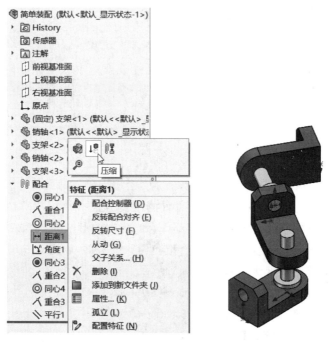

图 10-24　压缩【距离 1】配合

④ 选中【声音】复选框。

⑤ 拖动支座,发生碰撞,计算机会发出声音,同时高亮显示碰撞面,如图 10-25 所示,单击【确定】按钮☑。

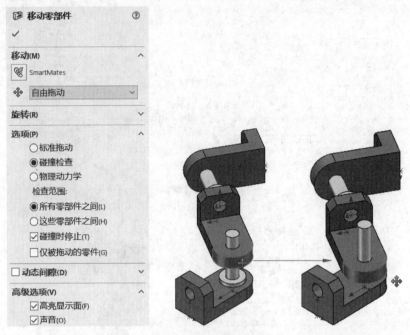

图 10-25　动态干涉检查

(3) 动态干涉检查实验完毕,解除距离压缩。

在 FeatureManager 设计树中,右击【距离 1】配合,在弹出的快捷工具栏中选择【解除压缩】命令。

提示　关于干涉检查

在一个复杂的装配体中,如果想通过视觉来检查零部件之间是否有干涉的情况是件困难的事。在 SOLIDWORKS 中利用检查功能可以发现装配体中零部件之间的干涉。使用该命令可以选择一系列零部件并寻找它们之间的干涉,干涉部分将在检查结果的列表中成对显示,并在图形区将有问题的区域用一个标定了尺寸的"立方体"来显示。

**14. 装配体爆炸视图**

(1) 生成装配体爆炸视图。

单击【装配体】选项卡上的【爆炸视图】按钮 ◀,会出现【爆炸】属性管理器。

① 在【选项】组,取消选中【自动调整零部件间距】复选框。

② 在【添加阶梯】组,激活【爆炸步骤零部件】列表,在图形区选择"轴销⟨1⟩""支架⟨2⟩""轴销⟨2⟩""支架⟨3⟩",将鼠标指针移动到操纵杆蓝色箭头的头部,以拖动方式对零部件进行定位,单击【完成】按钮,完成爆炸步骤 1,如图 10-26 所示。

③ 选定要移动的零件,将鼠标指针移动到操纵杆蓝色箭头的头部,以拖动方式对零部件进行定位,单击【完成】按钮,完成爆炸步骤 2,如图 10-27 所示。

④ 选定要移动的零件,设定【爆炸方向】,将鼠标指针移动到操纵杆蓝色箭头的头部,以拖

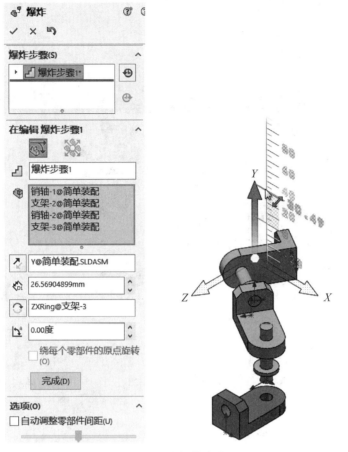

图 10-26 设置爆炸步骤 1

彩色图片

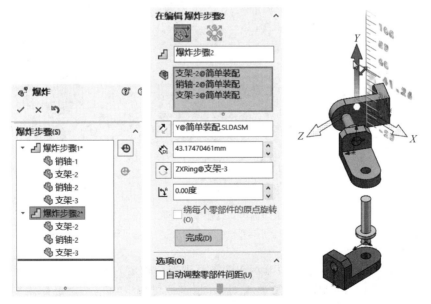

图 10-27 设置爆炸步骤 2

动方式对零部件进行定位,单击【完成】按钮,完成爆炸步骤 3,如图 10-28 所示。

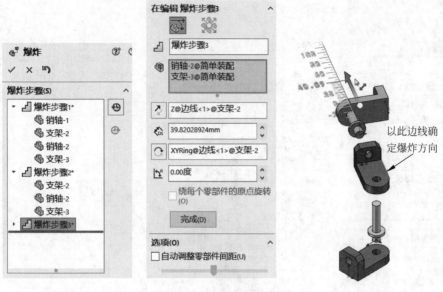

彩色图片

图 10-28　设置爆炸步骤 3

⑤ 选定要移动的零件,设定【爆炸方向】,将鼠标指针移动到操纵杆蓝色箭头的头部,以拖动方式对零部件进行定位,单击【完成】按钮,完成爆炸步骤 4,如图 10-29 所示,再次单击【确定】按钮☑,完成爆炸设置。

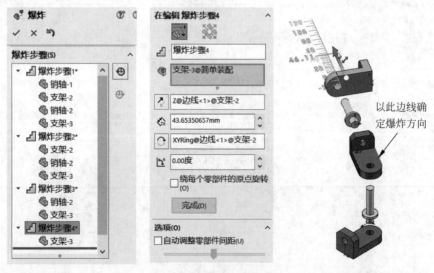

图 10-29　设置爆炸步骤 4

(2) 爆炸视图的显示开关。

爆炸视图建立后,爆炸步骤列表显示在配置管理器中指定的配置下。

① 单击 ConfigurationManage 按钮⊞,展开指定的配置选项,右击"爆炸视图 1",从弹出的快捷工具栏中选择【编辑特征】命令,可以编辑爆炸设计中的各个参数,以满足需求。

② 右击在出现的快捷工具栏中选择【删除】命令,可以删除爆炸视图。

③ 右击在出现的快捷工具栏中选择【解除爆炸】命令,则在图形区域中装配体不显示爆炸视图。

④ 右击在出现的快捷工具栏中选择【爆炸】命令,可重新显示装配的爆炸视图。

**15. 存盘**

选择【文件】|【保存】命令,保存文件。

**【任务拓展】**

按照图 10-30 和图 10-31 所示创建支架和销轴模型,然后分别按照图 10-32 和图 10-33 所示完成零件的装配。

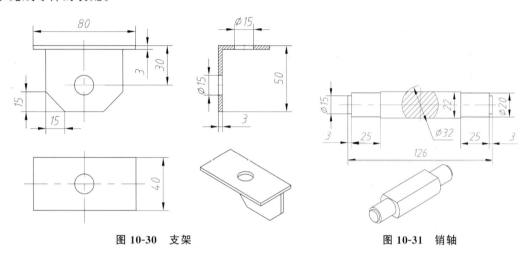

图 10-30　支架　　　　　　　　　　　　　　图 10-31　销轴

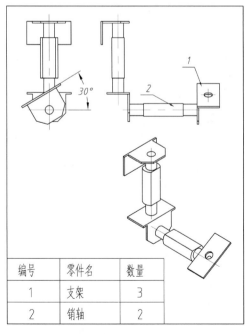

| 编号 | 零件名 | 数量 |
|------|--------|------|
| 1 | 支架 | 3 |
| 2 | 销轴 | 2 |

图 10-32　拓展练习 10-1

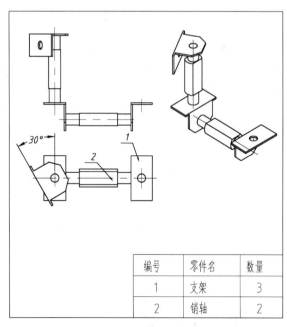

| 编号 | 零件名 | 数量 |
|------|--------|------|
| 1 | 支架 | 3 |
| 2 | 销轴 | 2 |

图 10-33　拓展练习 10-2

## 课题 10-2　动画基础

### 【学习目标】

（1）熟悉 SOLIDWORKS MotionManager 的界面布局。

（2）熟悉 SOLIDWORKS 动画中帧的作用。

### 【工作任务】

建立曲柄摇杆装配模型，完成运动仿真，如图 10-34 所示。

### 【任务实施】

**1. 新建"底座"零件**

新建文件并保存为"底座.sldprt"，如图 10-35 所示。

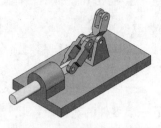

图 10-34　曲柄摇杆装配模型

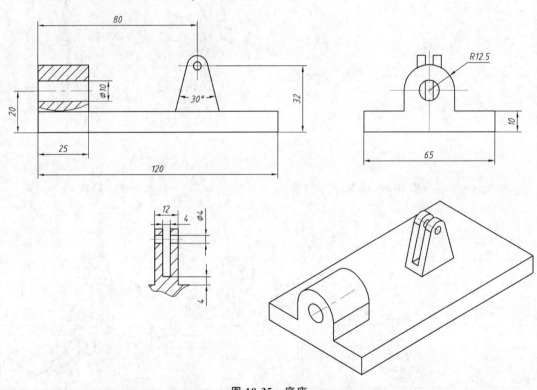

图 10-35　底座

**2. 新建"柱塞"零件**

新建文件并保存为"柱塞.sldprt"，如图 10-36 所示。

**3. 新建"连接 1"零件**

新建文件并保存为"连接 1.sldprt"，如图 10-37 所示。

**4. 新建"连接 2"零件**

新建文件并保存为"连接 2.sldprt"，如图 10-38 所示。

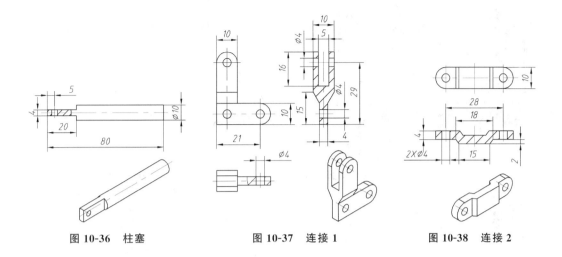

图 10-36　柱塞　　　　　图 10-37　连接 1　　　　　图 10-38　连接 2

### 5.　新建装配体并完成装配

新建装配体并保存为"活塞.sldasm"，完成装配。

### 6.　激活运动算例

单击操作界面左下方的【运动算例 1】标签页，进入 MotionManager 界面，从【算例类型】列表中选择【动画】选项，如图 10-39 所示。

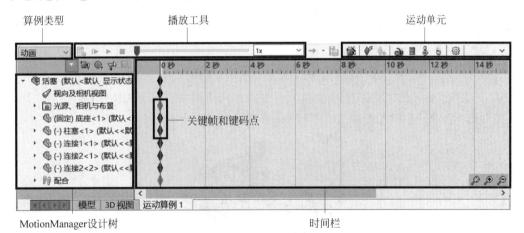

图 10-39　MotionManager 界面

> **提示**　关于"运动算例 1"标签页

用户有可能看不到【运动算例 1】标签页，这时候需要选择【工具】|【自定义】命令，会出现【自定义】对话框，选中【MotionManager】即可看到【运动算例 1】标签页。

### 7.　放大时间轴

单击时间栏右下角的【放大】图标，将时间轴的时间拉长至 10 秒左右，如图 10-40 所示。

### 8.　设置初始时刻

在时间轴的 0 秒处单击，将时间指针设置到 0 秒时刻，如图 10-41 所示。

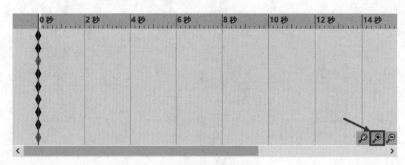

图 10-40　放大时间轴

图 10-41　设置初始时刻

!提示

0 秒时刻只能在时间栏顶部刻度区域选择。

**9. 设置"连接 1"初始位置**

单击"连接 1"的一个表面,确认该零件所处初始位置,如图 10-42 所示。

!提示　**关于零件运动**

由于配合的关系,当移动该零件时其他的许多零部件也会跟随运动,很多非常复杂的动画都可以通过设置正确的配合方案来完成。

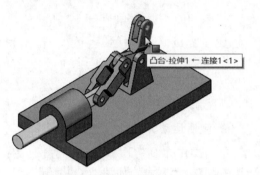

图 10-42　设置"连接 1"初始位置

**10. 设置 5 秒处关键帧**

① 在时间轴的 5 秒处单击,将设置时间指针放到 5 秒时刻。

② 拖动"连接 1"到大致位置,如图 10-43 所示。由于默认情况下激活了【自动键码】功能,因此在对应"连接 1"的时间轴的第 5 秒时刻,将自动生成一个关键帧。

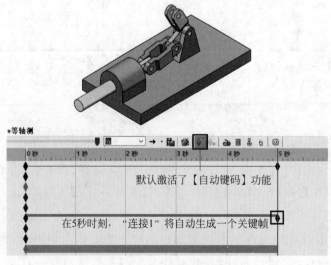

图 10-43　设置 5 秒处关键帧

### 11．计算运动算例

单击【计算】按钮，计算并播放动画。与"连接 1"相关的其他运动部件,将在时间轴中显示从动运动的时间线,如图 10-44 所示。

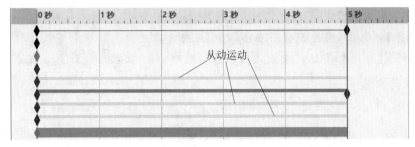

图 10-44　自动计算生成的从动运动时间线

### 12．查看中间插值结果

将时间指针放置到 0～5 秒内的任意位置,然后将鼠标指针放置在 5 秒时刻的关键帧键码上方,便可以在同一视图中观察中间插值结果和最后时刻结果,如图 10-45 所示。

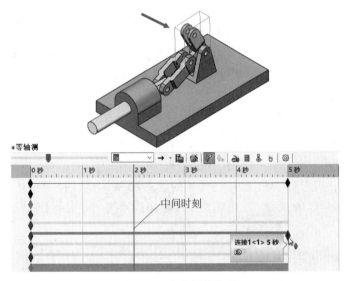

图 10-45　中间插值结果

### 13．复制关键帧

① 选择"连接 1"在 0 秒时刻的关键帧,右击,在弹出的快捷菜单中,选择【复制】命令。
② 将时间指针放置在 10 秒的位置,右击,在弹出的快捷菜单中,选择【粘贴】命令。
③ 单击【计算】按钮，计算并播放动画。播放结束后,时间轴如图 10-46 所示。

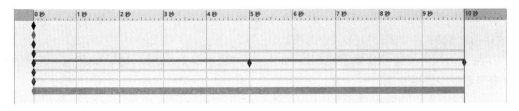

图 10-46　复制关键帧

**14. 播放动画**

单击【从头播放】按钮▶︎，从头播放完整的动画。如果单击【播放】按钮▶︎，则只会从时间指针所处的位置开始播放动画。

❗提示　关于播放工具

单击【计算】按钮▦，将更新整个动画，以响应最近的更改。如果没有做任何更改，则使用【从头播放】▶︎或【播放】▶︎后，将回放已经计算得到的动画，回放比计算更加快速。

**15. 编辑关键帧**

选择"连接1"在5秒时刻的关键帧，使用鼠标左键将其拖至2秒时刻，如图10-47所示。

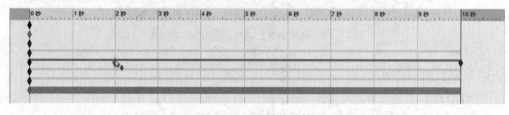

图10-47　编辑关键帧

**16. 重新计算动画**

由于动画的关键帧发生了更改，因此需要单击【计算】按钮▦，对这个动画进行重新计算。计算完后再重新播放，在2秒之前，整个动画的动作速度很快，而在2秒之后，整个动画明显慢下来了。

**17. 编辑外观**

① 在 MotionManager 设计树中，展开"底座"，在展开的部件下方会出现移动、爆炸、外观和活塞中的配合选项。

② 右击0秒处"底座"列表下【外观】选项的键码，在弹出的快捷菜单中，选择【复制】命令，将时间指针放置在5秒的位置，右击，在弹出的快捷菜单中，选择【粘贴】命令，如图10-48所示。

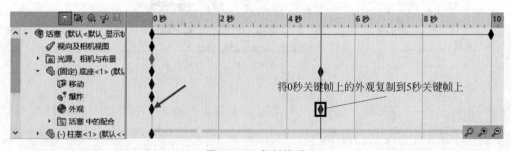

图10-48　复制外观

③ 将时间指针定位到10秒处，在图形区，选中"底座"，右击，在弹出的快捷菜单中，选择【更改透明度】按钮🖼，设置"底座"为透明状。

④ 由于动画的关键帧发生了更改，因此需要单击【计算】按钮▦，对动画进行重新计算，观察外观变化是否满足预期。

**18. 编辑视图**

① 单击【前导视图工具栏】上的【视图定向】按钮，从列表中单击【等轴测】按钮，将"活塞"放置在"等轴测"位置。

② 单击【前导视图工具栏】上的【视图定向】按钮，从列表中单击【新视图】按钮，会出现【命名视图】对话框，在【视图名称】文本框输入"V1"，单击【确定】按钮，如图 10-49 所示。

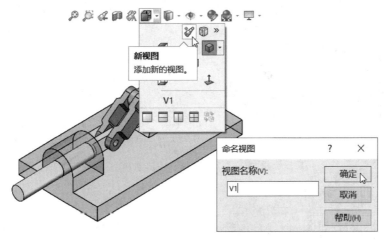

图 10-49 "等轴测"位置视图

③ 单击【前导视图工具栏】上的【视图定向】按钮，从列表中单击【右视】按钮，将"活塞"放置在正视"右视"位置。

④ 单击【前导视图工具栏】上的【视图定向】按钮，从列表中单击【新视图】按钮，会出现【命名视图】对话框，在【视图名称】文本框输入"V2"，单击【确定】按钮。

⑤ 右击 0 秒处【视向及相机视图】的键码，在弹出的快捷菜单中，选择【视图定向】|【V1】命令，如图 10-50 所示。

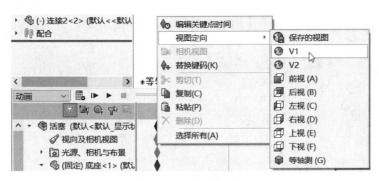

图 10-50 设置视图

⑥ 选择"活塞"在 0 秒时刻的【视向及相机视图】键码，在弹出的快捷菜单中，右击并选择【复制】命令，将时间指针放置在 5 秒的位置，右击，在弹出的快捷菜单中，选择【粘贴】命令。

⑦ 将时间指针放置在 10 秒的位置，右击并选择【放置键码】命令。

⑧ 右击 10 秒处【视向及相机视图】的键码，在弹出的快捷菜单中，选择【视图定向】|【V2】命令。

⑨ 单击【计算】按钮，对这个动画进行重新计算，时间轴及播放效果如图 10-51 所示。

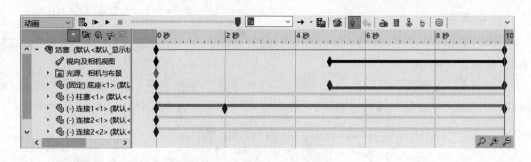

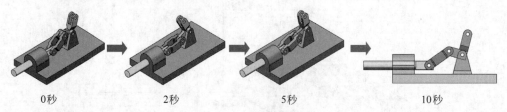

0秒 → 2秒 → 5秒 → 10秒

图 10-51    时间轴及播放效果

### 19. 生成动画

单击【保存动画】按钮，保存为"活塞.avi"。

### 20. 存盘

选择【文件】|【保存】命令，保存文件。

### 【任务拓展】

分别完成如下 2 个机构动画。

(1) 按照图 10-52～图 10-55 所示创建各零件模型，然后按照图 10-56 所示完成"齿轮传动机构"的装配并创建动画。

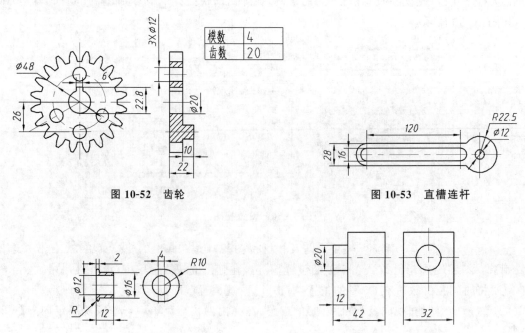

图 10-52    齿轮

| 模数 | 4 |
| --- | --- |
| 齿数 | 20 |

图 10-53    直槽连杆

图 10-54    轴套

图 10-55    固定基座

**【操作提示】**

① 齿轮配合：首先使两齿轮分度圆相切，然后将两齿轮的轮齿调整至相互啮合状态，找到"配合-机械配合-齿轮"，激活【配合选择】组，在图形区选择两齿轮的分度圆，单击【确定】按钮☑️，完成齿轮配合（选中【反转】复选框可逆转齿轮啮合方向）。

② 添加马达：激活运动算例后，任选一齿轮添加旋转马达，为机构运转提供动力。

（2）按照图 10-57～图 10-60 所示创建各零件模型，然后按照图 10-61 所示完成"快速返回机构"的装配并创建动画。

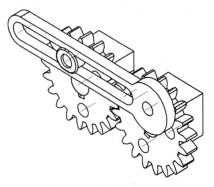

图 10-56　拓展练习 10-3

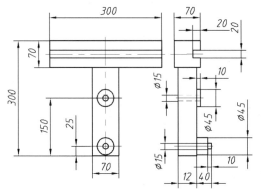

图 10-57　基座

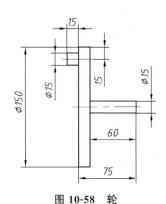

图 10-58　轮

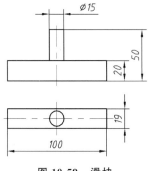

图 10-59　滑块

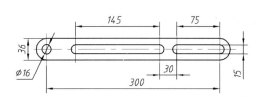

图 10-60　连杆

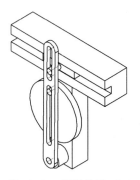

图 10-61　拓展练习 10-4

**【操作提示】**

添加马达：装配完毕后，对轮添加旋转马达，为机构运转提供动力。

视频讲解

# 课题 10-3　添加旋转马达

图 10-62　曲柄摇杆机构装配模型

**【学习目标】**

(1) 学会添加旋转马达。

(2) 学会查看结果图解。

(3) 学会用数据点控制马达。

**【工作任务】**

建立曲柄摇杆机构装配模型，完成运动仿真，如图 10-62 所示。

**【任务实施】**

**1. 新建"机架"零件**

新建文件并保存为"机架.sldprt"，如图 10-63 所示。

**2. 新建"连杆"零件**

新建文件并保存为"连杆.sldprt"，如图 10-64 所示。

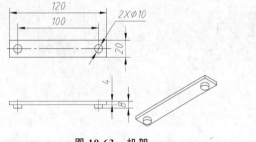

图 10-63　机架

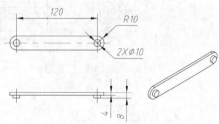

图 10-64　连杆

**3. 新建"曲柄"零件**

新建文件并保存为"曲柄.sldprt"，如图 10-65 所示。

**4. 新建"摇杆"零件**

新建文件并保存为"摇杆.sldprt"，如图 10-66 所示。

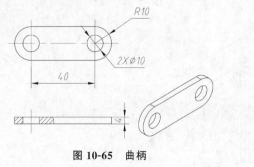

图 10-65　曲柄

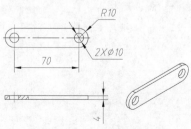

图 10-66　摇杆

**5. 新建装配体并完成装配**

新建装配体并保存为"曲柄摇杆机构.sldasm",完成装配。

**6. 激活运动算例**

单击操作界面左下方的【运动算例1】标签页,进入 MotionManager 界面,从【算例类型】列表选择【Motion 分析】选项。

> 💬 提示　关于"**Motion 分析**"选项
>
> 用户有可能看不到【Motion 分析】选项,这时候需要选择【工具】|【插件】命令,会出现【插件】对话框,找到【SOLIDWORKS Motion】🔧,选中左侧复选框,单击【确定】按钮以启动【Motion 分析】功能。

**7. 添加旋转马达**

(1) 单击【运动单元】上的【马达】按钮 🖭,会出现【马达】属性管理器。

① 在【马达类型】组,单击【旋转马达】按钮 🔄。

② 在【零部件/方向】组,激活【马达位置】列表,在图形区选择曲柄的一条边线。

③ 在【运动】组的【函数】列表中选择【等速】选项。

④ 在【速度】文本框输入 10RPM,如图 10-67 所示,单击【确定】按钮 ✓。

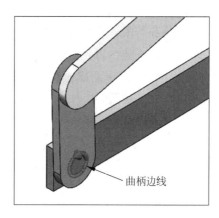

曲柄边线

**图 10-67　添加旋转马达**

> 💬 提示1　关于曲柄边线的选择
>
> 由于此时机架和曲柄的边线处于重合状态,故易选错为机架边线,可滑动鼠标滚轮放大后选取。

> 💬 提示2　关于 RPM
>
> RPM 即 r/min。

(2) 将终止键码设置到 10 秒处。

拖动【曲柄摇杆机构】的终止键码点到 10 秒时间帧。

**8. 编辑视图**

① 将"曲柄摇杆机构"放置在"等轴测"位置。

② 单击【前导视图工具栏】上的【视图定向】按钮，从列表中单击【新视图】按钮，会出现【命名视图】对话框，在【视图名称】文本框输入"V1"，单击【确定】按钮。

③ 将"曲柄摇杆机构"放置在正视"右视"位置。

④ 单击【前导视图工具栏】上的【视图定向】按钮，从列表中单击【新视图】按钮，会出现【命名视图】对话框，在【视图名称】文本框输入"V2"，单击【确定】按钮。

⑤ 右击0秒处【视向及相机视图】的键码，选择【视图定向】|【V1】命令。

⑥ 选择"曲柄摇杆机构"在0秒时刻的【视向及相机视图】键码，右击，在弹出的快捷菜单中，选择【复制】命令，将时间指针放置在5秒的位置，右击，在弹出的快捷菜单中，选择【粘贴】命令。

⑦ 将时间指针放置在10秒的位置，右击并选择【放置键码】命令。

⑧ 右击10秒处【视向及相机视图】的键码，在弹出的快捷菜单中，选择【视图定向】|【V2】命令。

⑨ 单击【计算】按钮，对动画进行重新计算。

**9. 定义结果图解**

摇杆并不能做360°的转动，为了观察摇杆的运动轨迹，可以通过定义【结果和图解】来实现。

单击【运动单元】上的【结果和图解】按钮，会出现【结果】属性管理器。

① 在【结果】组的【选取类别】列表中选择【位移/速度/加速度】选项。

② 从【选取子类别】列表中选择【跟踪路径】选项。

③ 激活【选取一个点，此外还可选取一个参考零件来生成结果】列表，选中摇杆圆孔边线。

④ 在【输出选项】组，选中【在图形窗口中显示向量】复选框，显示摇杆圆孔边线中心点路径，如图10-68所示，单击【确定】按钮。

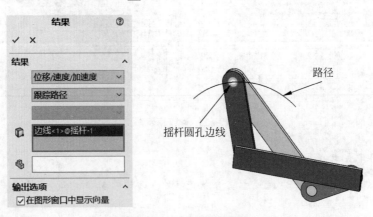

图10-68  定义结果图解

**10. 计算动画**

单击【计算】按钮，对动画进行重新计算，播放效果如图10-69所示。

图 10-69　播放效果

### 11. 控制马达

（1）右击"旋转马达 1"，选择【编辑特征】命令，会出现【马达】属性管理器，在【运动】组，从【函数】列表中选择【数据点】选项，会弹出【函数编制程序】对话框。

① 在【值】列表中选择【位移（度）】选项。

② 在【自变量】列表中选择【时间（秒）】选项。

③ 在【插值类型】列表中选择【线性】选项。

④ 在下方表格输入数据，如图 10-70 所示，单击【确定】按钮，返回属性管理器，单击【确定】按钮 ✓ 。

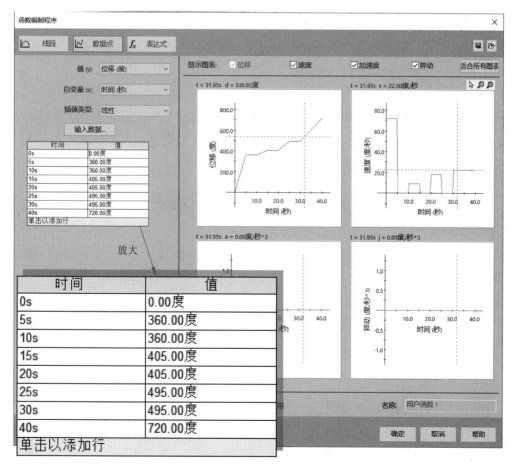

| 时间 | 值 |
|------|------|
| 0s | 0.00度 |
| 5s | 360.00度 |
| 10s | 360.00度 |
| 15s | 405.00度 |
| 20s | 405.00度 |
| 25s | 495.00度 |
| 30s | 495.00度 |
| 40s | 720.00度 |
| 单击以添加行 | |

图 10-70　函数编制程序——数据点

!提示 关于输入数据点

图 10-70 中:

① 0s,0°为起始位置。

② 5s 时间,转一圈 360°。

③ 5~10s,停止 5s。

④ 10~15s,转 45°。

⑤ 15~20s,停止 5s。

⑥ 20~25s,转 90°。

⑦ 25~30s,停止 5s。

⑧ 30~40s,转 225°。

(2)将时间指针设置到 40s 处。

拖动【曲柄摇杆机构】终止键码点到 40s 时间帧。

**12.重新计算**

单击【计算】按钮🖳,对这个动画进行重新计算,查看播放效果是否符合预期。

**13.生成动画**

单击【保存动画】按钮🖳,保存为"曲柄摇杆机构.avi"。

**14.存盘**

选择【文件】|【保存】命令,保存文件。

**【任务拓展】**

按照图 10-71 和图 10-72 所示,分别为两个简单机构创建动画。

(1)已知:$L_{AB}=100\text{mm}$,$L_{BC}=L_{CD}=400\text{mm}$,$L_{EF}=200\text{mm}$,$\angle BCD=90°$,$\angle CFE=30°$,$\omega_1=100\text{rad/s}$。

(2)已知:$\angle BAC=90°$,$L_{AB}=60\text{mm}$,$L_{AC}=120\text{mm}$,$\omega_1=30\text{rad/s}$。

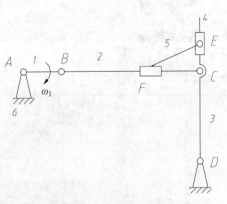

图 10-71 拓展练习 10-5

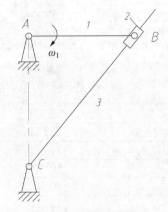

图 10-72 拓展练习 10-6

视频讲解

## 课题 10-4 添加直线马达

**【学习目标】**

(1)学会添加直线马达。

（2）了解动画制作技巧。

（3）学习用 STEP 函数控制马达。

【工作任务】

建立电锯装配模型,完成运动仿真,如图 10-73 所示。

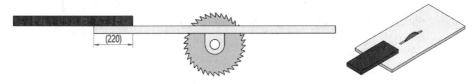

图 10-73　电锯装配模型

说　明　图 10-73 中的尺寸 220 为参考尺寸。

【任务实施】

**1. 新建"平板"零件**

新建文件并保存为"平板.sldprt",如图 10-74 所示。

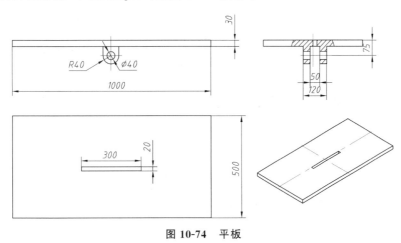

图 10-74　平板

**2. 新建"锯片"零件**

新建文件并保存为"锯片.sldprt",如图 10-75 所示。

**3. 新建"木头"零件**

新建文件并保存为"木头.sldprt",如图 10-76 所示。

**4. 新建装配体并完成装配**

新建装配体并保存为"电锯.sldasm",完成装配。

**5. 建立切除**

（1）在前视基准面上绘制草图,如图 10-77 所示。

（2）单击【装配体】选项卡上的【装配体特征】按钮▨下的【拉伸切除】按钮▥,会出现【切除-拉伸】属性管理器。

　① 在【方向 1】组,从【终止条件】列表中选择【完全贯穿】选项。

　② 在【方向 2】组,从【终止条件】列表中选择【给定深度】选项。

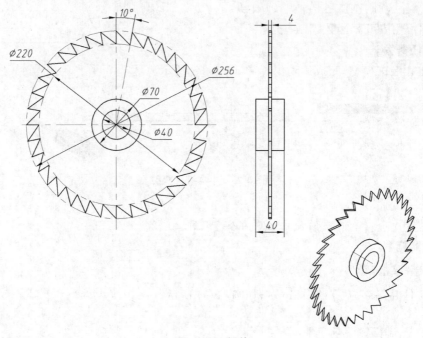

图 10-75　锯片

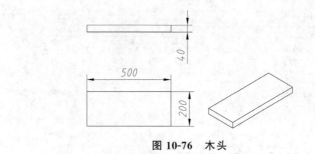

图 10-76　木头

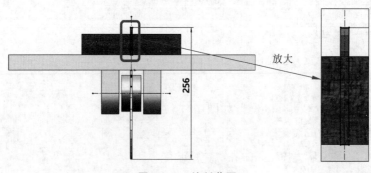

图 10-77　绘制草图

③ 在【深度】文本框内输入 95.00mm。

④ 在【特征范围】组,选中【所选零部件】单选按钮。

⑤ 取消选中【自动选择】复选框。

⑥ 激活【影响到的零部件】列表,在图形区选择零部件"木头-1@电锯",如图 10-78 所示,单击【确定】按钮 ✓ 。

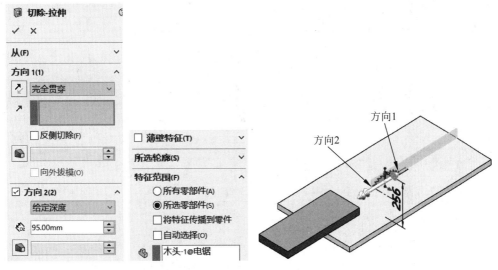

**图 10-78　建立切除**

### 6. 激活运动算例

单击操作界面左下方的【运动算例 1】标签页，进入 MotionManager 界面，从【算例类型】列表选择【动画】选项。

### 7. 添加线性马达

单击【运动单元】上的【马达】按钮🖳，会出现【马达】属性管理器。

① 在【马达类型】组，单击【线性马达(驱动器)】按钮→。

② 在【零部件/方向】组，激活马达位置列表，在图形区选择木头边线。

③ 单击反向按钮🗹。

④ 在【运动】组的【函数】列表中选择【等速】选项，在文本框中输入 180mm/s，如图 10-79 所示，单击【确定】按钮☑。

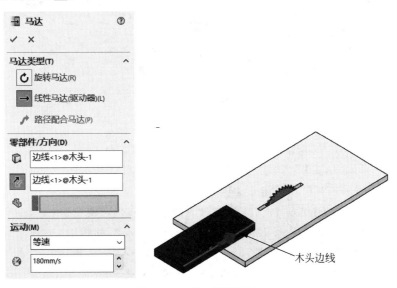

**图 10-79　添加线性马达**

**8. 添加旋转马达**

单击【运动单元】上的【马达】按钮 ，会出现【马达】属性管理器。

① 在【马达类型】组,单击【旋转马达】按钮 。

② 在【零部件/方向】组,激活马达位置列表,在图形区选择锯片轮毂圆边。

③ 单击反向按钮 。

④ 在【运动】组的【函数】列表中选择【等速】选项,在文本框中输入 220 RPM,如图 10-80
所示,单击【确定】按钮 。

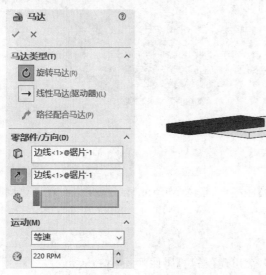

图 10-80 添加旋转马达

**9. 重新计算**

单击"【计算】按钮 ,对动画进行重新计算,播放效果如图 10-81 所示。

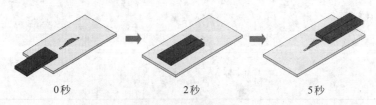

0秒       2秒       5秒

图 10-81 播放效果

**10. 控制马达**

(1) 右击"线性马达 1",选择【编辑特征】命令,会出现【马达】属性管理器,在【运动】组的
【函数】列表中选择【表达式】选项,会弹出【函数编制程序】对话框。

① 在【值】列表中选择【位移(mm)】选项。

② 激活【表达式定义】列表,输入表达式: "STEP(time,0,0,3,240)+STEP(time,3,0,5,
0)+STEP(time,5,0,35,800)+STEP(time,35,0,37,100)",如图 10-82 所示,单击【确定】按
钮,返回属性管理器,单击【确定】按钮 。

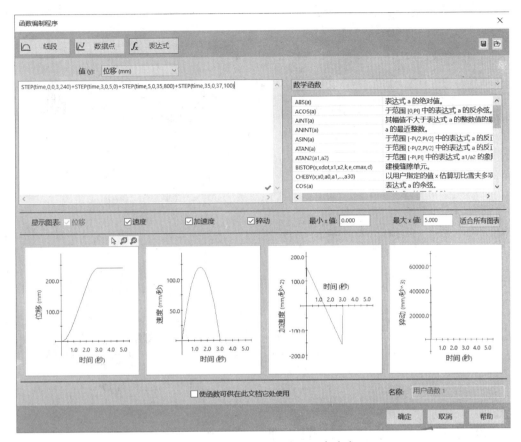

图 10-82　函数编制程序——表达式

**提示**　关于表达式的含义

图 10-82 中采用 STEP(x,X0,x1,h1)函数,其含义如下。

① STEP(time,0,0,3,240)——0～3 秒前进 240mm。

② +STEP(time,3,0,5,0)——3～5 秒停止。

③ +STEP(time,5,0,35,800)——5～35 秒前进 800mm。

④ +STEP(time,35,0,37,100)——35～37 秒前进 100mm。

(2)拖动【电锯】终止键码点到 37 秒时间帧。

**11. 重新计算**

单击【计算】按钮▓,对整个动画进行重新计算,查看播放效果是否符合预期。

**12. 生成动画**

单击【保存动画】按钮▓,保存为"电锯.avi"。

**13. 存盘**

选择【文件】|【保存】命令,保存文件。

**【任务拓展】**

按照图 10-83 和图 10-85 所示创建模型,然后按照图 10-84 和图 10-86 所示模拟 3D 全剖过程,创建渐变动画。

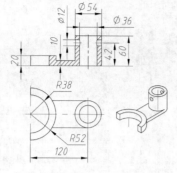

图 10-83  支架

图 10-84  拓展练习 10-7

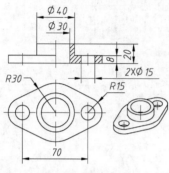

图 10-85  法兰盘

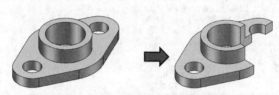

图 10-86  拓展练习 10-8

视频讲解

# 课题 10-5  配合与插值动画

## 【学习目标】

创建插值动画。

## 【工作任务】

建立虎钳装配模型,完成运动仿真,如图 10-87 所示。

## 【任务实施】

### 1. 新建"固定钳身"零件

新建文件并保存为"固定钳身.sldprt",如图 10-88 所示。

### 2. 新建"钳口"零件

新建文件并保存为"钳口.sldprt",如图 10-89 所示。

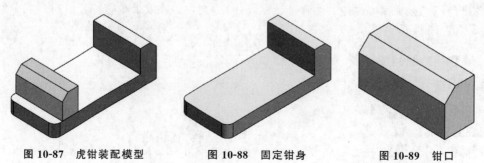

图 10-87  虎钳装配模型          图 10-88  固定钳身          图 10-89  钳口

**3．新建装配体并完成装配**

新建装配体并保存为"虎钳.sldasm"，完成装配。

**4．添加【距离】配合**

单击【装配体】选项卡上的【配合】按钮 ◎，会出现【配合】属性管理器。

① 在【配合选择】组，激活【要配合的实体】列表，选中钳口面和固定钳身面。

② 在【标准配合】组，单击距离按钮 ⊞，在文本框输入110.00mm，如图10-90所示，单击【确定】按钮 ✓，添加距离配合，再次单击【确定】按钮 ✓，完成配合。

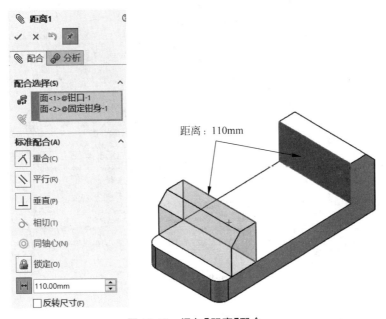

**图 10-90　添加【距离】配合**

**5．激活运动算例**

单击操作界面左下方的【运动算例1】标签页，进入 MotionManager 界面，从【算例类型】列表选择【动画】选项。

**6．添加键码**

（1）展开"配合"，双击0秒处"距离1"键码，修改距离，如图10-91所示。

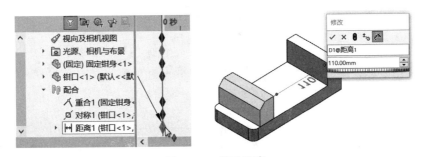

**图 10-91　修改距离**

（2）将时间指针设置到10秒处，右击并选择【放置键码】命令。双击10秒处"距离1"键码,修改距离,如图10-92所示。

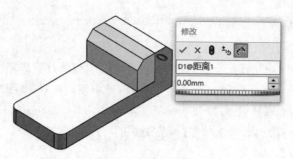

图 10-92 修改距离

(3) 右击 10 秒处"距离 1"键码,在弹出的快捷菜单中,选择【插值模式】|【线性】命令,如图 10-93 所示。

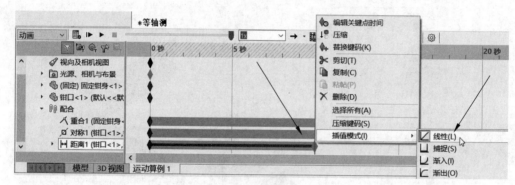

图 10-93 插值模式

**提示** 关于插值模式

建议读者测试【渐入】【渐出】和【渐入/渐出】模式,体会动画效果。

**7. 重新计算**

单击【计算】按钮,对整个动画进行计算,播放效果如图10-94所示。

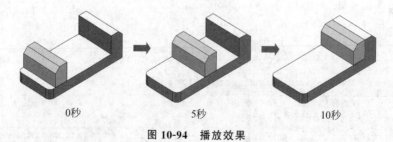

图 10-94 播放效果

**8. 生成动画**

单击【保存动画】按钮,保存为"虎钳.avi"。

**9. 存盘**

选择【文件】|【保存】命令,保存文件。

**【任务拓展】**

（1）按照图 10-95 和图 10-96 所示,创建零件模型并完成装配,然后按照表 10-1 和图 10-97 所示创建压缩弹簧的运动仿真动画。

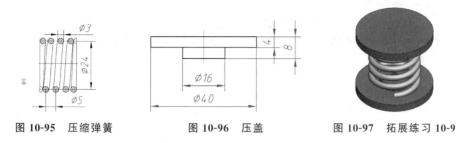

图 10-95　压缩弹簧　　　　图 10-96　压盖　　　　图 10-97　拓展练习 10-9

其中,"压缩弹簧"零件的相关参数为:有效圈数 $n=3.5$;总圈数 $n=4.5$;两端并紧并磨平,支撑圈为 1 圈。

表 10-1　压缩弹簧的主要运动状态

| 状　态 | 图　示 | 状　态 | 图　示 |
|---|---|---|---|
| 状态 1 | 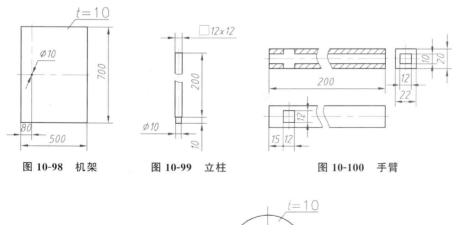 | 状态 2 | |

（2）按照图 10-98~图 10-106 所示,创建零件模型并完成机械手与冲床的装配,然后按照表 10-2 和图 10-107 所示创建运动仿真动画。

图 10-98　机架　　　　图 10-99　立柱　　　　图 10-100　手臂

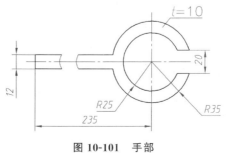

图 10-101　手部

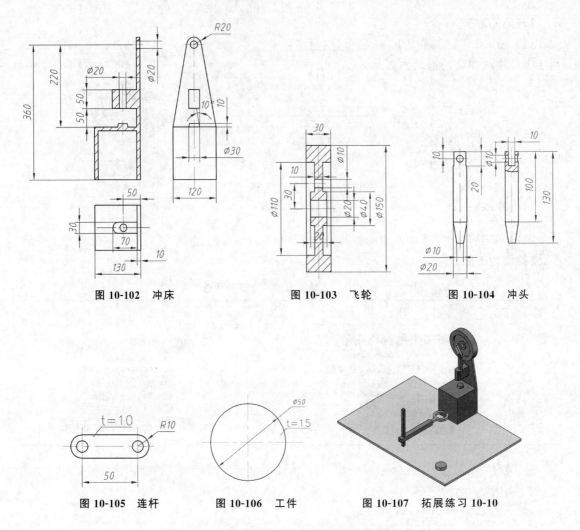

图 10-102  冲床          图 10-103  飞轮          图 10-104  冲头

图 10-105  连杆          图 10-106  工件          图 10-107  拓展练习 10-10

表 10-2  机械手与冲床联合动画的主要运动状态

| 运 动 状 态 | 图 示 | 运 动 状 态 | 图 示 |
|---|---|---|---|
| 初始状态 | | 1~1.5秒：全部静止 | — |
| | | 1.5~2秒：手臂下移30mm | |
| 0~1秒：手臂转90° | | 2~2.5秒：全部静止，2.5秒抓取工件 | — |
| | | 2.5~4秒：手臂上移160mm | |

| 运 动 状 态 | 图　示 | 运 动 状 态 | 图　示 |
|---|---|---|---|
| 4～4.5秒：全部静止 | — | 7.5～8秒：全部静止,8秒放开工件 | — |
| 4.5～5.5秒：手臂转90° | | 8～8.5秒：手臂上移20mm | |
| 5.5～6秒：全部静止 | — | 8.5～9秒：全部静止 | — |
| 6～6.5秒：手部伸长126mm | | 9～9.5秒：手部缩短126mm | — |
| | | 9.5～11.5秒：飞轮旋转一圈,完成一个冲程 | — |
| 6.5～7秒：全部静止 | — | 11.5～12秒：全部静止 | — |
| 7～7.5秒：手臂下移10mm | | 按放置工件流程取回工件,放到另一侧场地 | — |

# 模块十一

# SOLIDWORKS Composer

　　SOLIDWORKS Composer(以下简称为 Composer)是 SOLIDWORKS 的一个交互软件，它为用户提供了更快、更轻松地创建图形内容的工具，可供用户直观地交流产品信息。Composer 可帮助企业中的研发设计工程师、工艺工程师、技术图解制作人员、售后服务提供商和产品营销人员等，使用现有的 3D 产品设计数据，生成各种高品质的 2D 和 3D 产品交互成果，使企业内外所有与产品有关的人员都可以享受 3D 数据沟通直观和高效的好处，快速将企业对 3D 技术的投入效益最大化。

　　Composer 还可具体应用于制作动画演示视频、交互式教学课件、会议及大赛演示文档、毕业设计或产品说明手册等。

视频讲解

## 课题 11-1　Composer 基础入门

### 【学习目标】

(1) 工作界面。

(2) 角色导入。

(3) 文件保存。

(4) 基础设置。

### 【工作任务】

　　以拓展练习 10-10 为例，将装配体导入 Composer，熟悉 Composer 的界面布局、文件保存和基础环境设置。

### 【任务实施】

**1. 启动 Composer**

　　双击 Composer 快捷方式图标，即可进入 Composer 系统，如图 11-1 所示。

　　**提示**　关于 **SOLIDWORKS Composer 快捷方式图标**

　　SOLIDWORKS Composer 和 SOLIDWORKS Composer Players 的图标只是在颜色上有所不同，前者图标中的四个小正方体是黄色的，后者图标中的四个小正方体是白色的，Composer Players 是 Composer 的一个播放器。

**2. 角色导入**

　　选择【文件】|【打开】命令，会出现【打开】对话框，如图 11-2 所示。

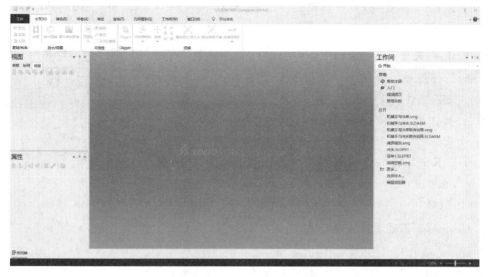

图 11-1　Composer 用户界面

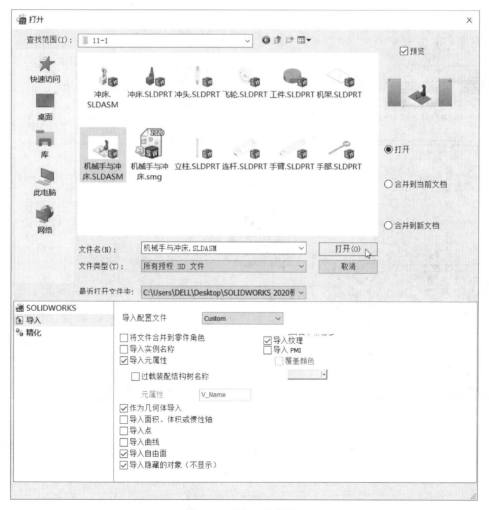

图 11-2　【打开】对话框

在【打开】对话框中,找到"机械手与冲床.SLDASM"装配体文件并选中,单击【打开】按钮,待导入完成后,进入 Composer 基础设计环境。

**！提示** 关于 **Composer** 的文件导入格式

Composer 是基于对现有 3D 数据的加工和处理,来制作交互式档案及动画的,所以用户首先需要将现有的 3D 数据导入 Composer 中。由于 Composer 具有较好的兼容性,其所支持的导入格式既包含SOLIDWORKS 生成的 3D 文件格式(".prt"".asm"".stp"等),也包含其他一些 3D 软件生成的 3D 文件格式,如图 11-3 所示。

**3. Composer 基础设计环境**

Composer 基础设计环境如图 11-4 所示。

在工作界面中主要包括快速访问工具栏、标题栏、功能区、视口、视图-动画切换按钮、坐标轴、左窗口、属性窗口、时间轴、工作间等内容。

**图 11-3 Composer 所支持的文件导入格式**

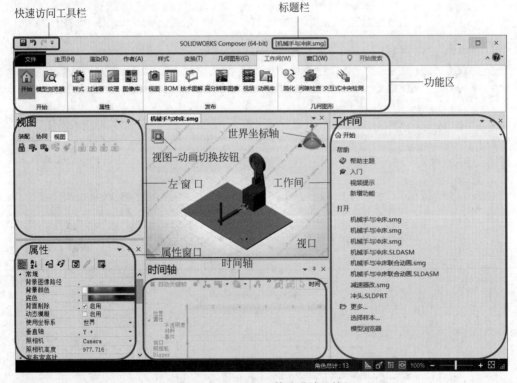

**图 11-4 Composer 基础设计环境**

(1)快速访问工具栏。快速访问工具栏位于界面的左上角,通过它可以方便地选择常用功能。用户还可以单击快速访问工具栏右侧的【自定义快速访问工具栏】按钮 ▾ 对其进行自定义。

(2)功能区。功能区具有多个选项卡,其中有很多常用工具。如果用户不想显示选项卡下方的内容,可以单击工具栏右上角的【最小化功能区】按钮 ⌃。

（3）视口。视口处于屏幕中间,用来快速选择、效果显示等。在视口的左上角有【视图-动画切换】按钮（切换到动画模式: ▣ ,切换到视图模式: ▣ ）,用于切换工作状态,即视图模式和视频模式。在视口的右上角有世界坐标轴。

（4）左窗口。左窗口中包括许多选项卡,包括装配、协同、视图等。在功能区单击【窗口】,在【显示/隐藏】子选项卡下可以对左窗口进行自定义,添加其他的选项卡。

装配选项卡等同于 SOLIDWORKS 装配时的零件设计树,用于精准选择几何角色,同时可对几何角色的可视性进行设置,选中角色名称左侧的复选框则表示该角色将在视口中显示,取消选中则表示隐藏该角色。

协同选项卡用于列出并显示协同角色的可视性。选中角色名称左侧的复选框可以在视口中显示该角色,取消选中则会使该角色隐藏。

视图选项卡类似于渲染软件下的镜头与抓屏,通过对视图的管理实现交互式文件的创建,使用该选项卡可以创建、更新、显示视图。在视频模式时,可将视图拖入时间轴上某处用作关键帧。

（5）属性窗口。属性窗口用于显示和编辑所选角色的属性。选中零件后,可在属性栏里更改零件的纹理、颜色、渲染模式、透明度等。此外还可对背景和地面的属性进行编辑。

（6）时间轴。类似于视频剪辑软件的时间轴,用于创建、调整关键帧等操作,只存在于视频模式下。

（7）工作间。用户可以在工作间面板中获取某些模块和产品的功能。

### 4. 保存文件

可通过以下多种方式将导入 Composer 的文件进行保存。

（1）选择【文件】|【保存】命令,或单击快速访问工具栏中的【保存】按钮 ▣,保存文件。此时 Composer 默认将文件保存为".smg"格式,默认存放在导入文件所在的目录下。

（2）选择【文件】|【另存为】命令,在弹出的【另存为】对话框中还可以选择其他多种格式保存,如图 11-5 所示。

```
SOLIDWORKS Composer (.smg)
SOLIDWORKS Composer product (.smgXml)
SOLIDWORKS Composer project (.smgProj)
VRML 2.0 (.wrl)
Alias Wavefront (.obj)
Stereolithography (.stl)
Discreet 3D Studio (.3ds)
Universal 3D (.u3d)
eXtensible Application Markup Language (.xaml)
Dassault Systemes 3DXML (.3dxml)
```

**图 11-5　Composer 文件保存格式**

（3）在【文件】|【另存为】子菜单中,还可选择将文件导出为程序包,被保存为程序包的文件可以在没有安装 Composer 的计算机中打开,使产品展示更加方便。

!提示　**关于如何在保存时设置 Composer 的文件属性**

在将文件保存或导出之前,可在保存对话框中对文件属性进行设置,如为文件设置打开密码、打开时弹窗的 Logo 和解释、文件使用期限等,如图 11-6 所示。

### 5. 基础设置

选择【文件】,在下拉菜单的右下角单击【首选项】按钮 ⚙,会出现【应用程序首选项】对话框,如图 11-7 所示。在【常规】选项卡中对界面语言等进行设置,将语言设置为【中文（简体）China】,在【切换】选项卡中可以根据个人习惯对鼠标键操作进行自定义。

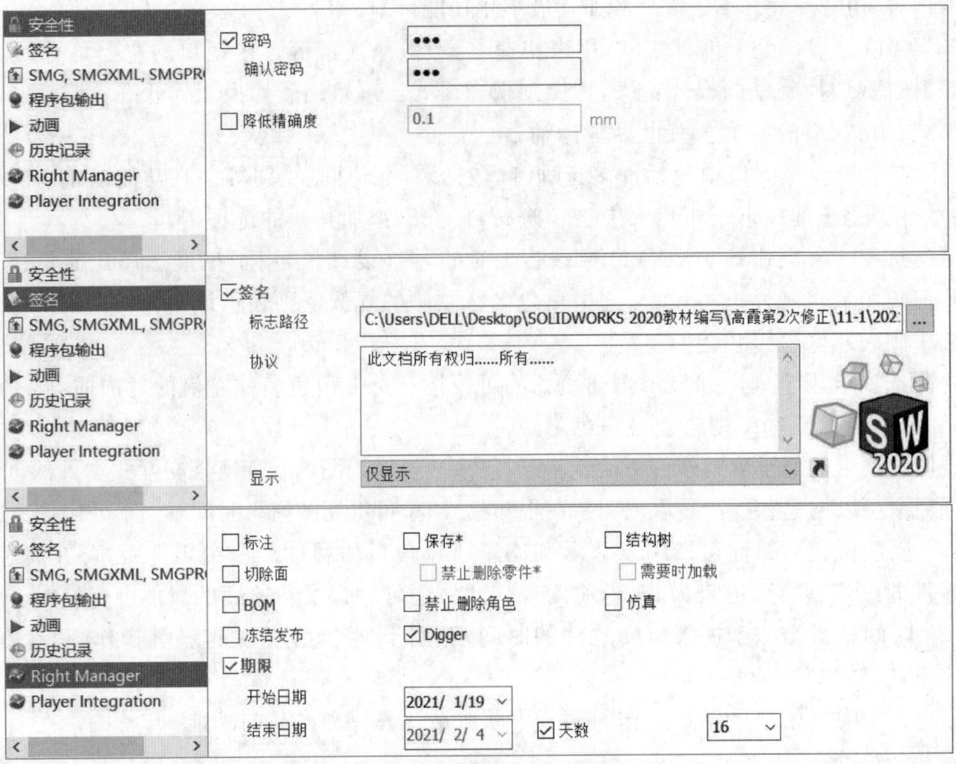

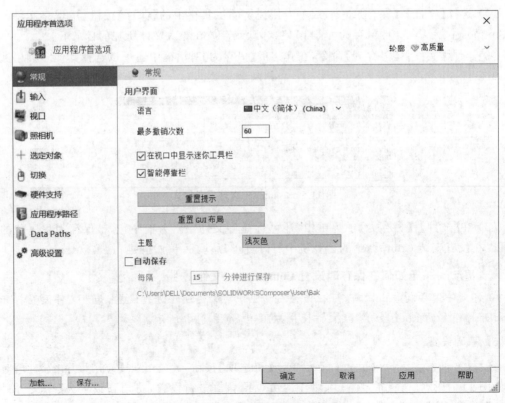

图 11-6　Composer 文件属性设置

图 11-7　【应用程序首选项】对话框

**【任务拓展】**

任意导入一个 SOLIDWORKS 零件模型或装配体模型,熟悉 Composer 基础设计环境,并练习采用多种方式保存文件。

 **课题 11-2　视图创建与视图切换**

视频讲解

**【学习目标】**

(1) 创建视图。

(2) 切换视图。

(3) 更新视图。

**【工作任务】**

以拓展练习 10-10 导入 Composer 的实体角色为例,熟悉 SOLIDWORKS Composer 视图操作。

**【任务实施】**

**1. 打开文件**

选择【文件】|【打开】命令,会出现【打开】对话框,找到并打开文件"机械手与冲床. smg",如图 11-8 所示。

**图 11-8　【打开】对话框**

**2. 创建第一张视图**

在左窗口视图选项卡下单击【创建视图】按钮 ,创建第一张视图,记录角色原始状态,如图 11-9 所示。

**图 11-9　创建第一张视图**

提示　关于角色和视图

◇ 角色:视口内的任一可操作的对象或实体。

◇ 视图:视口及角色的快照,记忆所有角色及视口的属性、照相机方位。

**3. 更改视图名称**

选中第一张视图,单击视图下方的文本,对视图进行重命名,输入文字"默认",如图 11-10 所示。

**4. 旋转视图**

将光标移至视口,单击鼠标中键,光标变为 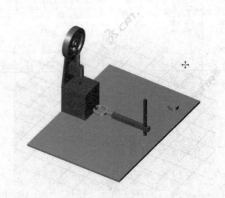,移动鼠标指针即可对角色进行旋转,如图 11-11 所示。

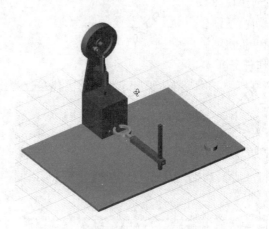

图 11-10　更改视图名称　　　　图 11-11　使用鼠标中键旋转角色

**5. 创建第二张视图**

在左窗口视图选项卡下再次单击【创建视图】按钮 ,创建第二张视图,系统自动命名为"View 2",记录角色旋转后的状态,如图 11-12 所示。

**6. 平移视图**

按住键盘上的 Ctrl 键后,在视口中按住鼠标中键,光标形状变为 ,松开 Ctrl 键,以鼠标中键按钮拖动即可平移模型,如图 11-13 所示。

图 11-12　创建第二张视图

图 11-13　使用鼠标中键平移角色

**7. 缩放视图**

在视口滚动鼠标中键滚轮,可以缩放视图;按住 Shift 键,在视口按住鼠标中键上下拖动,也可以缩放视图。

**提示**　关于如何利用主页中的旋转、平移和缩放工具代替鼠标操作

在功能区【主页】|【切换】中可以单击对应按钮进入对应的视图变换模式。

### 8. 缩放到合适大小

单击功能区【主页】|【切换】中的【缩放到合适大小】按钮，可以整屏显示全图；在视口中双击鼠标中键，也可以整屏显示全图。

### 9. 将照相机与面对齐

单击功能区【主页】|【切换】中的【将照相机与面对齐】按钮，出现下拉菜单，单击【俯视图/仰视图】，可以对视图进行定向，如图 11-14 所示。

**提示**　关于"将照相机与面对齐"命令

【将照相机与面对齐】类似于 SOLIDWORKS 中前导视图工具栏的【视图定向】，在练习过程中可以尝试选择其他视图方向。

### 10. 创建第三张视图

在左窗口视图选项卡下再次单击【创建视图】按钮，创建第三张视图，系统自动命名为"View 3"，记录角色视图方位改变后的状态，如图 11-15 所示。

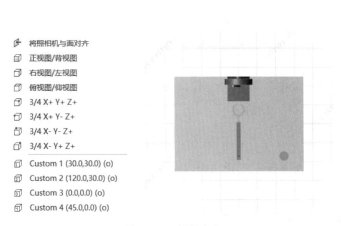

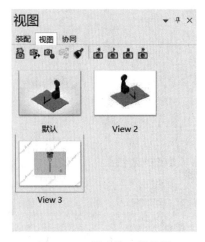

图 11-14　视图定向　　　　　　　　图 11-15　创建第三张视图

### 11. 更改实体角色属性

双击视图选项卡中的第二张视图"View 2"，使得视口中的角色切换为该视图所对应的状态。在视口中，单击选中实体角色【机架】，此时属性窗口将自动跳转至【机架】对应属性列表，对角色【类型】(材质)进行更改，在下拉菜单中选择【铝】选项，同时对角色进行旋转，改变其放置方位，如图 11-16 所示。

### 12. 更新视图

在左窗口视图选项卡下单击【更新视图】按钮，可以更新视图，如图 11-17 所示。

### 13. 存盘

选择【文件】|【保存】命令，保存文件。

图 11-16  更改实体角色属性

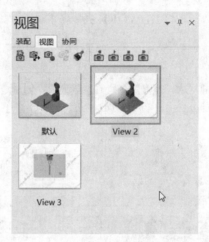

图 11-17  更新视图

【任务拓展】

任意打开一个角色,分别使用鼠标、主页工具和对齐照相机变换角色视图方位,练习创建和更新视图。

视频讲解

## 课题 11-3  角色渲染

【学习目标】

(1) 背景、地面与照明。

(2) 渲染模式。

(3) 实体角色渲染。

【工作任务】

以拓展练习 10-4 为例,将"快速返回机构"导入 Composer,学会如何设置地面与背景,熟悉 Composer 的多种渲染模式,完成实体角色的渲染。

【任务实施】

**1. 角色导入**

选择【文件】|【打开】命令,在【打开】对话框中,找到"快速返回机构.sldasm"装配体文件并选中,单击【打开】按钮,待导入完成后,进入 Composer 基础设计环境,如图 11-18 所示。

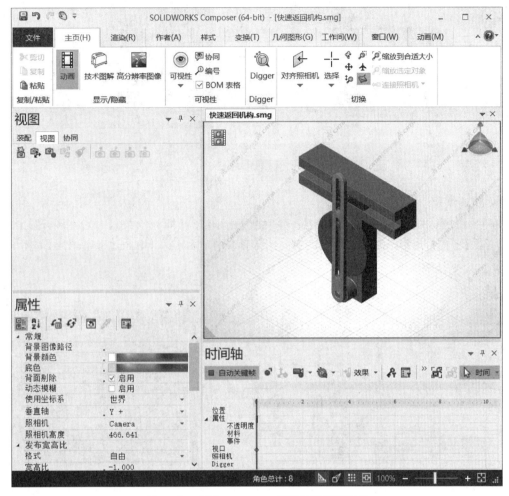

图 11-18　导入 Composer 后的快速返回机构

### 2. 背景属性

在视口空白处单击,观察属性窗口的变化,如图 11-19 所示。

**提示　关于背景属性**

若导入或打开文件后未选择其他角色,则属性窗口中默认显示背景属性,单击空白处无变化;若已选择其他角色,则会观察到属性窗口由其他属性自动跳转为背景属性。

### 3. 设置背景

在背景属性窗口中,设置【背景颜色】为黄色,设置【底色】为蓝色,如图 11-20 所示。

图 11-19　背景属性窗口

**提示　关于设置背景**

在背景属性窗口中,可通过设置【背景图像路径】,插入图像对背景进行设置,另外还可以

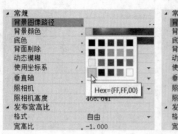

图 11-20　设置背景　　　　　　　　　　　　　彩色图片

对照明、景深等其他属性进行设置。

**4．地面属性**

在左窗口协同选项卡下，选中【环境】左侧的复选框（默认即为选中状态），并展开【环境】子菜单，单击【地面】，观察到属性窗口自动跳转为地面属性，同时视口中的地面被选中，如图 11-21 所示。

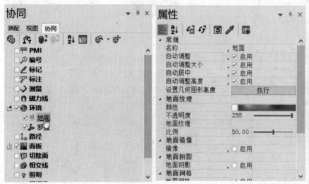

图 11-21　地面属性

!提示　**关于选中地面的其他快捷方法**

在视口中，将鼠标指针停留在地面位置，按住鼠标左键不松开，向右下方或右上方拖动鼠标至一定距离后松开，即可选中地面。

**5．设置地面直径**

在视口中单击并拖动地面外围的箭头调整地面直径，如图 11-22 所示。

!提示　**关于更改地面直径的其他方法**

可直接在地面属性窗口中的【直径】一栏中输入地面直径。

**6．地面渲染**

在功能区【渲染】|【地面】中单击关闭【网格】，打开【阴影】和【镜像】，观察到属性窗口中【镜像】和【地面阴影】已启用，【地面网格】已关闭。

对【反射强度】和【柔和阴影】进行调节，观察

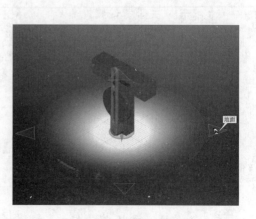

图 11-22　设置地面直径

视口中角色的变化,如图 11-23 所示。

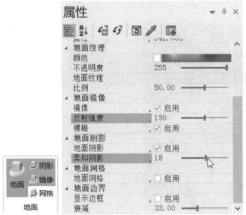

图 11-23 地面渲染 彩色图片

### 7. 设置照明

在功能区【渲染】|【照明】中,单击打开【阴影】和【环境光遮挡】,在【模式】子菜单下单击打开【默认(两个光源)】,观察视口中角色的变化,如图 11-24 所示。

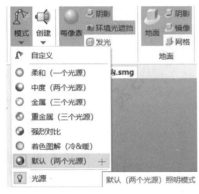

图 11-24 设置照明

### 8. 设置渲染模式

在功能区【渲染】|【模式】中,打开【模式】子菜单,尝试选择多种渲染模式,并对【轮廓样式】进行设置,观察视口中角色的变化。

> **提示** **关于常用的渲染模式**
>
> 平滑渲染、技术渲染和轮廓渲染最为常用。

### 9. 实体角色渲染

在视口中单击选中基座,观察到属性窗口自动跳转为基座所对应的属性,更改角色【名称】为“基座”,设置角色【颜色】为黄色,【亮度】为 30,【发射】为 0.1,【类型】选择磨砂金属。

同理,在视口中单击选中轮,设置轮的属性,更改【名称】为“轮”,【类型】选择“铝”;在视口中单击选中“连杆”,更改【名称】为“连杆”,【类型】选择“金”;在视口中单击选中滑块,在属性窗口中单击【重复上一属性更改】按钮 ⑤,观察到滑块的【类型】也变为了“金”,然后更改其【名称】为"滑块"。

观察视口中各实体角色的变化,如图 11-25 所示。

图 11-25    实体角色渲染

**10. 存盘**

选择【文件】|【保存】命令,保存文件。

**【任务拓展】**

将拓展练习 10-3 中的"齿轮传动机构"导入 Composer,自行设置地面与背景,并进行实体角色的渲染。

## 课题 11-4    爆炸、平移与旋转

视频讲解

**【学习目标】**

(1) 爆炸命令。

(2) 移动命令。

(3) 爆炸视图的创建。

**【工作任务】**

继续打开课题 11-2 中存盘的文件"机械手与冲床. smg",进行 Composer 爆炸视图的创建。

**【任务实施】**

**1. 打开文件**

选择【文件】|【打开】命令,会出现【打开】对话框,找到并打开文件"机械手与冲床. smg"。

**2. 线性爆炸**

在左窗口视图选项卡下双击【默认】视图,将视图切换至默认状态。

在视口中空白处按住鼠标左键并拖动,框选全部实体角色,然后在功能区【变换】|【爆炸】中单击【线性】按钮 <sub>∞∞</sub>线性 ,此时视口中实体角色中央出现三个方向的坐标轴,按住鼠标左键并拖动其中一个方向的坐标轴,即可实现所有实体角色沿该轴的轴向爆炸;在左窗口视图选项卡下单击【创建视图】按钮 ,并将该视图命名为"线性爆炸",如图 11-26 所示。

**3. 球面爆炸**

在左窗口视图选项卡下双击【默认】视图,将视图切换至默认状态。

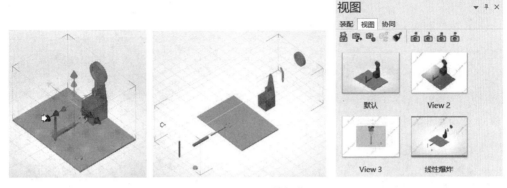

图 11-26　线性爆炸

在视口中空白处按住鼠标左键并拖动,框选全部实体角色,然后在功能区【变换】|【爆炸】中单击【球面】按钮 ⬚球面 ,此时视口中实体角色中央出现球面爆炸标志,按住鼠标左键并拖动球面即可实现所有实体角色的球面爆炸;在左窗口视图选项卡下单击【创建视图】按钮 ⬚ ,并将该视图命名为"球面爆炸",如图 11-27 所示。

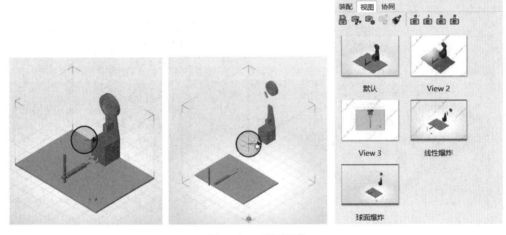

图 11-27　球面爆炸

**4. 圆柱爆炸**

在左窗口视图选项卡下双击【默认】视图,将视图切换至默认状态。

在视口中空白处按住鼠标左键并拖动,框选全部实体角色,然后在功能区【变换】|【爆炸】中单击【圆柱】按钮 ⬚圆柱 ,此时视口中实体角色中央出现三个方向的坐标轴,按住鼠标左键并拖动其中一个方向的坐标轴,即可实现所有实体角色沿以该方向为轴的径向方向爆炸;在左窗口视图选项卡下单击【创建视图】按钮 ⬚ ,并将该视图命名为"圆柱爆炸",如图 11-28 所示。

💠**说明**　　如果要求爆炸过程中还原机构拆卸的先后顺序,避免产生零件之间的干涉,那么上述三种整体爆炸命令就很难满足要求,故需要配合平移与旋转命令实现更复杂的爆炸。

**5. 旋转**

在左窗口视图选项卡下双击【默认】视图,将视图切换至默认状态。

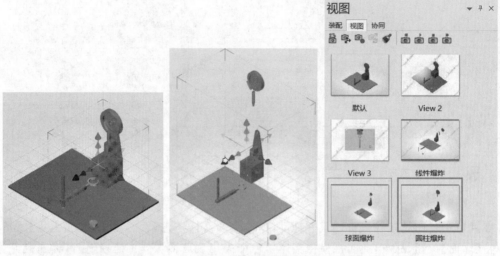

图 11-28　圆柱爆炸

按住 Ctrl 键,在视口中单击同时选中实体角色: 手部、手臂、立柱,然后在功能区【变换】|【移动】中单击【旋转】按钮 ,视口中出现旋转标志,如图 11-29(a)所示。

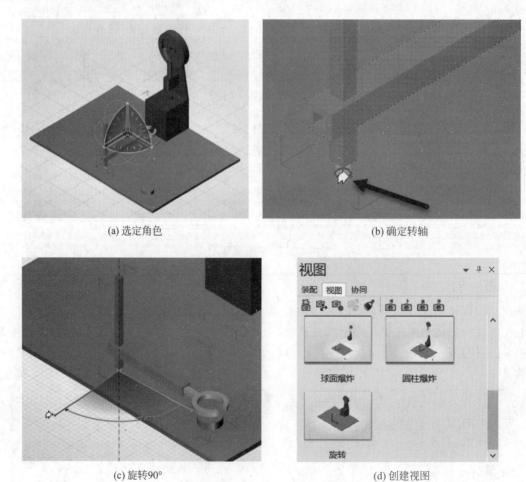

(a) 选定角色

(b) 确定转轴

(c) 旋转90°

(d) 创建视图

图 11-29　旋转

**🌼说明**　此时的旋转标志位于所选中的实体角色的几何中心,由于实际转轴位于"立柱"与"机架"的配合位置,所以此时并没有我们需要的旋转方向可供选择,故需要使用【检测曲线】命令自定义转轴。

单击【变换】|【移动】中的【检测曲线】按钮🔒,然后在视口中单击与角色旋转中心同轴的环形曲线,确定转轴,如图 11-29(b)所示。

移动鼠标使选中的三个实体角色顺时针旋转 90°,单击确定旋转位置(或在属性窗口【角度】文本框中直接输入"−90"),如图 11-29(c)所示。

在左窗口视图选项卡下单击【创建视图】按钮🖼,并将该视图命名为"旋转",如图 11-29(d)所示。

#### 6. 平移

按 Esc 键退出【旋转】命令,在"旋转"视图的基础上继续完成以下操作。

在视口中单击选择实体角色"手部",然后在功能区【变换】|【移动】中单击【平移】按钮➡️,视口中出现平移标志,如图 11-30(a)所示。

**🌼说明**　此时,在视口中可供选择的三个平移方向当中,并没有我们所需要的,故需使用【检测曲线】命令自定义平移方向。

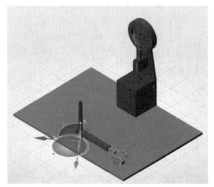

(a) 选定实体角色"手部"

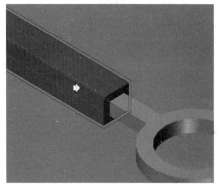

(b) 确定平移方向

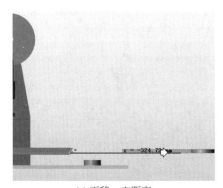

(c) 平移一定距离

(d) 创建视图

图 11-30　平移

单击【变换】|【移动】中的【检测曲线】按钮🔬，然后在视口中单击任意一条与所需平移方向共线的直线，确定平移方向，如图 11-30(b)所示。

移动鼠标指针使实体角色"手部"向右平移一定距离，单击确定平移位置(或在属性窗口【长度】文本框中直接输入一定正值后按回车键)，如图 11-30(c)所示。

在左窗口视图选项卡下单击【创建视图】按钮🔬，并将该视图命名为"手部平移"，如图 11-30(d)所示。

**7. 创建爆炸视图**

将所有实体角色按照拆卸顺序分别平移至一定位置后，创建爆炸视图，在默认视图与爆炸视图之间切换，观察视口中实体角色位置的动态变化，如图 11-31 所示。

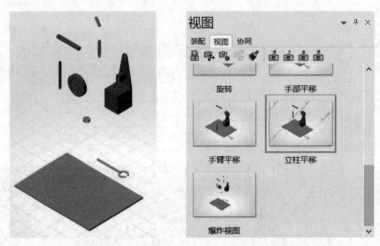

**图 11-31　创建爆炸视图**

**8. 存盘**

选择【文件】|【保存】命令，保存文件。

**【任务拓展】**

将拓展练习 10-3 中的"齿轮传动机构"导入 Composer，熟悉爆炸视图的创建。

# 模块十二

# 创建工程图

绘制产品的平面工程图是从模型设计到生产过程的一个重要环节,是从概念产品到现实产品的一座桥梁,也是其描述语言。因此,在完成产品的零部件建模、装配建模及其工程分析之后,一般要绘制其平面工程图。

## 课题 12-1　物体外形的表达——视图

视频讲解

**【学习目标】**

学习建立基本视图、向视图、局部视图和斜视图的方法。

**【工作任务】**

完成压紧杆的视图表达方案,如图 12-1 所示。

**【任务实施】**

**1. 新建"压紧杆"零件**

新建文件"压紧杆.sldprt",完成零件绘制并保存,如图 12-2 所示。

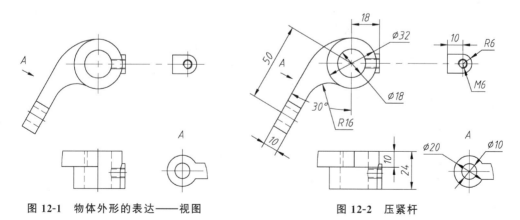

图 12-1　物体外形的表达——视图　　　　图 12-2　压紧杆

**2. 新建工程图**

选择【文件】|【新建】命令,会出现【新建 SOLIDWORKS 文件】对话框,选择【gb_a3】图标,如图 12-3 所示,单击【确定】按钮,进入工程图环境。

**3. 添加基本视图**

① 进入工程图环境后,会出现【模型视图】属性管理器,在【要插入的零件/装配体】组,单击【浏览】按钮,会出现【打开】对话框,选择【要插入的零件/装配体】为"压紧杆",如图 12-4 所示。

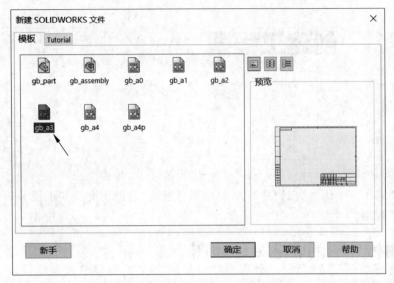

图 12-3　新建 SOLIDWORKS 文件　　　　　　　图 12-4　选择模型

② 在【方向】组,单击【右视】按钮 ▦。
③ 在【比例】组,选中【使用自定义比例】单选按钮。
④ 在【比例】文本框输入 1∶2。
⑤ 在图纸区域左上角指定一点,添加【主视图】。
⑥ 向下垂直拖动鼠标,指定一点,添加【俯视图】,如图 12-5 所示,单击【确定】按钮 ☑。

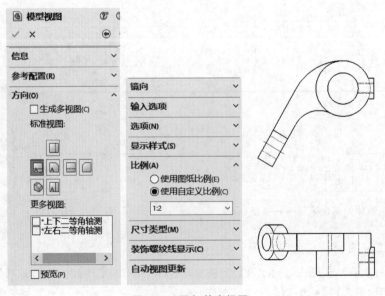

图 12-5　添加基本视图

提示1　关于"模型视图"属性管理器

进入工程图环境后,若未自动出现【模型视图】属性管理器,则可单击【视图布局】选项卡上的【模型视图】按钮 ⊡ 解决。

在选项组,可选中【生成新工程图时开始命令】复选框,下次再进入工程图时就会自动出现该属性管理器。

提示2　关于如何显示隐藏线

单击前导视图工具栏上的【显示类型】|【隐藏线可见】按钮,显示被隐藏的虚线。

提示3　关于主视图

对于遵守 GB 标准的图,建议选择右视图作为主视图。

**4. 建立向视图**

(1)添加投影视图。选择主视图,单击【视图布局】选项卡上的【投影视图】按钮 ⊡ 。

① 向左拖动鼠标,指定一点,添加【右视图】,单击 Esc 键。

② 选择右视图,将其拖到主视图的右边,即为向视图,如图 12-6 所示,单击【确定】按钮 ✓ 。

(2)创建向视图的局部视图。

① 选中向视图,右击,从快捷菜单中选择【隐藏/显示边线】命令 ⊡ 。

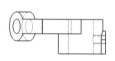

② 选择向视图中要隐藏的边线,如图 12-7 所示,单击【确定】按钮 ✓ ,创建局部视图。

图 12-6　建立向视图

(3)用中心线连接。单击【注解】选项卡上的【中心符号线】按钮 ⊕ ,会出现【中心符号线】属性管理器。

① 在【手工插入选项】组,单击【单一中心符号线】按钮 ⊞ 。

② 分别在各视图中选择圆,如图 12-8 所示,单击【确定】按钮 ✓ ,完成中心标记,连接中心线中的水平线。

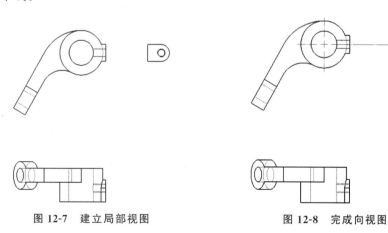

图 12-7　建立局部视图　　　　　图 12-8　完成向视图

⚠️ 提示 关于向视图标注

在右端凸台附近的、按第三角画法配置的局部视图,可以用细点线连接,不必标注。

**5. 创建俯视图的局部视图**

(1)单击草图选项卡上的【样条曲线】按钮 Ⓝ,在俯视图中绘制曲线,如图 12-9 所示,单击【确定】按钮☑。

(2)选中曲线,选择【插入】|【工程图视图】|【剪裁视图】命令,如图 12-10 所示。

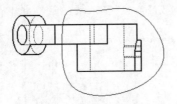

图 12-9　绘制封闭曲线

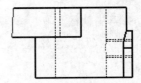

图 12-10　俯视图中的局部视图

**6. 建立斜视图**

(1)单击【视图布局】选项卡上的【辅助视图】按钮 🖉 。

① 在主视图上选择边。

② 向右下拖动鼠标,指定一点,添加【斜视图】,如图 12-11 所示。

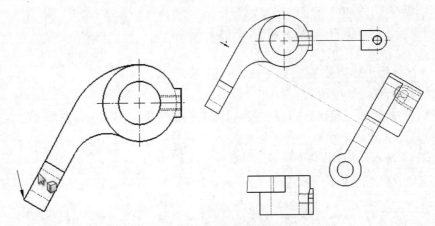

图 12-11　建立斜视图

(2)对齐工程视图。选中斜视图,右击,从快捷菜单中选择【对齐工程图视图】|【顺时针水平对齐图纸】命令,对齐斜视图,如图 12-12 所示,单击【确定】按钮☑。

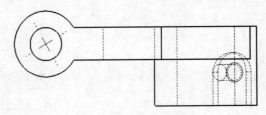

图 12-12　对齐斜视图

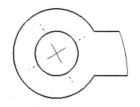

（3）建立局部视图。

① 单击【草图】选项卡上的【样条曲线】按钮 $\boxed{N}$，在斜视图中绘制曲线，单击【确定】按钮 $\boxed{\checkmark}$。

② 选中曲线，选择【插入】|【工程图视图】|【剪裁视图】命令，如图 12-13 所示。

**7. 存盘**

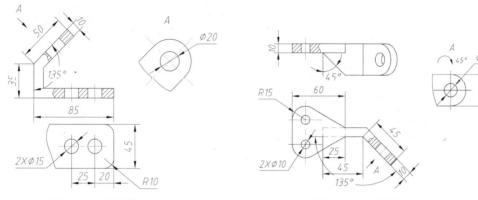

**图 12-13　建立局部视图**

选择【文件】|【保存】命令，保存文件。

> **提示**　关于工程图文件的扩展名
>
> 工程图文件的扩展名为".slddrw"。

**【任务拓展】**

按照图 12-14 和图 12-15 所示绘制模型的视图表达方案。

**图 12-14　拓展练习 12-1**　　　　**图 12-15　拓展练习 12-2**

# 课题 12-2　物体内形的表达——剖视图

视频讲解

**【学习目标】**

学习建立全剖视图、半剖视图和局部剖视图的方法。

**【工作任务】**

建立底座模型后，完成视图表达方案，如图 12-16 所示。

**【任务实施】**

**1. 新建"剖视图"零件**

新建文件并保存为"剖视图.sldprt"完成零件绘制并保存。

**2. 新建工程图**

选择【文件】|【新建】命令，会出现【新建 SOLIDWORKS 文件】对话框，选择【gb_a3】图标，单击【确定】按钮，进入工程图环境。

**3. 添加基本视图——俯视图**

单击【视图布局】选项卡上的【模型视图】按钮 ⚙，会出现【模型视图】属性管理器。

① 在【要插入的零件/装配体】组，单击【浏览】按钮，会出现【打开】对话框，选择【要插入的零件/装配体】为"剖视图"。

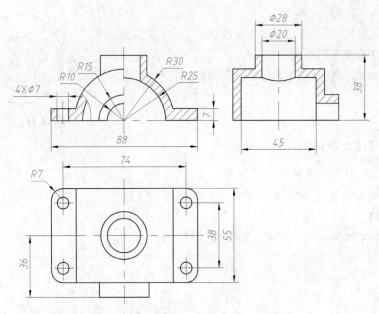

图 12-16　物体内形的表达——剖视图

② 在【方向】组,单击【右视】按钮 。

③ 在【比例】组,选中【使用图纸比例】单选按钮。

④ 在图纸区域左上角指定一点,添加【主视图】。

⑤ 向下垂直拖动鼠标,指定一点,添加【俯视图】,单击【确定】按钮 ,删除主视图,如图 12-17 所示。

### 4. 建立半剖视图

单击【视图布局】选项卡上的【剖面视图】按钮 ,会出现【剖面视图辅助】属性管理器。

① 单击【半剖面】按钮。

② 在【半剖面】组,单击【右侧向上】按钮 ,如图 12-18 所示。

③ 移动鼠标指针到视图,捕捉轮廓线中点,单击定义剖切位置,如图 12-19 所示。

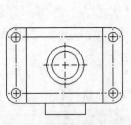

图 12-17　添加基本视
图——俯视图

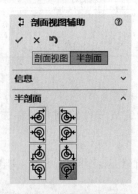

图 12-18　【剖面视图辅助】
属性管理器

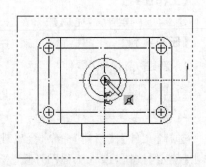

图 12-19　捕捉轮廓线中点

④ 之后会出现【剖面视图 A-A】属性管理器,移动鼠标指针到指定位置,如图 12-20 所示。

⑤ 单击,创建半剖视图,单击【确定】按钮 ,如图 12-21 所示。

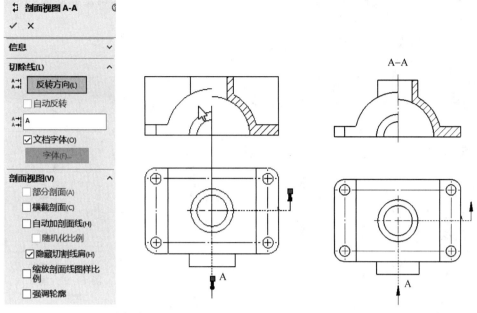

图 12-20　捕捉半剖位置轮廓线中点　　　　图 12-21　建立半剖视图

### 5. 建立局部剖视图

（1）删除新创建的半剖视图,依据俯视图建立投影视图作为主视图,如图 12-22 所示。

**说明**　　通常来说,应该使用【剖面视图】命令实现半剖视图,使用【断开的剖视图】命令实现局部剖视图,但是,由于 SOLIDWORKS 工程图在同一视图上若已存在【剖面视图】,则不允许再创建【断开的剖视图】,所以,对于既存在半剖视图又存在局部剖视图的主视图,采用两次【断开的剖视图】命令,删除新创建的半剖视图,以【断开的剖视图】代替【剖面视图】实现半剖,即采用局部剖视图方案实现半剖视图。

（2）单击【草图】选项卡上的【边角矩形】按钮☐,在主视图中绘制矩形,如图 12-23 所示。

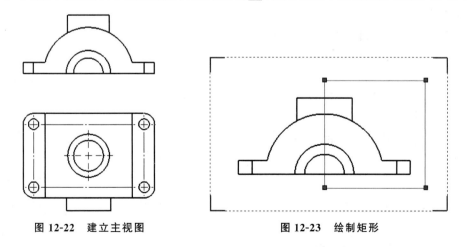

图 12-22　建立主视图　　　　　图 12-23　绘制矩形

（3）单击【视图布局】选项卡上的【断开的剖视图】按钮 ,会出现【断开的剖视图】属性管理器。

① 在【深度】组,激活【深度参考】列表,在俯视图上选择一圆以确定截断线,如图 12-24 所示。

② 单击【确定】按钮☑,如图 12-25 所示,创建局部剖视图。

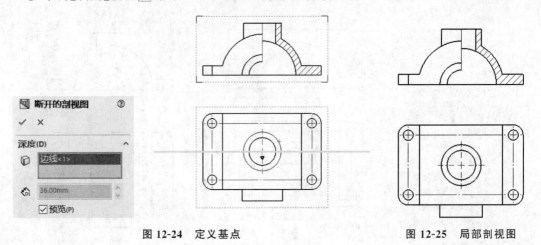

图 12-24　定义基点　　　　　　　图 12-25　局部剖视图

(4) 隐藏线。

在主视图中选中需要隐藏的线,右击选择【隐藏/显示边线】按钮▥,隐藏线,单击【确定】按钮☑,如图 12-26 所示。

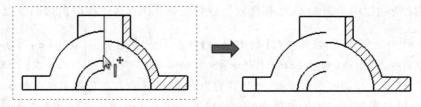

图 12-26　隐藏线

(5) 单击【草图】选项卡上的【样条曲线】按钮Ⓝ,在主视图中绘制曲线,如图 12-27 所示。

(6) 单击【视图布局】选项卡上的【断开的剖视图】按钮▦,会出现【断开的剖视图】属性管理器。

① 在【深度】组,激活【深度参考】列表,在俯视图上选择小圆以确定截断线,如图 12-28 所示。

② 单击【确定】按钮☑,如图 12-29 所示,创建局部剖视图。

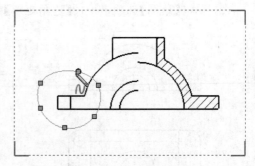

图 12-27　绘制封闭曲线

**6. 建立全剖视图**

单击【视图布局】选项卡上的【剖面视图】按钮▯,会出现【剖面视图辅助】属性管理器。

① 单击【剖面视图】按钮。

② 在【切割线】组,单击【竖直】按钮▯,如图 12-30 所示。

③ 移动鼠标指针到视图,捕捉轮廓线圆心点后单击,定义剖切位置,在弹出的快捷工具栏上单击【确定】按钮☑,如图 12-31 所示。

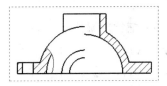

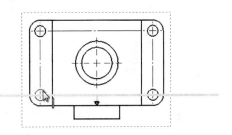

图 12-28 定义基点

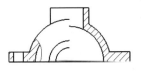

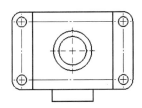

图 12-29 建立局部剖视图

图 12-30 【剖面视图辅助】属性管理器

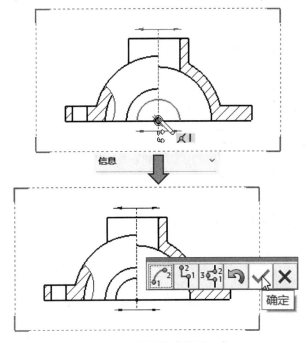

图 12-31 捕捉轮廓线圆心点

**⚠ 提示**　关于如何捕捉轮廓线的圆心点

首先将光标停留在弧形轮廓线之上,然后将光标滑向圆心位置即可选中圆心。

④ 之后出现【剖面视图 B-B】属性管理器,移动鼠标指针到指定位置,如图 12-32 所示。

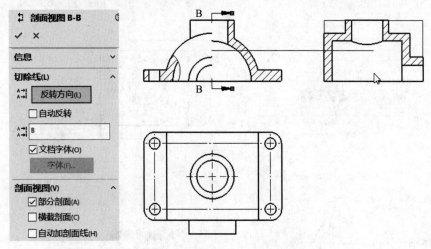

图 12-32　移动鼠标指针到指定位置

**❀ 说明**　在【切除线】组,单击【反转方向】按钮,调整方向。

⑤ 单击,创建全剖视图,单击【确定】按钮 ✓,如图 12-33 所示。

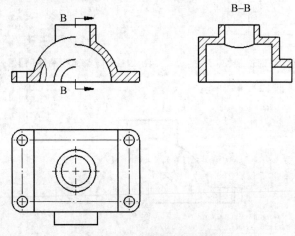

图 12-33　创建全剖视图

**7. 存盘**

选择【文件】|【保存】命令,保存文件。

**【任务拓展】**

按照图 12-34 和图 12-35 所示绘制表达方案。

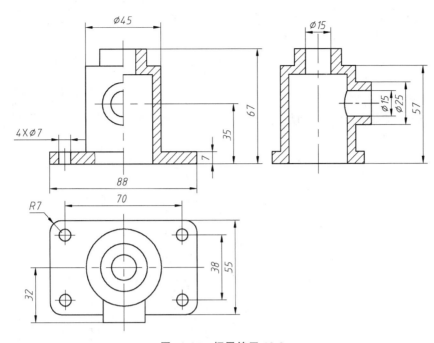

图 12-34　拓展练习 12-3

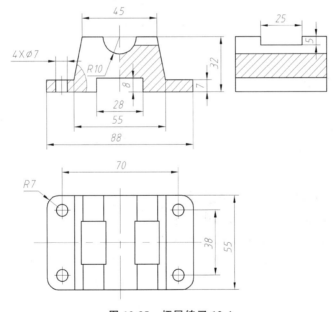

图 12-35　拓展练习 12-4

 # 课题 12-3　生成零件图

【学习目标】

（1）绘制移出断面。

（2）绘制局部放大视图的方法。

（3）绘制中心线。

视频讲解

（4）标注尺寸公差。

（5）标注表面结构。

（6）标注几何公差。

（7）标注技术要求。

**【工作任务】**

完成轴的视图表达方案,如图 12-36 所示。

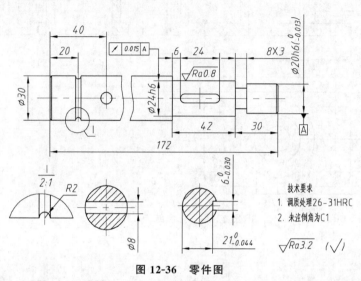

图 12-36　零件图

**【任务实施】**

**1. 新建"零件图-轴"零件**

新建文件并保存为"零件图-轴.sldprt",完成零件绘制。

**2. 填写零件属性**

选择【文件】|【属性】命令,会出现【摘要信息】对话框。

① 单击【自定义】选项卡。

② 在【材料】行的【数值/文字表达】中输入"45"。

③ 在【设计】行的【数值/文字表达】中输入"郑华康"。

④ 在【名称】行的【数值/文字表达】中输入"轴"。

⑤ 在【代号】行的【数值/文字表达】中输入"SDUT-01-04",如图 12-37 所示,单击【确定】按钮☑,保存文件。

**3. 新建工程图**

选择【文件】|【新建】命令,会出现【新建 SOLIDWORKS 文件】对话框,选择【gb_a3】图标,单击【确定】按钮,进入工程图环境。

**4. 添加基本视图——主视图**

单击【视图布局】选项卡上的【模型视图】按钮 ⓐ,会出现【模型视图】属性管理器。

① 在【要插入的零件/装配体】组,单击【浏览】按钮,会出现【打开】对话框,选择【要插入的零件/装配体】为"零件图-轴"。

② 在【方向】组,单击【右视】按钮 ⬚。

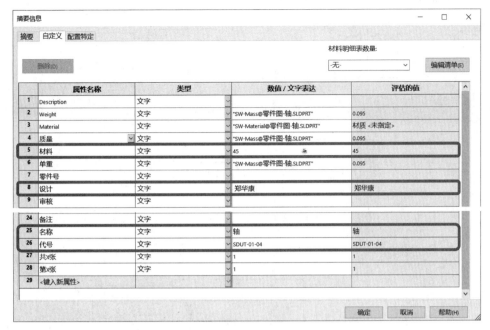

图 12-37　输入属性

③ 在【比例】组，选中【使用自定义比例】单选按钮。

④ 在【比例】列表中选择【1∶1】。

⑤ 在图纸区域左上角指定一点，添加【主视图】，如图 12-38 所示，单击【确定】按钮☑。

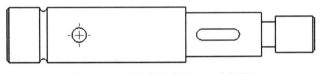

图 12-38　添加基本视图——主视图

**5. 建立断裂视图**

选中主视图，单击【视图布局】选项卡上的【断裂视图】按钮，会出现【断裂视图】属性管理器。

① 在【断裂视图设置】组，【切除方向】选择添加竖直折断线。

②【折断线样式】选择曲线切断，如图 12-39 所示。

③ 分别将两条折断线放在视图中的相应位置，如图 12-40 所示。

④ 建立断裂视图，单击【确定】按钮☑，如图 12-41 所示。

**6. 建立移出断面 1**

单击【视图布局】选项卡上的【剖面视图】按钮，会出现【剖面视图辅助】属性管理器。

① 单击【剖面视图】按钮。

② 在【切割线】组，单击【竖直】按钮，如图 12-42 所示。

③ 移动鼠标指针到视图，确定剖切点，单击定义剖切位置，在弹出的快捷工具栏上单击【确定】按钮☑，如图 12-43 所示。

图 12-39　【断裂视图】
属性管理器

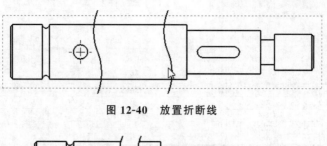

图 12-40　放置折断线

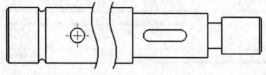

图 12-41　建立断裂视图

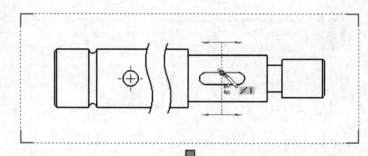

图 12-42　【剖面视图辅助】
属性管理器

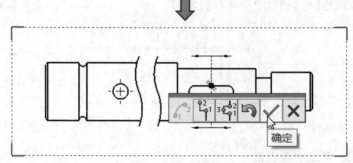

图 12-43　捕捉轮廓线圆心点

④ 之后会出现【剖面视图 A-A】属性管理器。在【剖面视图】组,选中【横截剖面】复选框,移动鼠标指针到指定位置,单击确定剖视图的中心,如图 12-44 所示,单击【确定】按钮☑。

**说明**　单击【反转方向】按钮,调整方向。

⑤ 右击【剖面视图 A-A】,选择【视图对齐】|【解除对齐关系】命令,将"剖面视图 A-A"移到键槽下方合适位置,如图 12-45 所示。

**7. 建立移出断面 2**

单击【视图布局】选项卡上的【剖面视图】按钮口,会出现【剖面视图辅助】属性管理器。

① 单击【剖面视图】按钮。

② 在【切割线】组,单击【竖直】按钮回。

③ 移动鼠标指针到视图,确定剖切点,定义剖切位置,在弹出的快捷工具栏上单击【确定】按钮☑,如图 12-46 所示。

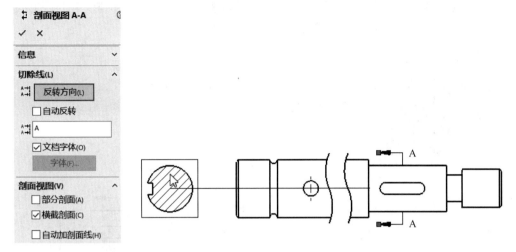

图 12-44 移动鼠标指针到指定位置

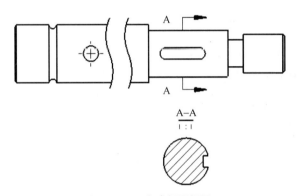

图 12-45 移动剖面视图

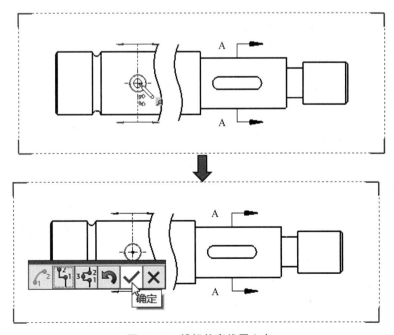

图 12-46 捕捉轮廓线圆心点

④ 之后会出现【剖面视图 B-B】属性管理器,移动鼠标指针到指定位置,单击确定剖视图的中心,如图 12-47 所示,单击【确定】按钮✓。

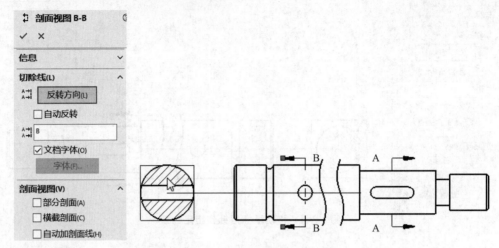

图 12-47　移动鼠标指针到指定位置

⑤ 右击"剖面视图 B-B",选择【视图对齐】|【解除对齐关系】命令,将"剖面视图 B-B"移到键槽下方合适位置,如图 12-48 所示。

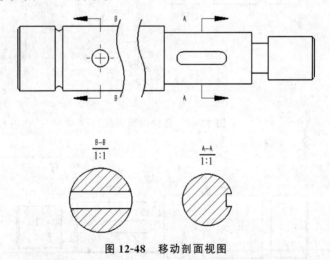

图 12-48　移动剖面视图

### 8. 定义局部放大视图

单击【视图布局】选项卡上的【局部视图】按钮 ◎,会出现【局部视图】属性管理器。

① 在需要放大的区域确定圆心,绘制圆,如图 12-49 所示。

② 之后会出现【局部视图 I】属性管理器。在【比例】组,选中【使用自定义比例】单选按钮,选择【比例】为 2∶1,移动到合适位置,单击,创建局部放大视图,如图 12-50 所示。

### 9. 创建中心标记

(1) 单击【注解】选项卡上的【中心符号线】按钮 ⊕,会出现【中心符号线】属性管理器。

① 在【手工插入选项】组,单击【单一中心符号线】按钮 ⊞。

② 在【槽口中心符号线】组,单击【槽口端点】按钮 ▣。

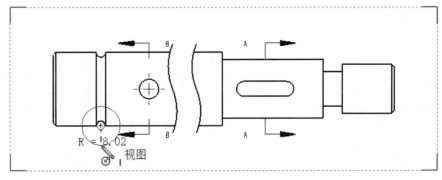

图 12-49　绘制放大区域

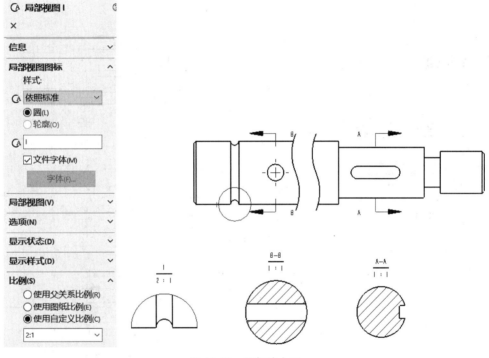

图 12-50　局部放大图

③ 分别在各视图中选择圆,如图 12-51 所示,单击【确定】按钮✓,完成中心标记。

(2) 创建中心线。单击【注解】选项卡上的【中心线】按钮,会出现【中心线】属性管理器。分别在各视图中选择两条边线来确定中心线,如图 12-52 所示,单击【确定】按钮✓,完成中心线的创建。

**10. 标注模型尺寸**

(1) 单击【注解】选项卡上的【模型项目】按钮,会出现【模型项目】属性管理器。

① 在【来源/目标】组,从【输入自】列表选择【整个模型】选项。

② 选中【将项目输入到所有视图】复选框,如图 12-53 所示,单击【确定】按钮✓。

(2) 整理尺寸。移动相关尺寸到合适位置,删除多余尺寸,单击【注解】选项卡上的【智能尺寸】按钮,新增必要尺寸,使得尺寸标注趋于合理,如图 12-54 所示。

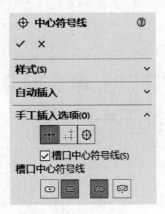

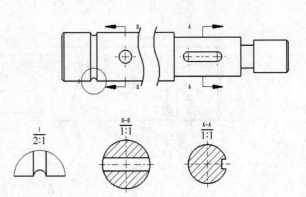

图 12-51    创建中心标记

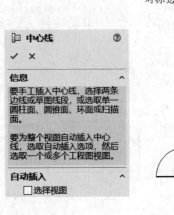

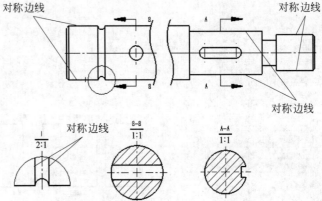

图 12-52    创建中心线

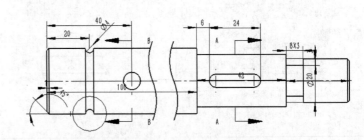

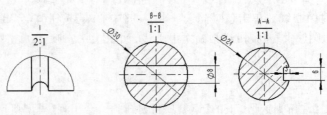

图 12-53    添加模型项目

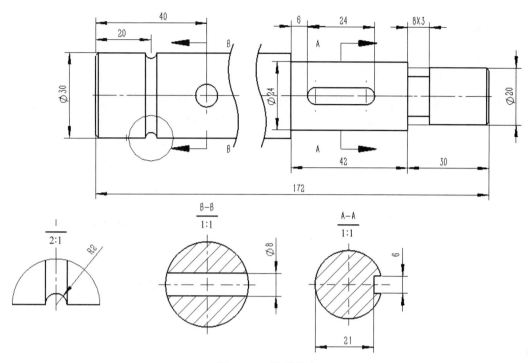

图 12-54　整理尺寸

⚠️提示　关于移动模型尺寸

尺寸如果可以在工程图中显示,就可以在视图中进行移动或将之移动到另一视图中。

◇　要在视图中移动尺寸:拖动该尺寸到新的位置。

◇　要将尺寸切换到视图内具有相同大小的另一特征:选取尺寸,然后将箭头控标拖放到另一条边线。该方法只可用于径向、直径和倒角尺寸。

◇　要将尺寸从一个视图移动到另一个视图中:在将该尺寸拖到另一个视图中时,按住 Shift 键。

◇　要将尺寸从一个视图复制到另一个视图中:在将该尺寸拖到另一个视图中时,按住 Ctrl 键。

### 11. 创建拟合符号和公差

(1)单击尺寸 21,会出现【尺寸】属性管理器,选择【数值】选项卡。

①　在【公差/精度】组,从【公差类型】列表选择【双边】选项。

②　在【最大变量】文本框输入 0.000mm,在【最小变量】文本框输入-0.044mm(或 0.044mm)。

③　在【单位精度】列表选择".123",使数值精确到小数点后三位,如图 12-55 所示。

(2)选择【其它】选项卡,对【公差字体】进行设置。

①　取消选中【使用文档大小】和【使用尺寸大小】复选框。

②　选中【字体比例】单选按钮,在文本框输入"0.67",如图 12-56 所示,单击【确定】按钮✓。

(3)单击尺寸 φ20,会出现【尺寸】属性管理器,选择【数值】选

图 12-55　双边公差

项卡。

① 在【公差/精度】组,从【公差类型】列表选择【与公差套合】选项。

② 在【轴套合】列表选择【h6】选项。

③ 选中【显示括号】复选框。

④ 在【单位精度】列表选择".123",使数值精确到小数点后三位,如图 12-57 所示。

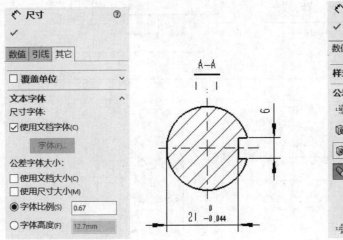

图 12-56　标注公差　　　　　　　　图 12-57　拟合符号和公差

(4) 选择【其它】选项卡,对【公差字体】进行设置。

① 取消选中【使用文档大小】和【使用尺寸大小】复选框。

② 选中【字体比例】单选按钮,在文本框输入"0.67",如图 12-58 所示,单击【确定】按钮☑。

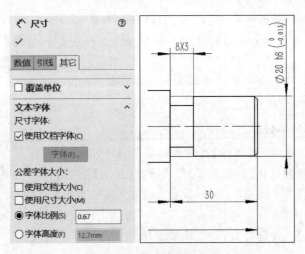

图 12-58　标注符号和公差

(5) 单击尺寸 φ24,会出现【尺寸】属性管理器,选择【数值】选项卡。

① 在【公差/精度】组,从【公差类型】列表选择【套合】选项。

② 在【轴套合】列表选择【h6】选项,如图 12-59 所示,单击【确定】按钮☑。

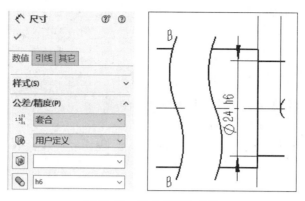

图 12-59　拟合符号和公差

**12. 表面结构标注**

单击【注解】选项卡上的【表面粗糙度符号】按钮✔，会出现【表面粗糙度】属性管理器。

① 在【符号】组，单击【要求切削加工】按钮☑。

② 在【符号布局】组的【抽样长度】文本框输入"Ra"，在【其他粗糙度值】文本框输入"0.8"。

③ 在【角度】组的【角度】文本框输入"0度"。

④ 单击【竖立】按钮☑。

⑤ 在图形区主视图上适当位置拾取一点，定位粗糙度符号，如图 12-60 所示，单击【确定】按钮☑。

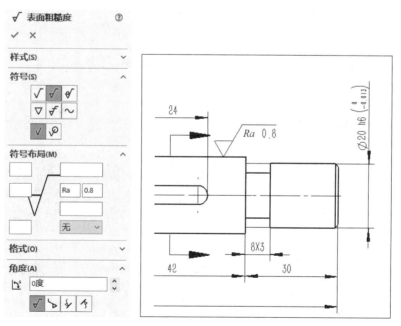

图 12-60　创建表面粗糙度符号

**13. 几何公差**

(1) 单击【注解】选项卡上的【基准特征】按钮，会出现【基准特征】属性管理器。

① 在【标号设定】组的【标号】文本框输入"A"。

② 在【引线】组,取消选中【使用文件样式】复选框。

③ 单击【方形】按钮 ▫ 。

④ 在图形区选择尺寸线,确定基准特征的方向,在适当位置拾取一点,向下拖动,单击,确定位置,如图 12-61 所示,单击【确定】按钮 ✓ 。

> **提示** 关于如何反转尺寸引线箭头
>
> 可单击尺寸 φ20,会出现【尺寸】属性管理器,选择【引线】选项卡,在【尺寸界线/引线显示】组,单击【里面】按钮 ↙ ,使得尺寸引线箭头由尺寸界线外面转换至里面,避免其与基准特征引线端的实三角形产生重叠。

(2) 单击【注解】选项卡上的【形位公差】按钮 ⊞ ,会出现【形位公差】属性管理器,并弹出【属性】对话框。

① 从【符号】列表选取【环向跳动】选项 ↗ 。

② 在【公差 1】文本框输入"0.015"。

③ 在【主要】列表中输入"A"。

④ 在 φ24h6 上面适当位置拾取一点,向上拖动,单击,确定位置,如图 12-62 所示,单击【确定】按钮,退出【属性】对话框。

**图 12-61　创建基准特征符号**

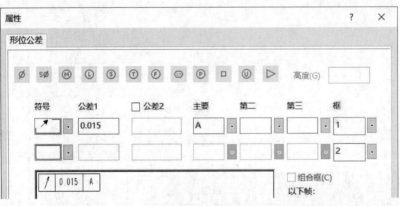

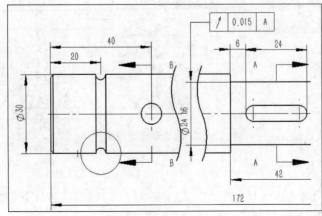

**图 12-62　创建形位公差**

> **提示**  关于形位公差折弯引线
>
> 在图形区单击新建立的形位公差符号,会出现【形位公差】属性管理器,在【引线】组,单击【折弯引线】按钮，可发现图形区形位公差引线发生了折弯,单击确定按钮后,在图形区将引线调整至图 12-62 所示位置。

### 14. 技术要求

单击【注解】选项卡上的【注释】按钮**A**,会出现【注释】属性管理器。

① 在【引线】组,单击【无引线】按钮。

② 在适当位置拾取一点作为放置位置,会出现【格式化】对话框。

③ 如图 12-63 所示,输入"技术要求:

    1.  调制处理 26-31HRC;

    2.  未注倒角为 C1。"

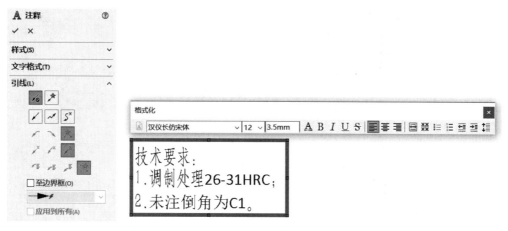

**图 12-63**  技术要求

### 15. 填写标题栏

由于对零件设置了属性,故可以自动填写标题栏,如图 12-64 所示。

| 标记 | 处数 | 分区 | 更改文件号 | 签名 | 年月日 | 阶段标记 | | 重量 | 比例 | 45 山东理工大学 |
|------|------|------|-----------|------|--------|----------|---|------|------|------|
| | | | | | | | | | | |
| | | | | | | | | | | |
| | | | | | | | | 0.095 | 1:2 | 轴 |
| 设计 | 郑华康 | | 标准化 | | | | | | | |
| 校核 | | | 工艺 | | | | | | | SDUT-01-04 |
| 主管设计 | | | 审核 | | | | | | | |
| | | | 批准 | | | 共1张  第1张  版本 | | | | 替代 |

**图 12-64**  填写标题栏

### 16. 存盘

选择【文件】|【保存】命令,保存文件。

### 【任务拓展】

按照图 12-65 和图 12-66 所示绘制表达方案。

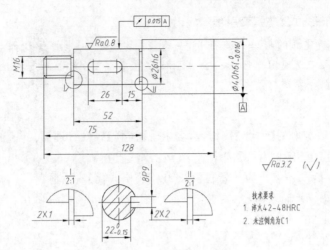

图 12-65　拓展练习 12-5

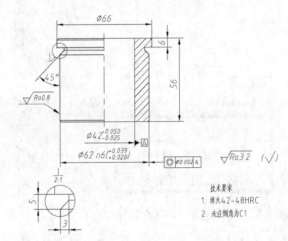

图 12-66　拓展练习 12-6

视频讲解

## 课题 12-4　生成装配图工程图

### 【学习目标】

(1) 装配图的剖切。

(2) 装配图尺寸标注。

(3) 零件序号。

(4) 装配明细表。

(5) 技术要求。

### 【工作任务】

完成计数器的视图表达方案,如图 12-67 所示。

### 【任务实施】

### 1. 新建"支架"零件

(1) 新建文件并保存为"支架.sldprt",如图 12-68 所示。

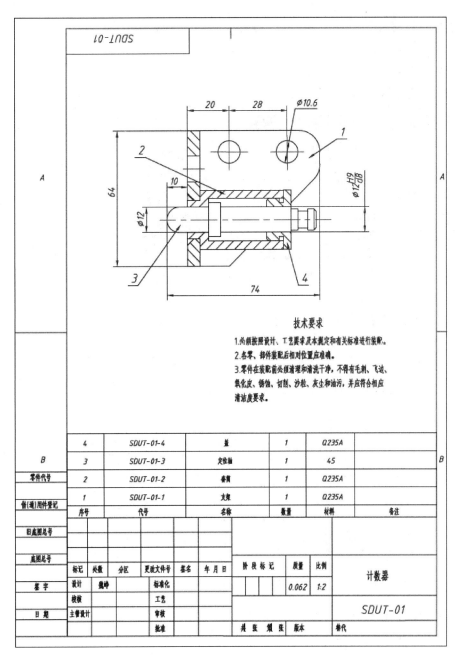

图 12-67 计数器

（2）填写零件属性。

选择【文件】|【属性】命令，会出现【摘要信息】对话框。

① 单击【自定义】选项卡。

② 在【材料】行的【数值/文字表达】中输入"Q235A"。

③ 在【名称】行的【数值/文字表达】中输入"支架"。

④ 在【代号】行的【数值/文字表达】中输入"SDUT-01-1"，如图 12-69 所示，单击【确定】按钮。

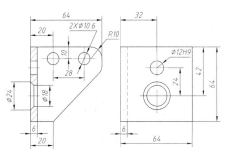

图 12-68 支架

**2. 新建"盖"零件**

(1) 新建文件并保存为"盖.sldprt",如图 12-70 所示。

(2) 填写零件属性。

选择【文件】|【属性】命令,会出现【摘要信息】对话框。

| | 属性名称 | 类型 | | 数值 / 文字表达 | 评估的值 |
|---|---|---|---|---|---|
| 1 | Description | 文字 | ∨ | | |
| 2 | Weight | 文字 | ∨ | "SW-Mass@支架.SLDPRT" | 0.037 |
| 3 | Material | 文字 | ∨ | "SW-Material@支架.SLDPRT" | 材质 <未指定> |
| 4 | 质量 | 文字 | ∨ | "SW-Mass@支架.SLDPRT" | 0.037 |
| 5 | 材料 | 文字 | ∨ | Q235A | Q235A |
| 6 | 单重 | 文字 | ∨ | "SW-Mass@支架.SLDPRT" | 0.037 |

| | | | | | |
|---|---|---|---|---|---|
| 24 | 备注 | 文字 | ∨ | | |
| 25 | 名称 | 文字 | ∨ | 支架 | 支架 |
| 26 | 代号 | 文字 | ∨ | SDUT-01-1 | SDUT-01-1 |
| 27 | 共x张 | 文字 | ∨ | 1 | 1 |

图 12-69　输入属性

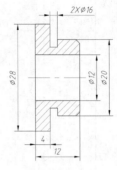

图 12-70　盖

① 在【材料】行的【数值/文字表达】中输入"Q235A"。

② 在【名称】行的【数值/文字表达】中输入"盖"。

③ 在【代号】行的【数值/文字表达】中输入"SDUT-01-4",如图 12-71 所示,单击【确定】按钮。

| | 属性名称 | 类型 | | 数值 / 文字表达 | 评估的值 |
|---|---|---|---|---|---|
| 1 | Descriptio | 文字 | ∨ | | |
| 2 | Weight | 文字 | ∨ | "SW-Mass@盖.SLDPRT" | 0.003 |
| 3 | Material | 文字 | ∨ | "SW-Material@盖.SLDPRT" | 材质 <未指定> |
| 4 | 质量 | 文字 | ∨ | "SW-Mass@盖.SLDPRT" | 0.003 |
| 5 | 材料 | 文字 | ∨ | Q235A | Q235A |
| 6 | 单重 | 文字 | ∨ | "SW-Mass@盖.SLDPRT" | 0.003 |

| | | | | | |
|---|---|---|---|---|---|
| 24 | 备注 | 文字 | ∨ | | |
| 25 | 名称 | 文字 | ∨ | 盖 | 盖 |
| 26 | 代号 | 文字 | ∨ | SDUT-01-4 | SDUT-01-4 |
| 27 | 共x张 | 文字 | ∨ | 1 | 1 |

图 12-71　输入属性

**3. 新建"定位轴"零件**

(1) 新建文件并保存为"定位轴.sldprt",如图 12-72 所示。

(2) 填写零件属性。

选择【文件】|【属性】命令,会出现【摘要信息】对话框。

① 在【材料】行的【数值/文字表达】中输入"45"。

② 在【名称】行的【数值/文字表达】中输入"定位轴"。

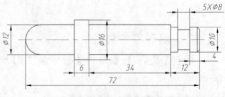

图 12-72　定位轴

③ 在【代号】行的【数值/文字表达】中输入"SDUT-01-3",如图 12-73 所示,单击【确定】按钮。

**4. 新建"套筒"零件**

(1) 新建文件并保存为"套筒.sldprt",如图 12-74 所示。

| | 属性名称 | 类型 | 数值 / 文字表达 | 评估的值 |
|---|---|---|---|---|
| 1 | Description | 文字 | | |
| 2 | Weight | 文字 | "SW-Mass@定位轴.SLDPRT" | 0.008 |
| 3 | Material | 文字 | "SW-Material@定位轴.SLDPRT" | 材质 <未指定> |
| 4 | 质量 | 文字 | "SW-Mass@定位轴.SLDPRT" | 0.008 |
| 5 | 材料 | 文字 | 45 | 45 |
| 6 | 单重 | 文字 | "SW-Mass@定位轴.SLDPRT" | 0.008 |
| 24 | 备注 | 文字 | | |
| 25 | 名称 | 文字 | 定位轴 | 定位轴 |
| 26 | 代号 | 文字 | SDUT-01-3 | SDUT-01-3 |
| 27 | 共x张 | 文字 | 1 | 1 |

图 12-73　填写属性

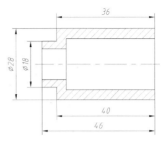

图 12-74　套筒

（2）填写零件属性。

选择【文件】|【属性】命令，会出现【摘要信息】对话框。

① 在【材料】行的【数值/文字表达】中输入"Q235A"。

② 在【名称】行的【数值/文字表达】中输入"套筒"。

③ 在【代号】行的【数值/文字表达】中输入"SDUT-01-2"，如图 12-75 所示，单击【确定】按钮。

| | 属性名称 | 类型 | 数值 / 文字表达 | 评估的值 |
|---|---|---|---|---|
| 1 | Description | 文字 | | |
| 2 | Weight | 文字 | "SW-Mass@套筒.SLDPRT" | 0.014 |
| 3 | Material | 文字 | "SW-Material@套筒.SLDPRT" | 材质 <未指定> |
| 4 | 质量 | 文字 | "SW-Mass@套筒.SLDPRT" | 0.014 |
| 5 | 材料 | 文字 | Q235A | Q235A |
| 6 | 单重 | 文字 | "SW-Mass@套筒.SLDPRT" | 0.014 |
| 24 | 备注 | 文字 | | |
| 25 | 名称 | 文字 | 套筒 | 套筒 |
| 26 | 代号 | 文字 | SDUT-01-2 | SDUT-01-2 |
| 27 | 共x张 | 文字 | 1 | 1 |

图 12-75　输入属性

### 5. 新建"计数器"装配模型

（1）新建文件并保存为"计数器.sldasm"，如图 12-76 所示。

（2）填写零件属性。

选择【文件】|【属性】命令，会出现【摘要信息】对话框。

① 在【设计】行的【数值/文字表达】中输入"魏峥"。

② 在【代号】行的【数值/文字表达】中输入"SDUT-01"。

③ 在【名称】行的【数值/文字表达】中输入"计数器"，如图 12-77 所示，单击【确定】按钮。

### 6. 新建工程图

选择【文件】|【新建】命令，会出现【新建 SOLIDWORKS 文件】对话框，选择【gb_a3】图标，单击【确定】按钮，进入工程图环境。

图 12-76　计数器

| | 属性名称 | 类型 | | 数值 / 文字表达 | 评估的值 |
|---|---|---|---|---|---|
| 1 | Description | 文字 | ✓ | | |
| 2 | Weight | 文字 | ✓ | "SW-Mass@计数器.SLDASM" | 0.062 |
| 3 | 质量 | 文字 | ✓ | "SW-Mass@计数器.SLDASM" | 0.062 |
| 4 | 审定 | 文字 | ✓ | | |
| 5 | 设计 | 文字 | ✓ | 魏峥 | 魏峥 |
| 6 | 零件号 | 文字 | ✓ | | |
| 10 | 替代 | 文字 | ✓ | | |
| 11 | 代号 | 文字 | ✓ | SDUT-01 | SDUT-01 |
| 12 | 名称 | 文字 | ✓ | 计数器 | 计数器 |
| 13 | 共x张 | 文字 | ✓ | 1 | 1 |

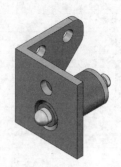

图 12-77　填写属性

**7. 添加基本视图——主视图**

单击【视图布局】选项卡上的【模型视图】按钮◙,会出现【模型视图】属性管理器。

① 在【要插入的零件/装配体】组,单击【浏览】按钮,会出现【打开】对话框,选择【要插入的零件/装配体】为"计数器"。

② 在【方向】组,单击【右视】按钮▤。

③ 在【比例】组,选中【使用自定义比例】单选按钮。

④ 在【比例】列表中选择【1∶1】。

⑤ 在图纸区域左上角指定一点,添加【主视图】。

⑥ 向下垂直拖动鼠标,指定一点,添加【俯视图】,如图 12-78 所示,单击【确定】按钮☑。

**8. 剖切主视图**

(1) 在主视图中绘制矩形,如图 12-79 所示,单击【确定】按钮☑。

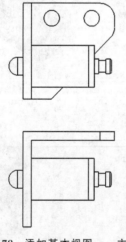

图 12-78　添加基本视图——主视图

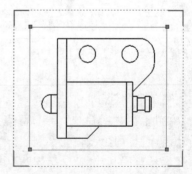

图 12-79　在主视图中绘制矩形

(2) 单击【视图布局】选项卡上的【断开的剖视图】按钮▧,会弹出【剖面视图】对话框。

① 激活【不包括零部件/筋特征】列表,在图形区选择"定位轴",单击【确定】按钮,如图 12-80 所示。

图 12-80　选择不剖切零件

② 之后会出现【断开的剖视图】属性管理器,在【深度】组,激活【深度参考】列表,在俯视图上选择轮廓边线以确定截断线,如图 12-81 所示,单击【确定】按钮。

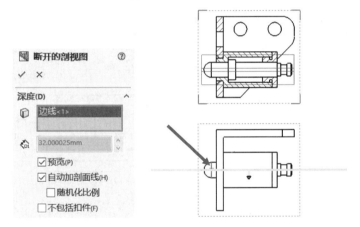

图 12-81　确定截断线

③ 删除俯视图。

**9. 添加中心线、标注尺寸**

(1) 借助【注解】选项卡上的【中心符号线】命令⊕和【中心线】命令🗐,在合适的位置为装配工程图添加中心线。

(2) 单击【注解】选项卡上的【智能尺寸】按钮✎,为装配图工程图标注"性能尺寸""装配尺寸""安装尺寸""外形尺寸"和"其他重要尺寸",如图 12-82 所示。

**10. 设置零件序号**

单击【注解】选项卡上的【零件序号】按钮⌀,会出现【零件序号】属性管理器。单击装配体中的每一个零部件,并按项目数自动标记零件序号,如图 12-83 所示,单击【确定】按钮☑,完成操作。

**11. 填写技术要求**

单击【注解】选项卡上的【注释】按钮**A**,会出现【注释】属性管理器。

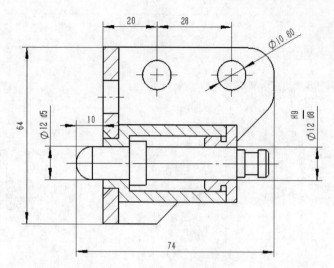

图 12-82　添加中心线、标注尺寸

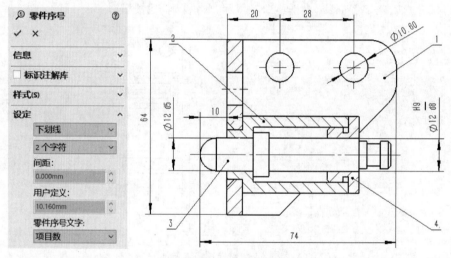

图 12-83　设置零件序号

① 在【引线】组,单击【无引线】按钮 ⬛ 。

② 在适当位置拾取一点作为指定位置,会出现【格式化】对话框。

③ 如图 12-84 所示,输入"技术要求:

　　1. 必须按照设计、工艺要求及本规定和有关标准进行装配;

　　2. 各零部件装配后相对位置应准确;

　　3. 零件在装配前必须清理和清洗干净,不得有毛刺、飞边、氧化皮、锈蚀、切削、沙粒、
　　　　灰尘和油污,并应符合相应清洁度要求。"

**12. 添加零件明细表**

单击【注解】选项卡上的【表格】按钮 ⬛,在下拉图标中选择【材料明细表】命令 ⬛,会出现
【材料明细表】属性管理器。

　　① 在图形区选中视图。

　　② 在【表格位置】组,选中【附加到定位点】复选框。

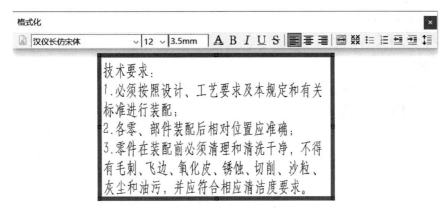

**图 12-84 技术要求**

③ 在【表格模板】组，单击【为材料明细表打开表格模板】按钮 ，如图 12-85 所示。

**图 12-85 【材料明细表】属性管理器**

④ 在【打开】对话框中，找到事先创建好的【自定义材料明细表.sldbommtbt】并打开，单击【确定】按钮 。

由于对零件设置了属性，故可以自动填写标题栏，如图 12-86 所示。

| 4 | SOUT−01−4 | 盖 | 1 | Q235A | |
|---|---|---|---|---|---|
| 3 | SOUT−01−3 | 定位轴 | 1 | 45 | |
| 2 | SOUT−01−2 | 套筒 | 1 | Q235A | |
| 1 | SOUT−01−1 | 支架 | 1 | Q235A | |
| 序号 | 代号 | 名称 | 数量 | 材料 | 备注 |

| 标记 | 处数 | 分区 | 更改文件号 | 签名 | 年 月 日 | 阶 段 标 记 | | 重量 | 比例 | 计数器 |
|---|---|---|---|---|---|---|---|---|---|---|
| 设计 | 魏峥 | | 标准化 | | | | | 0.062 | 1:1 | |
| 校核 | | | 工艺 | | | | | | | SOUT−01 |
| 主管设计 | | | 审核 | | | | | | | |
| | | | 批准 | | | 共1张 第1张 版本 | | | 替代 | |

**图 12-86 填写标题栏**

提示 **关于自定义材料明细表**

创建方法见附录。

### 13. 存盘

选择【文件】|【保存】命令,保存文件。

**【任务拓展】**

以下分别给出了两种"螺旋压紧机构"的装配图和零件图,如图 12-87～图 12-92 所示。首先创建零件模型并完成装配,然后绘制装配工程图。

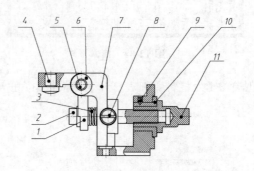

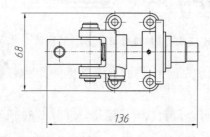

| 11 | 套筒螺母 | 1 | | 45 |
|---|---|---|---|---|
| 10 | 衬套 | 1 | | 45 |
| 9 | 螺钉 | 1 | | 钢 |
| 8 | 侧向销 | 1 | | 低碳钢 |
| 7 | 机体 | 1 | | 45 |
| 6 | 垫圈 | 1 | | 橡胶 |
| 5 | 轴销 | 1 | | 低碳钢 |
| 4 | 柱销 | 1 | | 低碳钢 |
| 3 | 弹簧 | 1 | | 钢 |
| 2 | 螺杆 | 1 | | 45 |
| 1 | 杠杆 | 1 | | 45 |
| 序号 | 零件名称 | 数量 | 标准 | 材料 |
| 螺旋压紧机构 | | | 比例 | |
| | | | 材料 | |
| 绘图 | | | | |
| 审核 | | | | |

**图 12-87 拓展练习 12-7——装配**

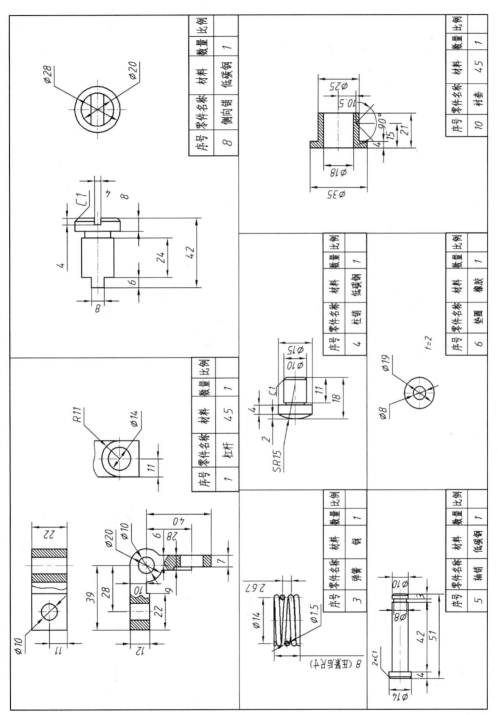

图 12-88　拓展练习 12-7——零件图纸 1

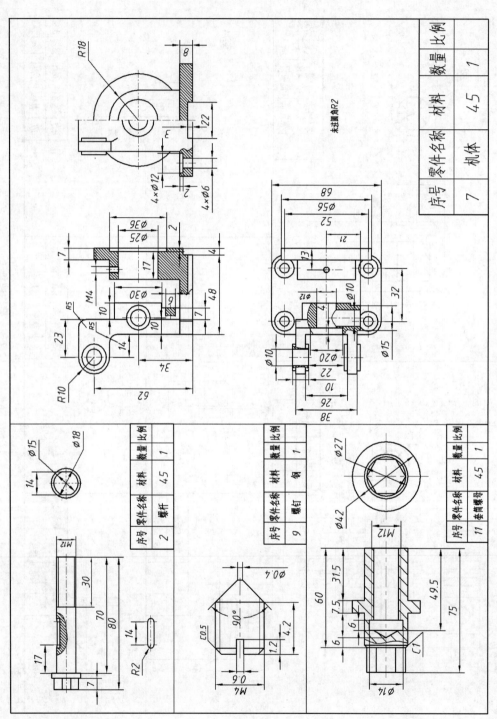

图12-89　拓展练习12-8——零件图纸2

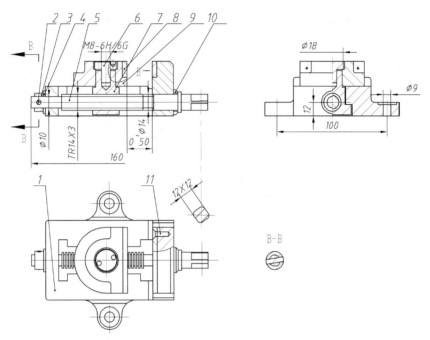

| 11 | 内六角沉头螺钉M4×12 | 4 | GB/T 70.3—2000 | 钢 |
|---|---|---|---|---|
| 10 | 垫圈 | 1 | | A3 |
| 9 | 活动钳身 | 1 | | HT200 |
| 8 | 钳口板 | 2 | | 20 |
| 7 | 丝杠螺母 | 1 | | HT200 |
| 6 | 压紧螺钉 | 1 | | A3 |
| 5 | 螺杆 | 1 | | 45 |
| 4 | 平垫圈A级10×2 | 1 | GB/T 97.1—2002 | 低碳钢 |
| 3 | 套筒 | 1 | | 45 |
| 2 | 圆柱销A型4×10 | 1 | GB/T 119—2000 | 低碳钢 |
| 1 | 钳座 | 1 | | HT200 |
| 序号 | 零件名称 | 数量 | 标准 | 材料 |
| | 螺旋压紧机构 | | 比例 | |
| | | | 材料 | |
| 绘图 | | | | |
| 审核 | | | | |

图 12-90 拓展练习 12-8——装配

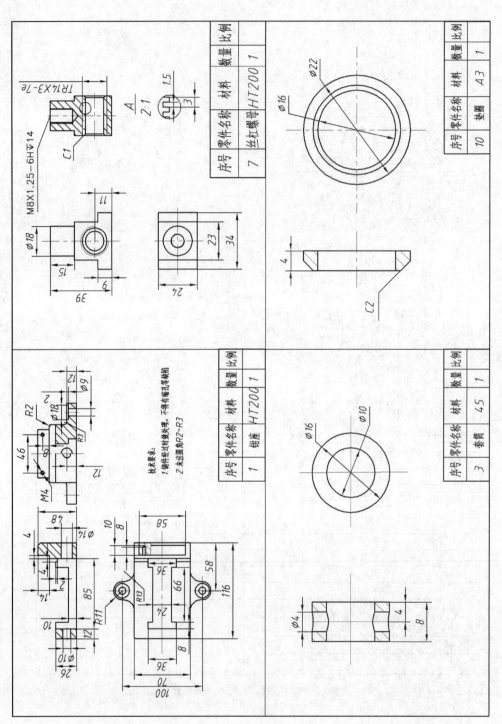

图 12-91  拓展练习 12-8——零件图纸 1

| 序号 | 零件名称 | 材料 | 数量 | 比例 |
|------|----------|------|------|------|
| 7 | 丝杠螺母 | HT200 | 1 | |

| 序号 | 零件名称 | 材料 | 数量 | 比例 |
|------|----------|------|------|------|
| 10 | 垫圈 | A3 | 1 | |

| 序号 | 零件名称 | 材料 | 数量 | 比例 |
|------|----------|------|------|------|
| 1 | 钳座 | HT200 | 1 | |

| 序号 | 零件名称 | 材料 | 数量 | 比例 |
|------|----------|------|------|------|
| 3 | 套筒 | 45 | 1 | |

技术要求：
1. 铸件经过时效处理，不得有气孔等缺陷。
2. 未注圆角R2-R3。

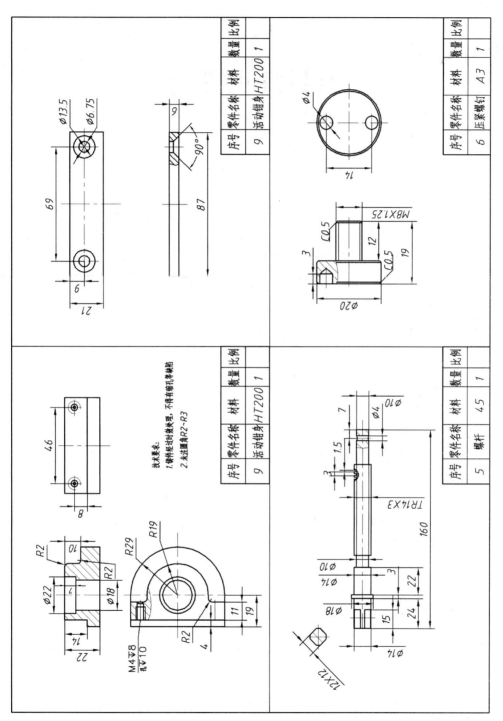

图 12-92 拓展练习 12-8——零件图纸 2

# 模块十三

# 零件的构型设计

对一个零件的几何形状、尺寸大小、工艺结构、材料选择等进行分析和造型的过程称为零件构型设计。在零件构型设计时,应首先了解零件在部件中的功能及其与相邻零件的关系,从而想象出该零件是由什么几何体构成的。分析为什么采用这种构型,形体构成是否合理,还有没有更好的形体构成方案,在主要分析几何形状的过程中同时分析考虑尺寸、工艺结构、材料等,最终确定零件的整体构型。

## 课题 13-1 轴套类零件设计

【学习目标】

(1) 轴套类零件的表达方法。

(2) 轴套类零件的建模过程。

### 1. 结构特点

(1) 这类零件的各组成部分都是同轴线的回转体,且轴向尺寸大,径向尺寸小,从总体上看是细而长的回转体。

(2) 根据设计和工艺的要求,这类零件常带有轴肩、键槽、螺纹、挡圈、油槽、退刀槽和中心孔等结构,为去除金属锐边,并便于轴上零件装配,轴的两端均有倒角。

### 2. 常用的表达方法

(1) 这类零件常在车床或磨床上加工,选择主视图时,多按加工位置将轴线水平放置。主视图的投射方向垂直于轴线。

(2) 设计时一般将小直径的一端朝右,以符合零件最终加工位置;平键键槽朝前、半圆键键槽朝上,以利于形状特征的表达。

(3) 常用断面、局部剖视、局部视图、局部放大图等图样画法表示键槽、退刀槽和其他槽、孔等结构。

【工作任务】

完成输出轴设计,如图 13-1 所示。下面对任务进行分析。

输出轴表达分析:图 13-1 为减速器中的输出轴,轴上装有齿轮和联轴器,它们和轴均用键连接在一起,因此轴上有键槽。为了使轴上零件不沿轴向窜动,保证传动的可靠性,轴上零件均用轴肩确定其轴向位置。为了车削与磨削加工方便,轴肩处有砂轮越程槽。轴的两端均

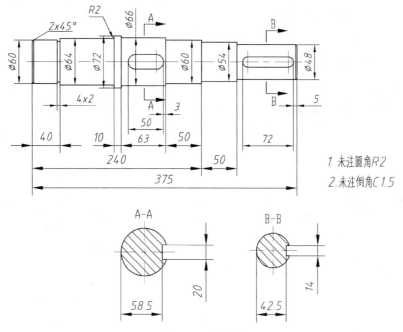

图 13-1　输出轴

有倒角,去除金属锐边,便于轴上零件的装配。

主视图的选择:轴的基本形体由直径不同的圆柱体组成,把垂直于轴线的方向作为主视图的投射方向,这样既可以把各段轴的相对位置和形状大小表示清楚,也能反映出轴肩、砂轮越程槽、倒角和圆角等结构,为了符合轴在车削和磨削过程中的加工位置,将轴线水平横放,并把直径较小一端放在右边,键槽转向正前方,主视图就能反映平键形状和位置。

其他视图的选择:为了表示键槽的深度,采用了移出断面。

输出轴轴向主要尺寸和基准,如图 13-2 所示。

**【任务实施】**

**1. 新建文件**

新建文件并保存为"输出轴. sldprt"。

**2. 建立轴毛坯**

(1) 从轴向主要设计基准开始,创建轴头,如图 13-3 所示。

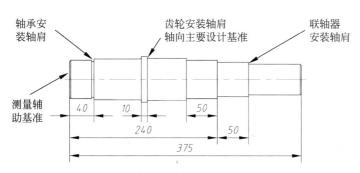

图 13-2　输出轴轴向主要尺寸和基准

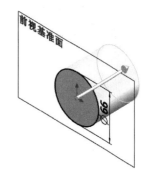

图 13-3　轴头

**提示** 关于选择基准面

建议选择前视基准面绘制草图,利用拉伸特征创建轴段。

(2) 创建其他轴段,完成轴毛坯,如图 13-4 所示。

### 3. 创建键槽

(1) 创建连接齿轮键槽,如图 13-5 所示。

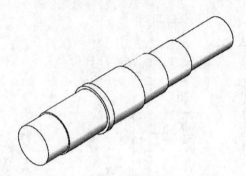

图 13-4    轴毛坯

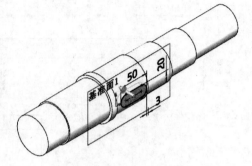

图 13-5    连接齿轮键槽

(2) 创建连接联轴器键槽,如图 13-6 所示。

### 4. 创建越程槽

创建越程槽,如图 13-7 所示。

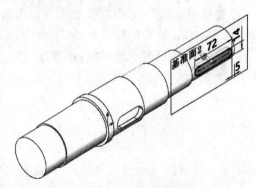

图 13-6    连接联轴器键槽

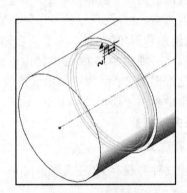

图 13-7    越程槽

### 5. 创建倒角和圆角

创建倒角和圆角,如图 13-8 所示。

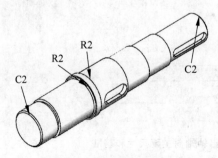

图 13-8    倒角和圆角

## 6.存盘

选择【文件】|【保存】命令，保存文件。

### 【任务拓展】

按照图 13-9 和图 13-10 所示创建轴类零件。

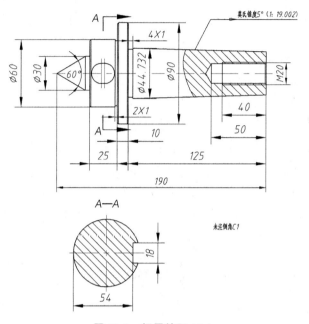

图 13-9　拓展练习 13-1

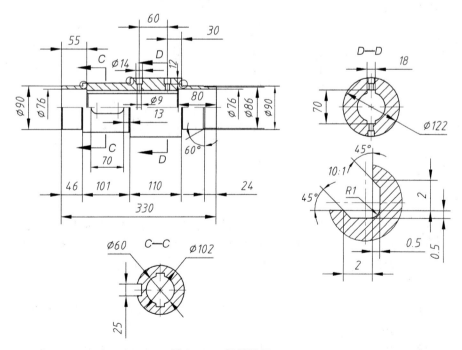

图 13-10　拓展练习 13-2

视频讲解

### 课题 13-2    盘盖类零件设计

【学习目标】

(1) 盘盖类零件的表达方法。

(2) 盘盖类零件的建模过程。

**1. 结构特点**

(1) 盘盖类零件的主体部分常由回转体组成,轴向尺寸小,径向尺寸大,一般有一个端面是与其他零件连接的重要接触面。也有与壳体仿形的薄板状构建件。

(2) 为了与其他零件连接,常设有光孔、键槽、螺孔、止口和凸台等结构,其中有些结构为标准规定尺寸,如键槽。

**2. 常用的表达方法**

(1) 圆盘形盘盖主要在车床上加工,选择主视图时一般按加工位置原则将轴线水平放置。对于加工时并不以车削为主的箱盖,可按工作位置放置。

(2) 通常采用两个视图,主视图常用剖视图表示孔槽等结构,另一视图表示外形轮廓和各组成部分,如孔、轮辐等相对位置。

【工作任务】

完成箱盖设计,如图 13-11 所示。下面对任务进行分析。

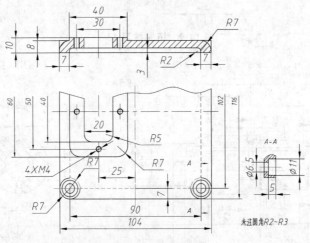

**图 13-11    箱盖**

箱盖表达分析:图 13-11 为箱盖,它基本上是一个平板形零件。四周做成圆角,并有装入螺钉的沉孔。底面应与箱体密切接合,因此必须加工,为减少加工面积,四周做成法兰。顶面上有长方形凸台并有加油孔,此凸台上有四个螺孔,以安装加油孔盖。顶面的四个棱边为了美观做成圆角。

主视图的选择:一般按箱盖的安装位置放置。为了表达箱盖厚度的变化和加油孔、螺孔的形状和位置,主视图采用全剖视图。

其他视图的选择:为了表示箱盖的外形和箱盖的加油孔、凸台和沉孔的结构形状和位置,可采用俯视图。

箱盖主要尺寸和基准,如图 13-12 所示。

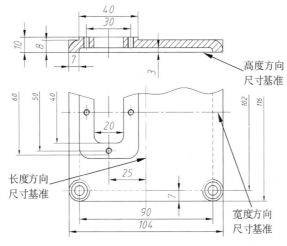

图 13-12　箱盖主要尺寸和基准

**【任务实施】**

**1. 新建文件**

新建文件并保存为"箱盖.sldprt"。

**2. 建立箱盖毛坯**

(1) 创建箱盖主体,如图 13-13 所示。

(2) 切除-拉伸,如图 13-14 所示。

(3) 倒圆角,如图 13-15 所示。

图 13-13　箱盖主体

图 13-14　切除-拉伸

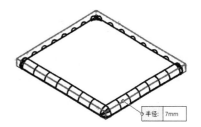

图 13-15　倒圆角

(4) 创建沉头孔座,如图 13-16 所示。

(5) 创建凸台,如图 13-17 所示。

图 13-16　沉头孔座

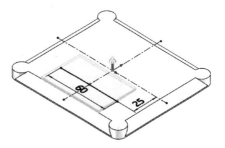

图 13-17　凸台

**3. 创建加油孔**

创建加油孔,如图 13-18 所示。

**4. 创建沉头孔**

创建沉头孔,如图 13-19 所示。

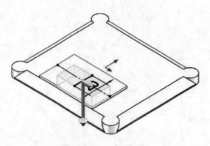

图 13-18 加油孔

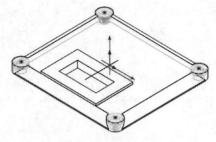

图 13-19 沉头孔

**5. 创建螺纹孔**

创建螺纹孔,如图 13-20 所示。

**6. 倒圆角**

(1) 倒圆角 R7,如图 13-21 所示。

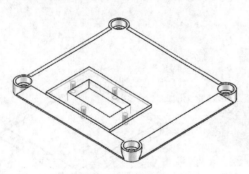

图 13-20 螺纹孔

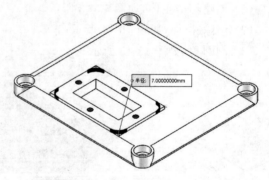

图 13-21 倒圆角 R7

(2) 倒圆角 R5,如图 13-22 所示。

(3) 倒圆角 R2,如图 13-23 所示。

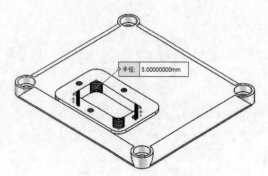

图 13-22 倒圆角 R5

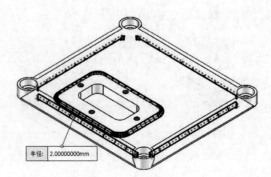

图 13-23 倒圆角 R2

**7. 存盘**

选择【文件】|【保存】命令,保存文件。

**【任务拓展】**

按照图 13-24 和图 13-25 所示创建盘盖类零件。

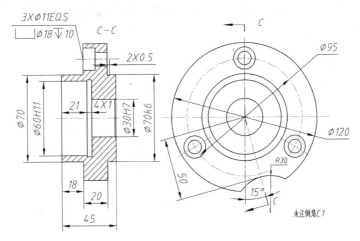

**图 13-24  拓展练习 13-3**

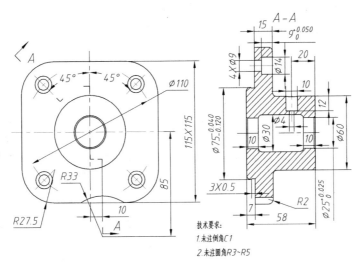

**图 13-25  拓展练习 13-4**

 ## 课题 13-3  叉架类零件设计

视频讲解

**【学习目标】**

(1) 叉架类零件的表达方法。

(2) 叉架类零件的建模过程。

**1. 结构特点**

叉架零件包括各种用途的拨叉和支架。拨叉主要用在机床、内燃机等各种机器的操纵机构上,用以操纵机器、调节速度。支架主要起支撑和连接作用,其结构形状虽然千差万别,但其按功能的不同可分为工作、安装固定和连接三个部分,常为铸件和锻件。

**2. 常用的表达方案**

(1) 常以工作位置放置或将其放正,主视图常根据结构特征选择,以表达它的形状特征、主要结构和各组成部分的相互位置关系。

(2) 叉架类零件的结构形状较复杂,视图数量多在两个以上,根据其具体结构常选用移出断面、局部视图和斜视图等表达方式。

**【工作任务】**

完成支架设计,如图 13-26 所示。下面对任务进行分析。

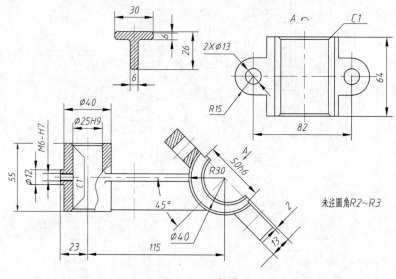

图 13-26    支架

支架表达分析:图 13-26 为支架,它由空心半圆柱带凸耳的安装部分、"T"形连接板和支承轴的空心圆柱等构成。由于安装基面与连接板倾斜,考虑该工件位置较为复杂,故将零件按放正位置摆放,选择最能反映零件各部分的主要结构特征和相对位置关系的方向作为主视图的投射方向,即零件处于连接板水平、安装基面正垂、工作轴孔铅垂位置。并采用局部剖视以表达支承轴孔处的螺孔及安装板上的安装孔,采用 A 向斜视图以表达安装部分实体及安装孔的位置,采用移出断面表达"T"形连接板的断面形状。

支架主要尺寸和基准,如图 13-27 所示。

**【任务实施】**

**1. 新建文件**

新建文件并保存为"支架.sldprt"。

**2. 建立支架毛坯**

建立空心半圆柱带凸耳的安装部分和支承轴的空心圆柱之间的相互位置关系。在右视基准面绘制草图,如图 13-28 所示。

> ⚠️ 提示    关于如何确定模型各部分的相互位置关系

按照图 13-28 所示基准,在一个草图中绘制出空心半圆柱带凸耳的安装部分和支承轴的空心圆柱之间的相互位置关系。

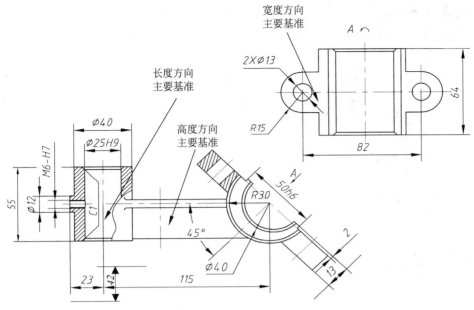

图 13-27　支架主要尺寸和基准

### 3. 创建支承轴的空心圆柱与凸台

（1）创建支承轴的空心圆柱，如图 13-29 所示。

（2）创建支承轴的空心圆柱上凸台，如图 13-30 所示。

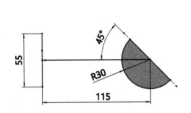

图 13-28　绘制草图

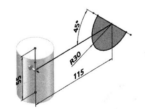

图 13-29　支承轴的空心圆柱

图 13-30　支承轴的空心
圆柱上凸台

### 4. 创建空心半圆柱和凸耳

（1）创建空心半圆柱，如图 13-31 所示。

（2）创建凸耳，如图 13-32 所示。

（3）创建止口，如图 13-33 所示。

图 13-31　空心半圆柱

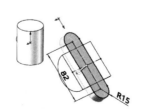

图 13-32　凸耳

图 13-33　止口

**5. 创建"T"形连接**

（1）创建连接板，如图 13-34 所示。

（2）创建筋板，如图 13-35 所示。

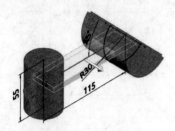

图 13-34　连接板

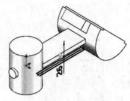

图 13-35　筋板

**6. 打孔**

（1）打 $\phi$25 孔，如图 13-36 所示。

（2）打 M6 螺纹孔，如图 13-37 所示。

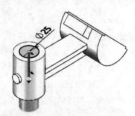

图 13-36　打 $\phi$25 孔

图 13-37　打 M6 螺纹孔

（3）打 $\phi$40 孔，如图 13-38 所示。

（4）打 $\phi$13 孔，如图 13-39 所示。

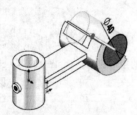

图 13-38　打 $\phi$40 孔

图 13-39　打 $\phi$13 孔

**7. 倒角**

（1）倒圆角 R2，如图 13-40 所示。

（2）倒角 C1，如图 13-41 所示。

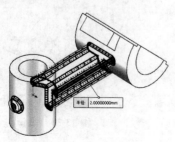

图 13-40　倒圆角 R2

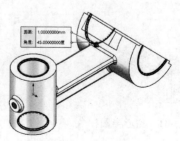

图 13-41　倒角 C1

## 8. 存盘

选择【文件】|【保存】命令，保存文件。

**【任务拓展】**

按照图 13-42 和图 13-43 所示创建叉架类零件。

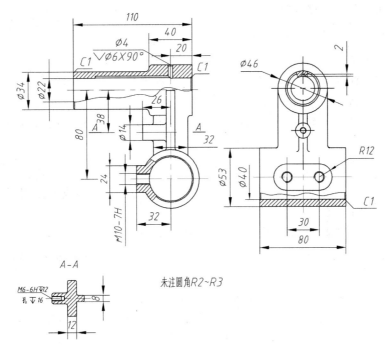

**图 13-42　拓展练习 13-5**

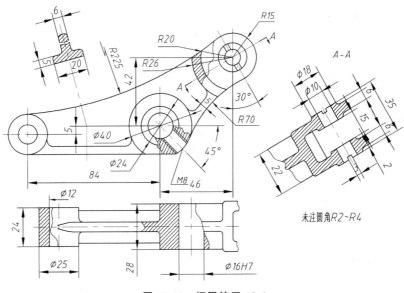

**图 13-43　拓展练习 13-6**

视频讲解

## 课题 13-4  箱体类零件设计

**【学习目标】**

(1) 箱体类零件的表达方法。

(2) 箱体类零件的建模过程。

**1. 结构特点**

(1) 为了能够支撑和包容其他零件,箱体类零件常有较大的空腔、轴承孔、凸台和肋结构。

(2) 为了将箱体的零件安装在基座上,将箱盖、轴承盖等安装在箱体上,箱体类零件常有安装底板、安装孔、安装平面、螺孔、凸台和销孔等。

(3) 为了使运动得到良好的润滑,箱体类零件常设有储油池、注油孔、排油孔、各种油槽等润滑部分。

**2. 常用的表达方案**

(1) 常按工作位置放置,以最能反映形状特征、主要结构和各组成部分相互关系的方向作为主视图的投射方向。

(2) 根据结构的复杂程度,应遵守选用视图数量最少的原则。但通常要采用三个或三个以上视图,并适当选用剖视图、局部视图、断面图等多种表达方式,每个视图都应有表达的重点内容。

**【工作任务】**

完成减速箱箱体设计,如图 13-44 所示。下面对任务进行分析。

减速箱箱体表达分析:图 13-44 为减速箱箱体,沿蜗轮轴线方向做主视图的投射方向。主视图采用阶梯局部剖,主要表示锥齿轮轴轴孔和蜗杆轴右轴孔的大小以及蜗轮轴孔前、后凸台上螺孔的分布情况。左视图采用全剖视图,主要表达蜗杆轴孔与蜗轮轴孔之间的相对位置与安装油标和螺塞的内凸台形状。俯视图主要表达箱体顶部和底板的形状,并用局部剖视图表示蜗杆轴左轴孔的大小。采用 B-B 局部剖视图表达锥齿轮轴孔内部凸台的形状。C 视图表达左面箱壁凸台的形状和螺孔位置,其他凸台和附着的螺孔可结合尺寸标注表达。D 视图表示底板底部凸台的形状。箱体顶部端面和箱体连接孔及底板上的四个安装孔没有剖切到,可结合标注尺寸确定其深度。

减速箱箱体主要尺寸和基准,如图 13-45 所示。

**【任务实施】**

**1. 新建文件**

新建文件并保存为"减速箱箱体.sldprt"。

**2. 创建减速箱箱体毛坯**

(1) 创建底板,如图 13-46 所示。

(2) 创建凸台,如图 13-47 所示。

(3) 创建箱体,如图 13-48 所示。

(4) 创建辅助基准,如图 13-49 所示。

(5) 创建蜗杆轴承座,如图 13-50 所示。

(6) 创建锥齿轮轴承座,如图 13-51 所示。

(7) 创建蜗轮前轴承座,如图 13-52 所示。

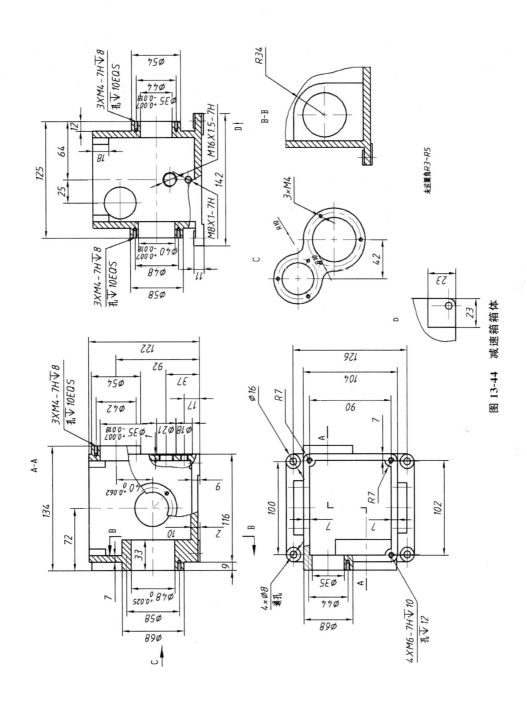

图 13-44　减速箱箱体

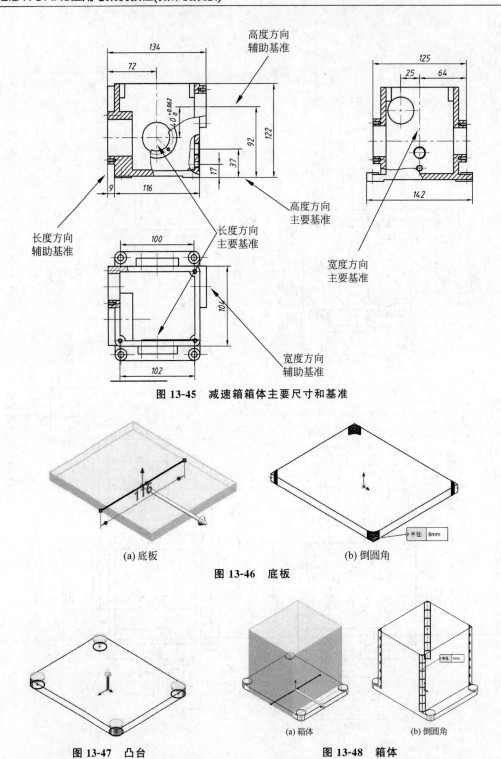

图 13-45　减速箱箱体主要尺寸和基准

（a）底板　　　　　　（b）倒圆角

图 13-46　底板

（a）箱体　　　（b）倒圆角

图 13-47　凸台　　　　图 13-48　箱体

（8）创建蜗轮后轴承座，如图 13-53 所示。

（9）创建箱体型腔，如图 13-54 所示。

（10）创建锥齿轮轴承座型腔内部分，如图 13-55 所示。

（11）创建螺钉座，如图 13-56 所示。

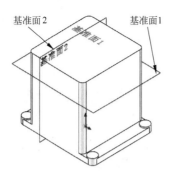

图 13-49 辅助基准

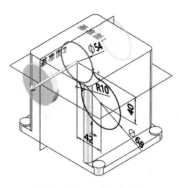

图 13-50 蜗杆轴承座

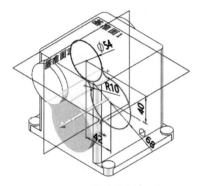

图 13-51 锥齿轮轴承座

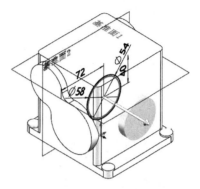

图 13-52 蜗轮前轴承座

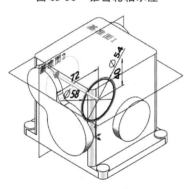

图 13-53 蜗轮后轴承座

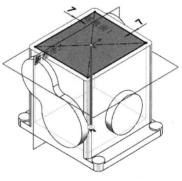

图 13-54 箱体型腔

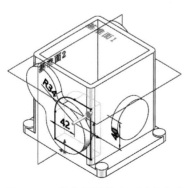

图 13-55 锥齿轮轴承座型腔内部分

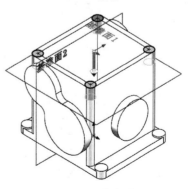

图 13-56 螺钉座

### 3. 创建轴承孔

(1) 创建 $\phi$35 轴承孔 1,如图 13-57 所示。

(2) 创建 $\phi$48 轴承孔,如图 13-58 所示。

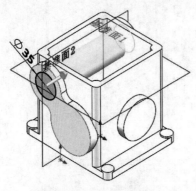

图 13-57　$\phi$35 轴承孔 1

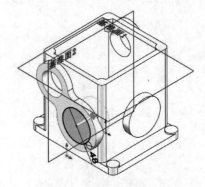

图 13-58　$\phi$48 轴承孔

(3) 创建 $\phi$35 轴承孔 2,如图 13-59 所示。

(4) 创建 $\phi$40 轴承孔,如图 13-60 所示。

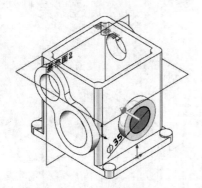

图 13-59　$\phi$35 轴承孔 2

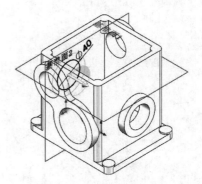

图 13-60　$\phi$40 轴承孔

### 4. 创建螺钉孔

(1) 创建 M16 和 M8 螺钉孔安装面,如图 13-61 所示。

(2) 创建 M4 螺钉孔,如图 13-62 所示。

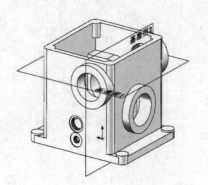

图 13-61　M16 和 M8 螺钉孔安装面

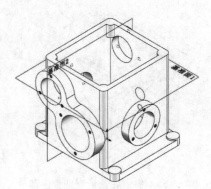

图 13-62　M4 螺钉孔

（3）创建 M6 螺钉孔，如图 13-63 所示。

## 5．创建安装孔

（1）创建 $\phi 8$ 孔，如图 13-64 所示。

（2）创建底脚，如图 13-65 所示。

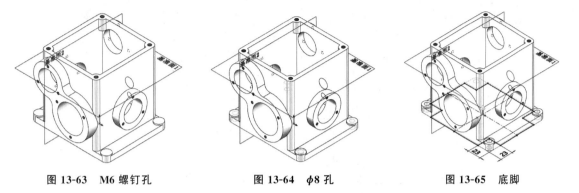

图 13-63　M6 螺钉孔　　　　　图 13-64　$\phi 8$ 孔　　　　　图 13-65　底脚

## 6．存盘

选择【文件】|【保存】命令，保存文件。

【任务拓展】

按照图 13-66 和图 13-67 所示创建箱体类零件。

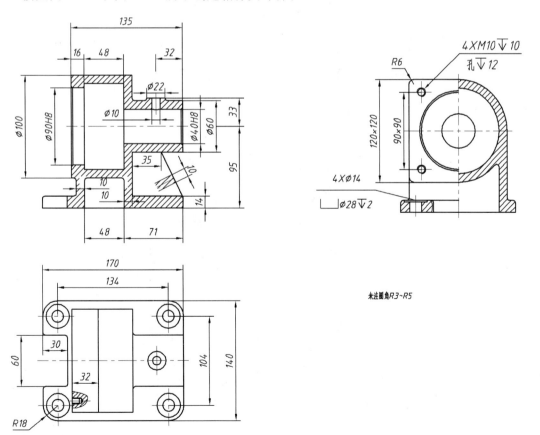

图 13-66　拓展练习 13-7

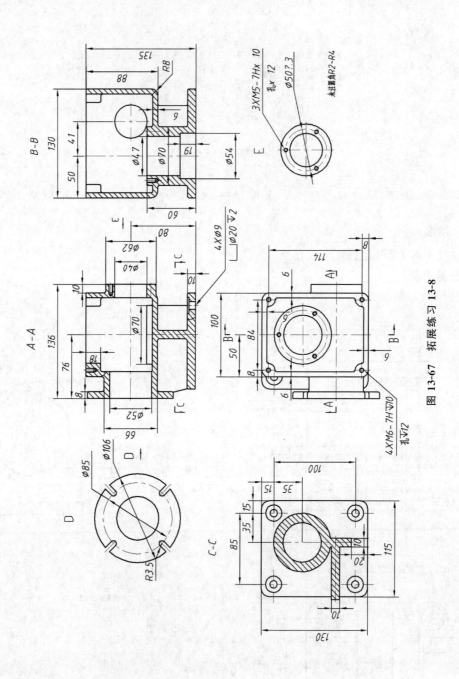

图 13-67　拓展练习 13-8

# 模块十四

# 综 合 练 习

## 课题 14-1 二维轮廓训练

### 【学习目标】

（1）能熟练读图，准确选择绘图中心点。

（2）能熟练使用绘图工具进行图形绘制。

（3）能正确进行特征约束、尺寸标注。

（4）能运用编辑工具对图形进行编辑与修改。

### 【工作任务】

按照图 14-1 所示分别绘制草图。

## 课题 14-2 三维建模训练

### 【学习目标】

（1）能熟练读图，准确选择绘图基准。

（2）能熟练使用建模工具进行三维建模。

### 【工作任务】

按照图 14-2～图 14-26 所示分别创建三维模型。

## 课题 14-3 三维装配及工程图训练

### 【学习目标】

（1）根据装配示意图、零件简图以及工作原理，建立装配模型。

（2）选中合适的表达方法，生成装配工程图。

（3）根据给定每一题库的零件立体图，建立零件模型，选择合适表达方法，绘制标准零件工程图。

### 【工作任务】

（1）整体式油环润滑滑动轴承设计如图 14-27～图 14-28 所示。

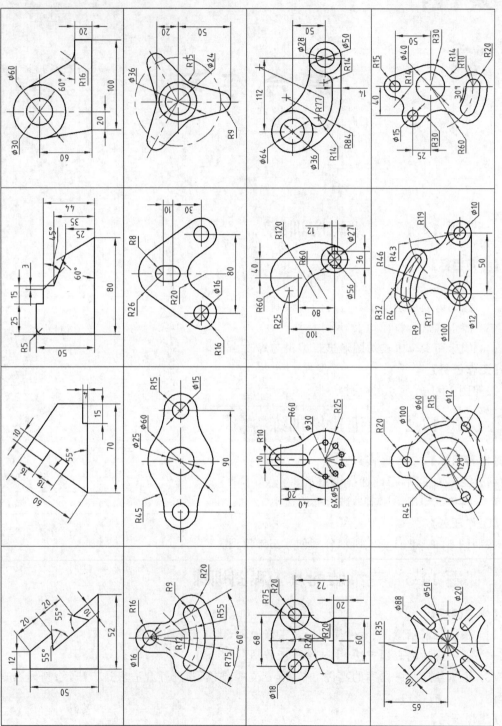

图 14-1  草图轮廓训练

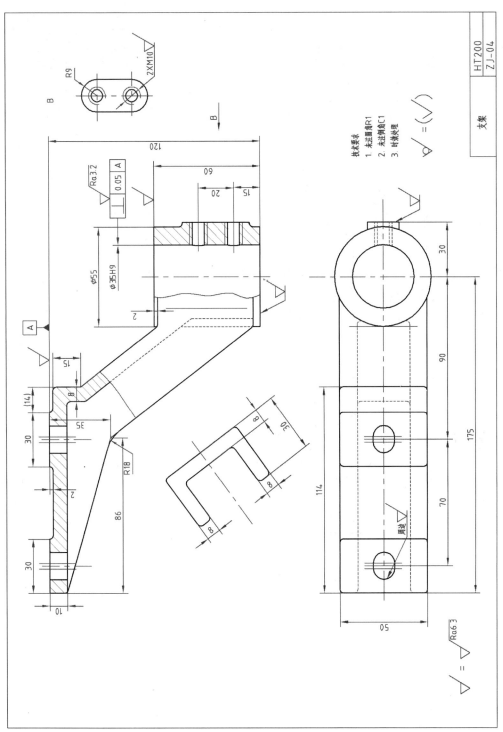

图 14-2 三维建模训练 1

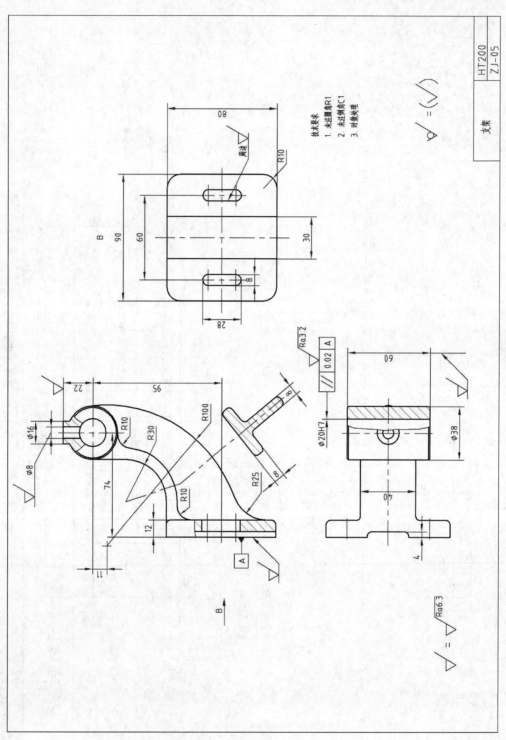

图 14-3  三维建模训练 2

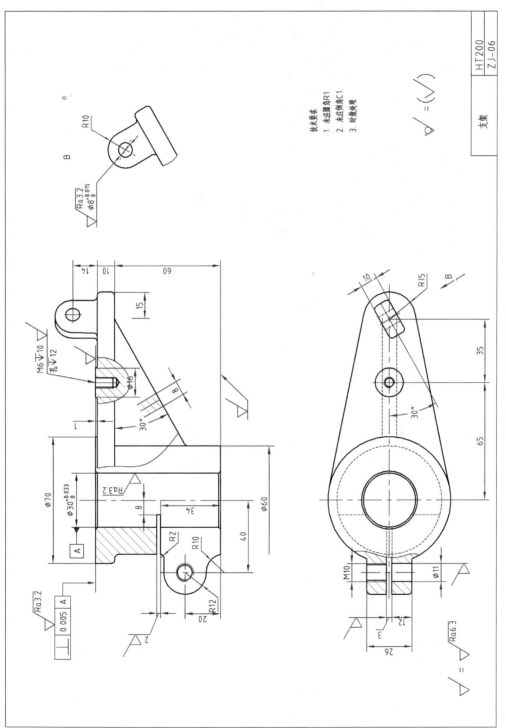

技术要求
1. 未注圆角R1
2. 未注倒角C1
3. 时效处理

$\sqrt{} = (\sqrt{})$

支架

HT200

ZJ-06

图 14-4 三维建模训练 3

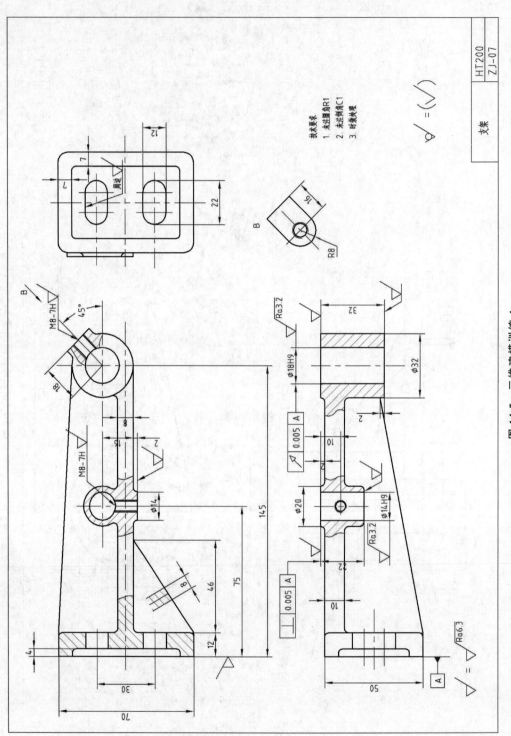

图 14-5  三维建模训练 4

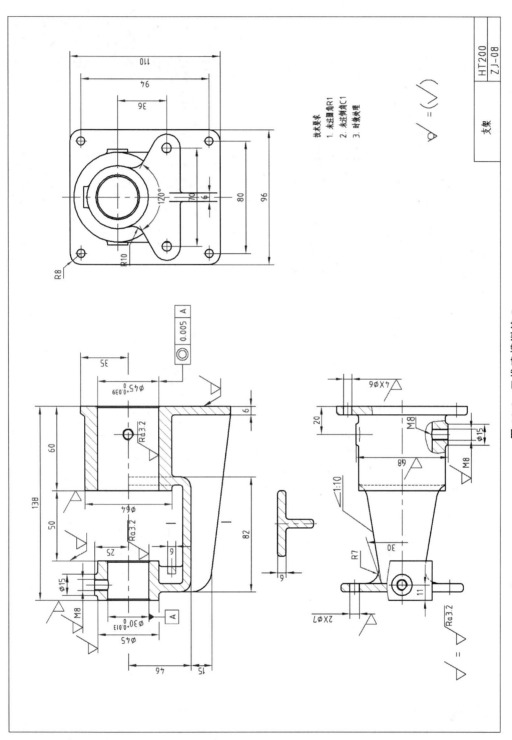

技术要求
1. 未注圆角R1
2. 未注倒角C1
3. 时效处理

$\sqrt{}$ = ($\sqrt{}$)

| | HT200 |
| 支架 | ZJ-08 |

图 14-6 三维建模训练 5

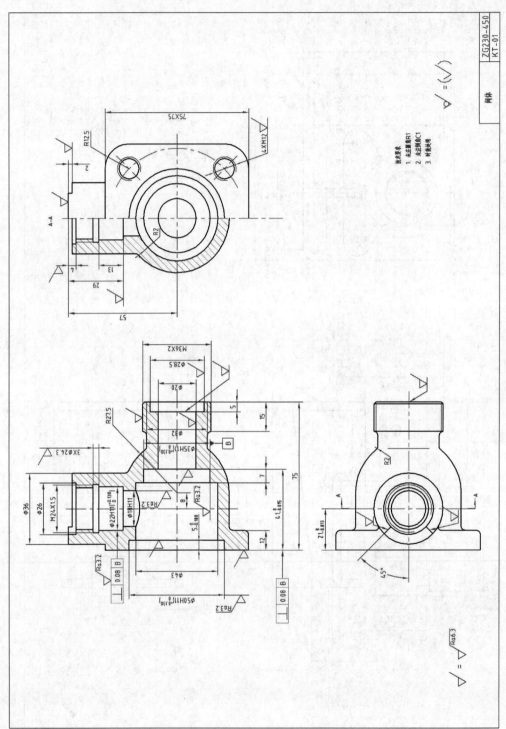

图 14-7 三维建模训练 6

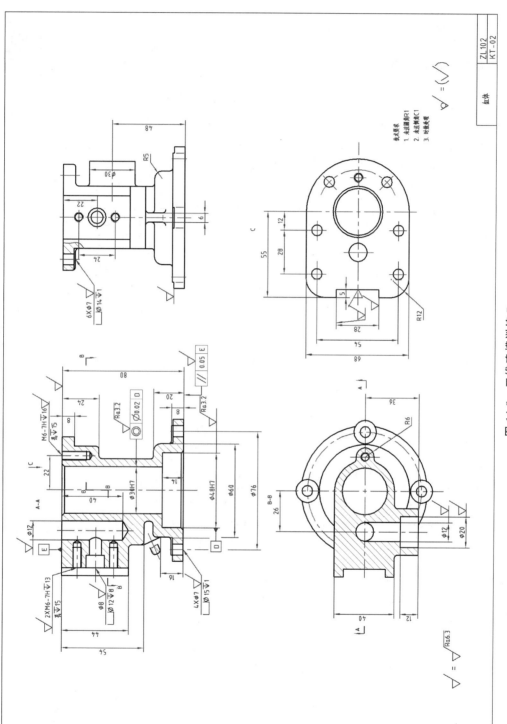

图 14-8 三维建模训练 7

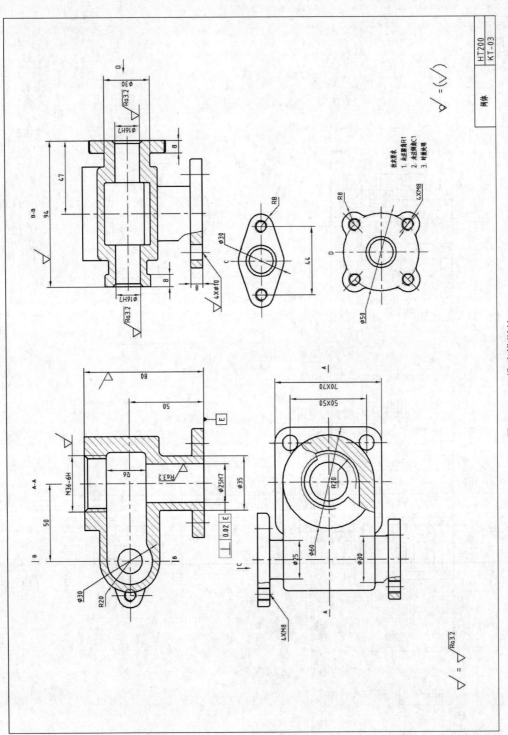

图 14-9　三维建模训练 8

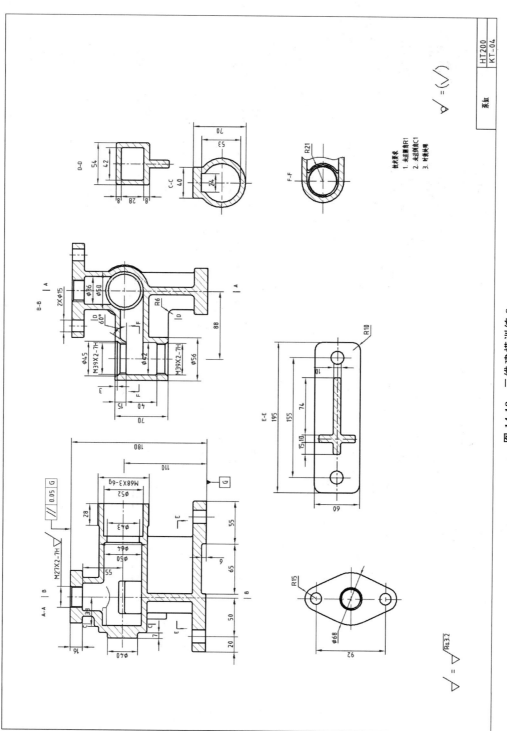

图 14-10 三维建模训练 9

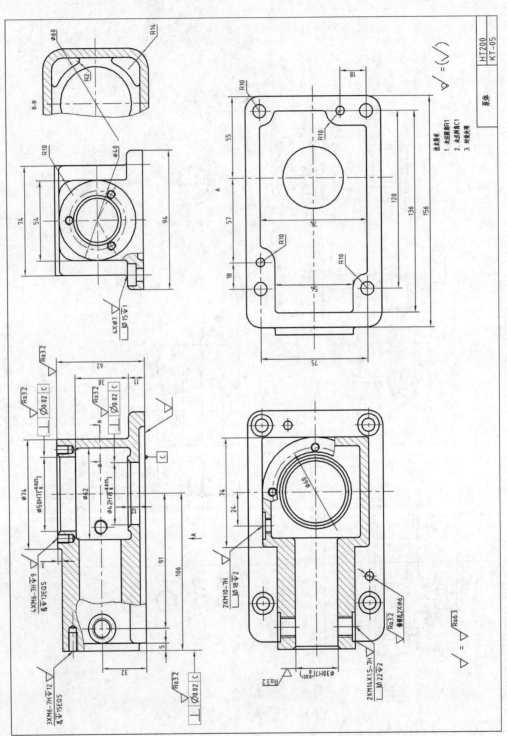

图 14-11 三维建模训练 10

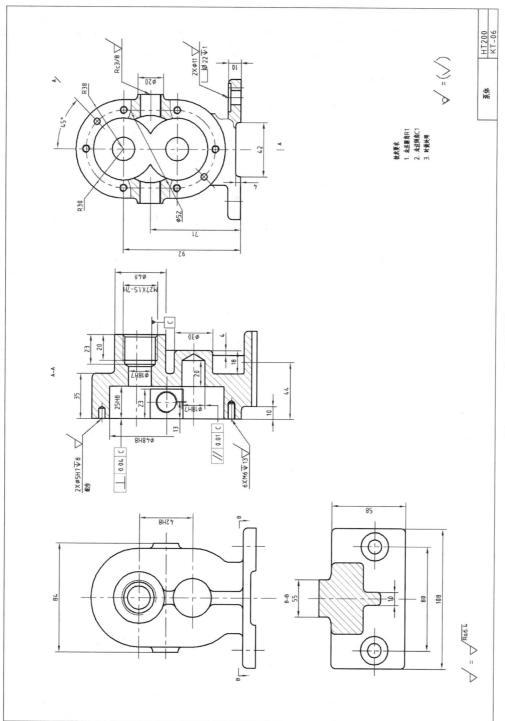

**图 14-12　三维建模训练 11**

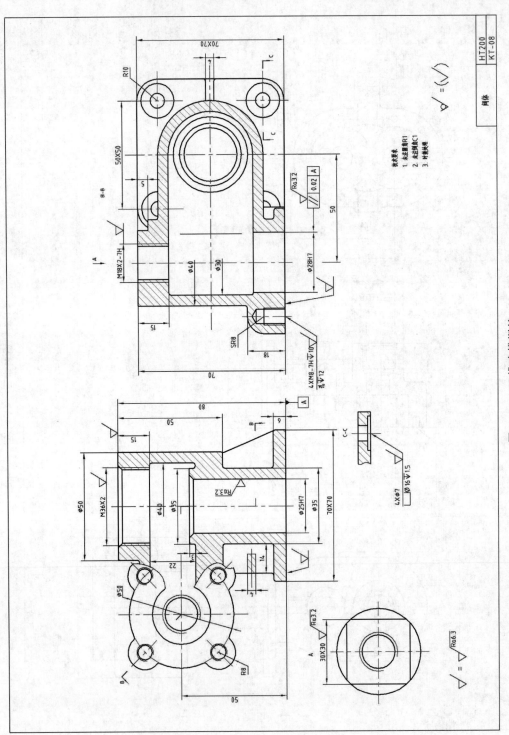

图 14-13    三维建模训练 12

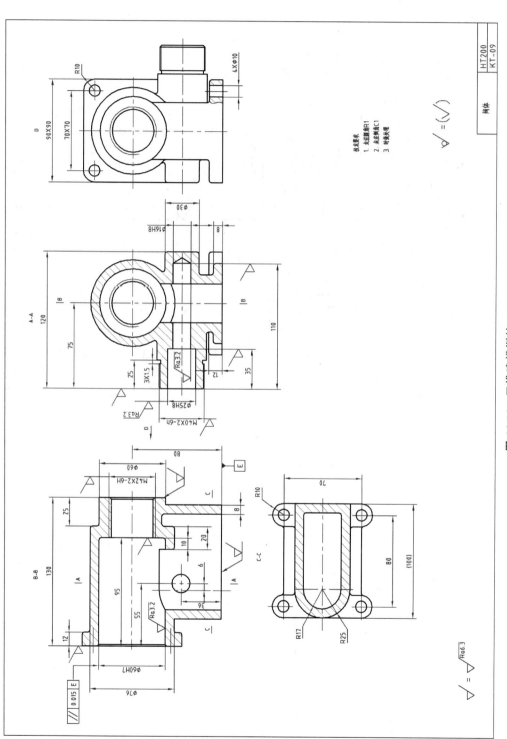

图 14-14　三维建模训练 13

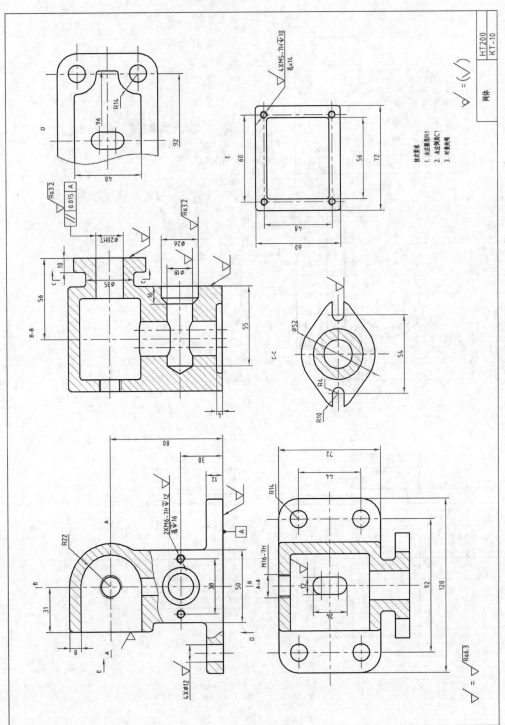

图 14-15 三维建模训练 14

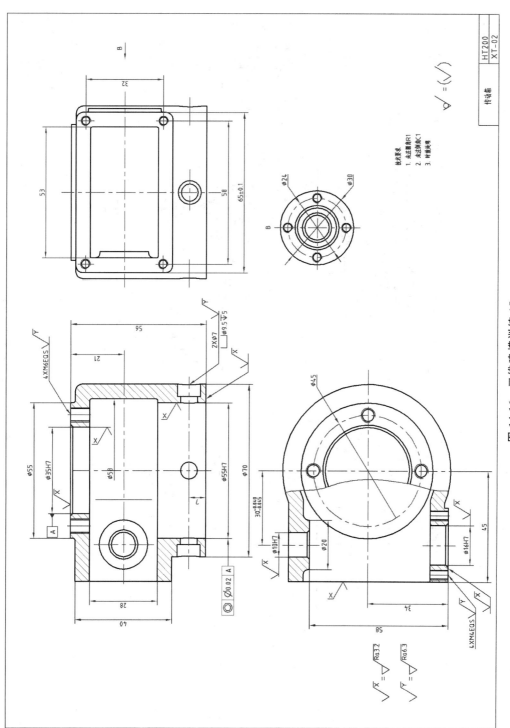

图 14-16　三维建模训练 15

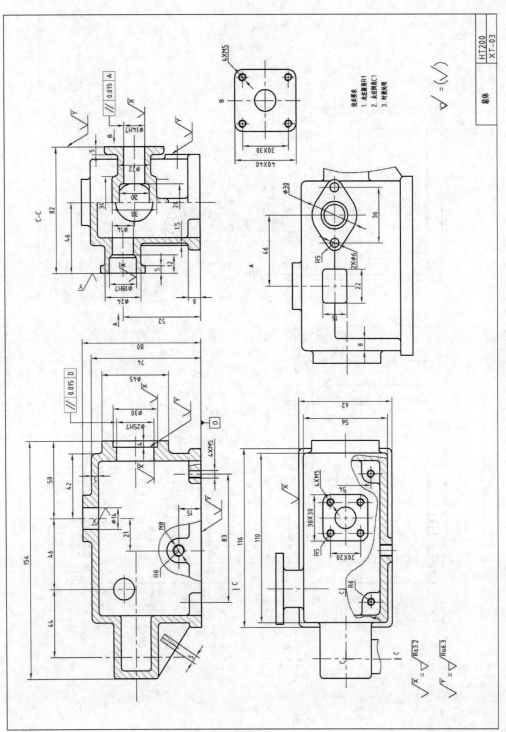

图 14-17 三维建模训练 16

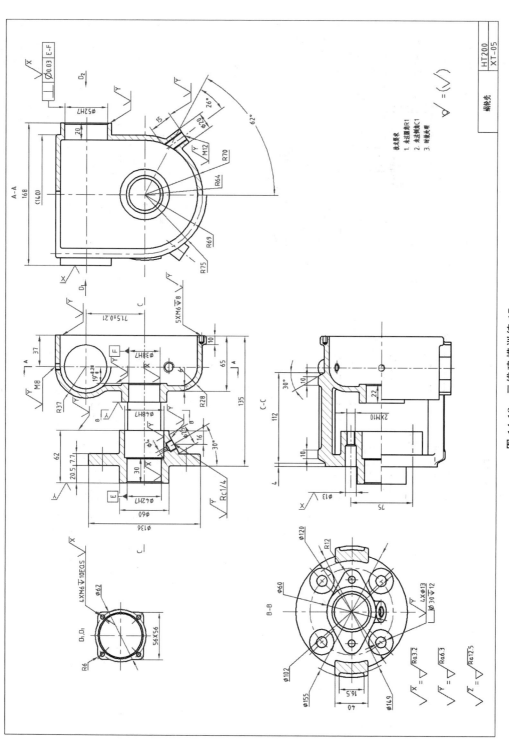

图 14-18 三维建模训练 17

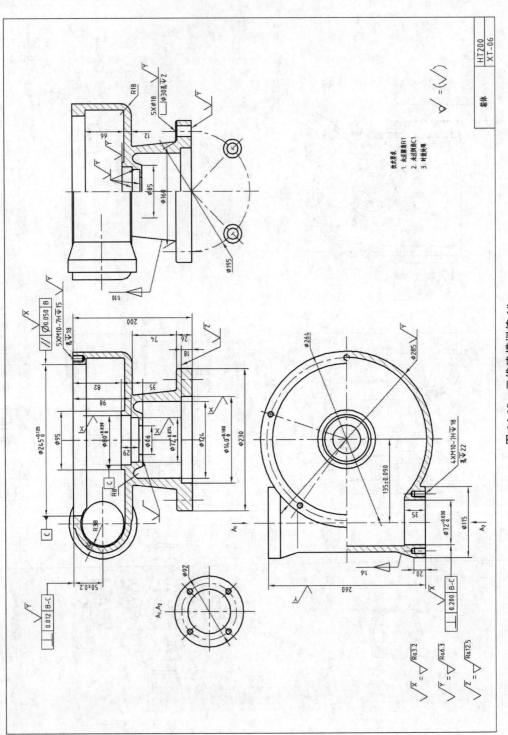

图 14-19  三维建模训练 18

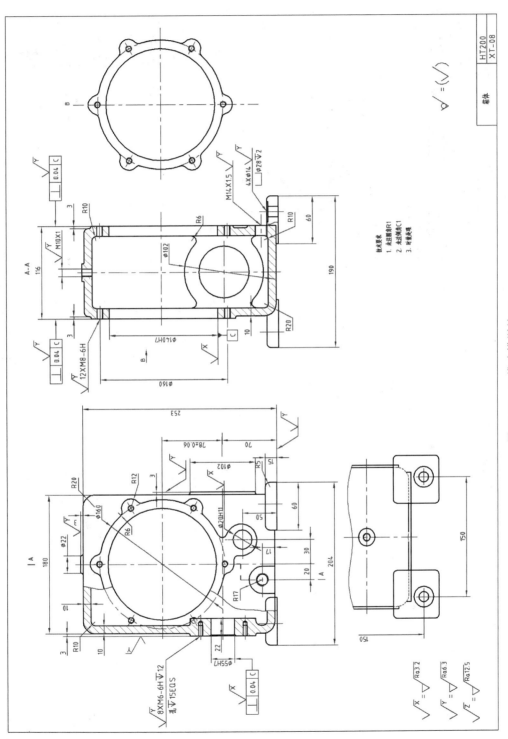

图 14-20　三维建模训练 19

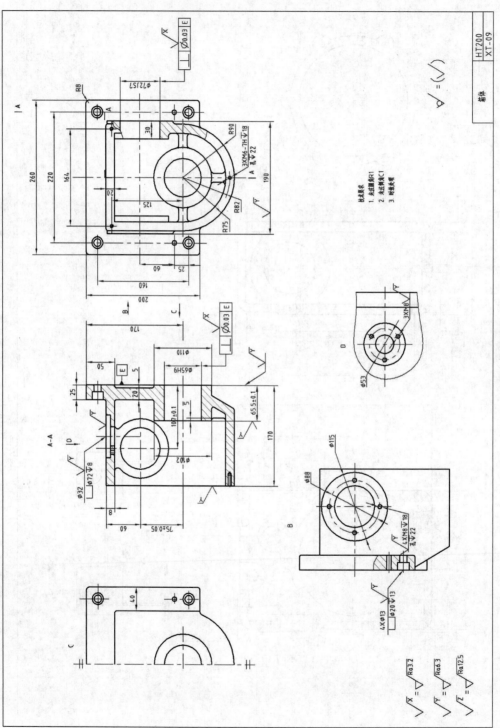

图 14-21　三维建模训练 20

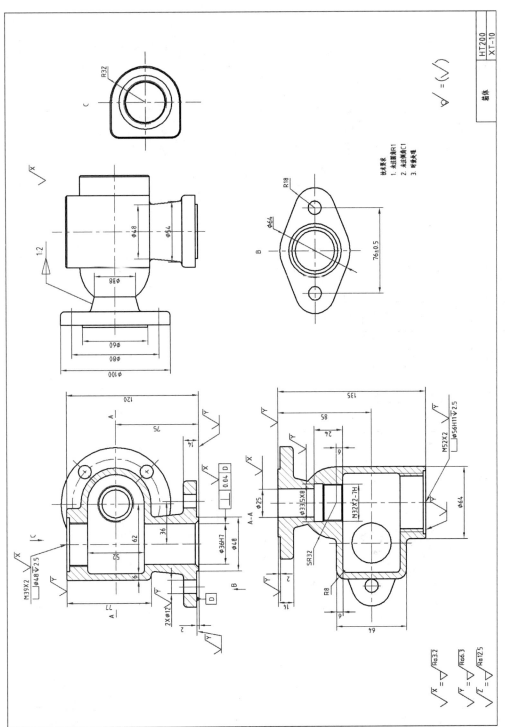

图 14-22　三维建模训练 21

技术要求
1. 未注圆角R1
2. 未注倒角C1
3. 时效处理

铸体

HT200
XT-10

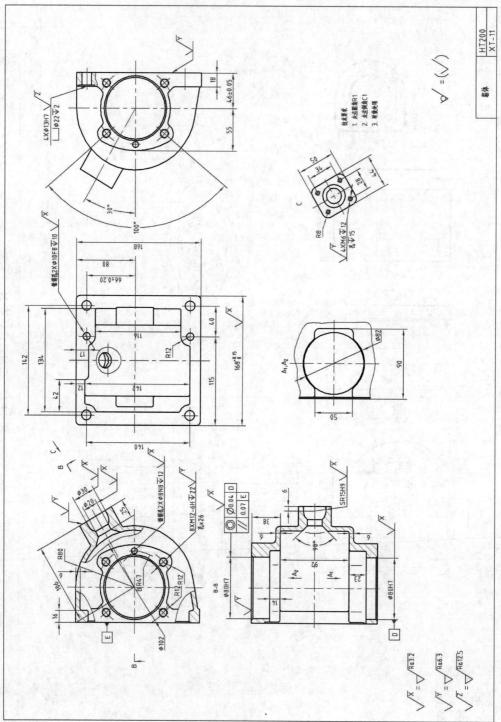

图 14-23 三维建模训练 22

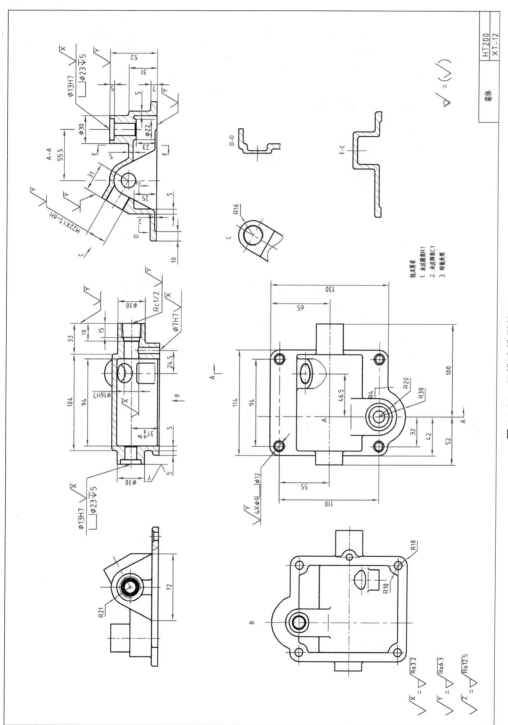

图 14-24　三维建模训练 23

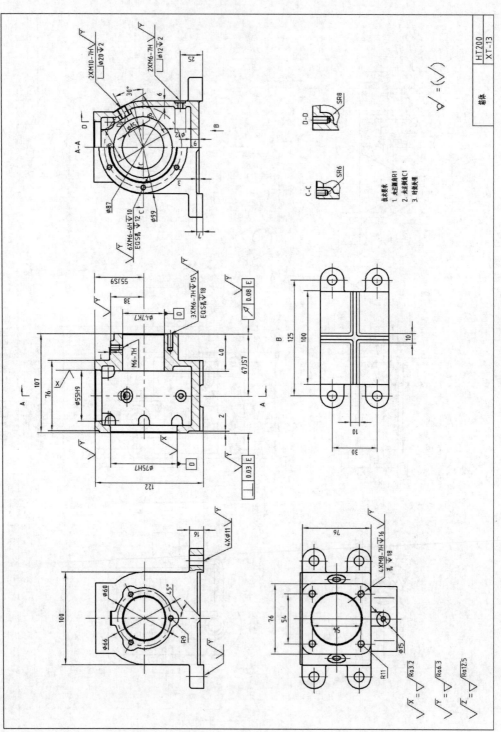

图 14-25　三维建模训练 24

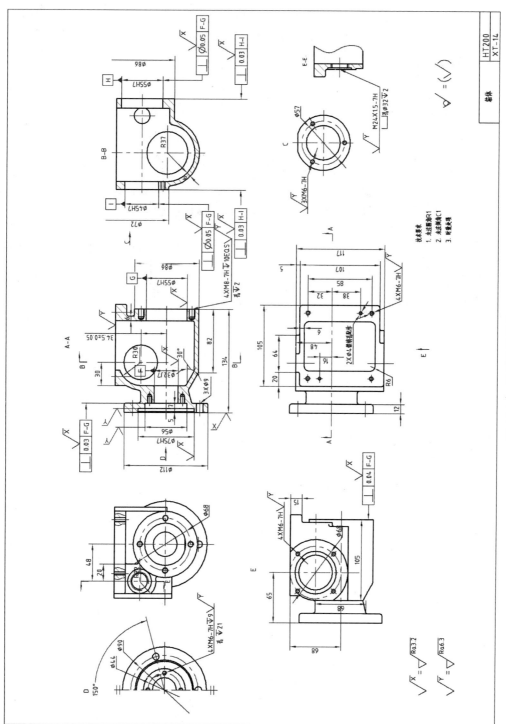

图 14-26　三维建模训练 25

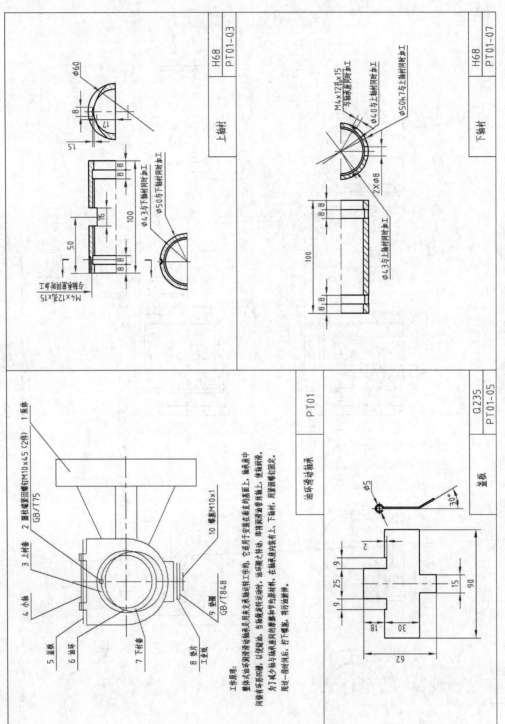

图 14-27　整体式油环润滑滑动轴承工作原理及零件简图

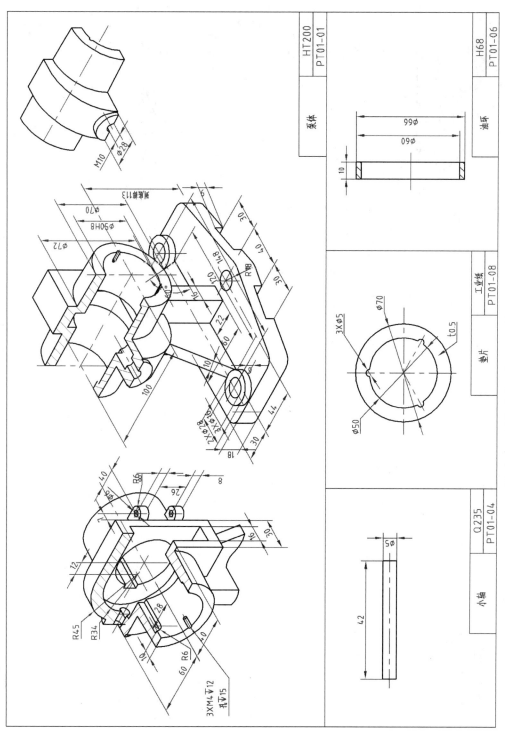

图 14-28　整体式油环润滑滑动轴承零件简图

(2) 剖分式油环润滑滑动轴承设计如图 14-29～图 14-31 所示。

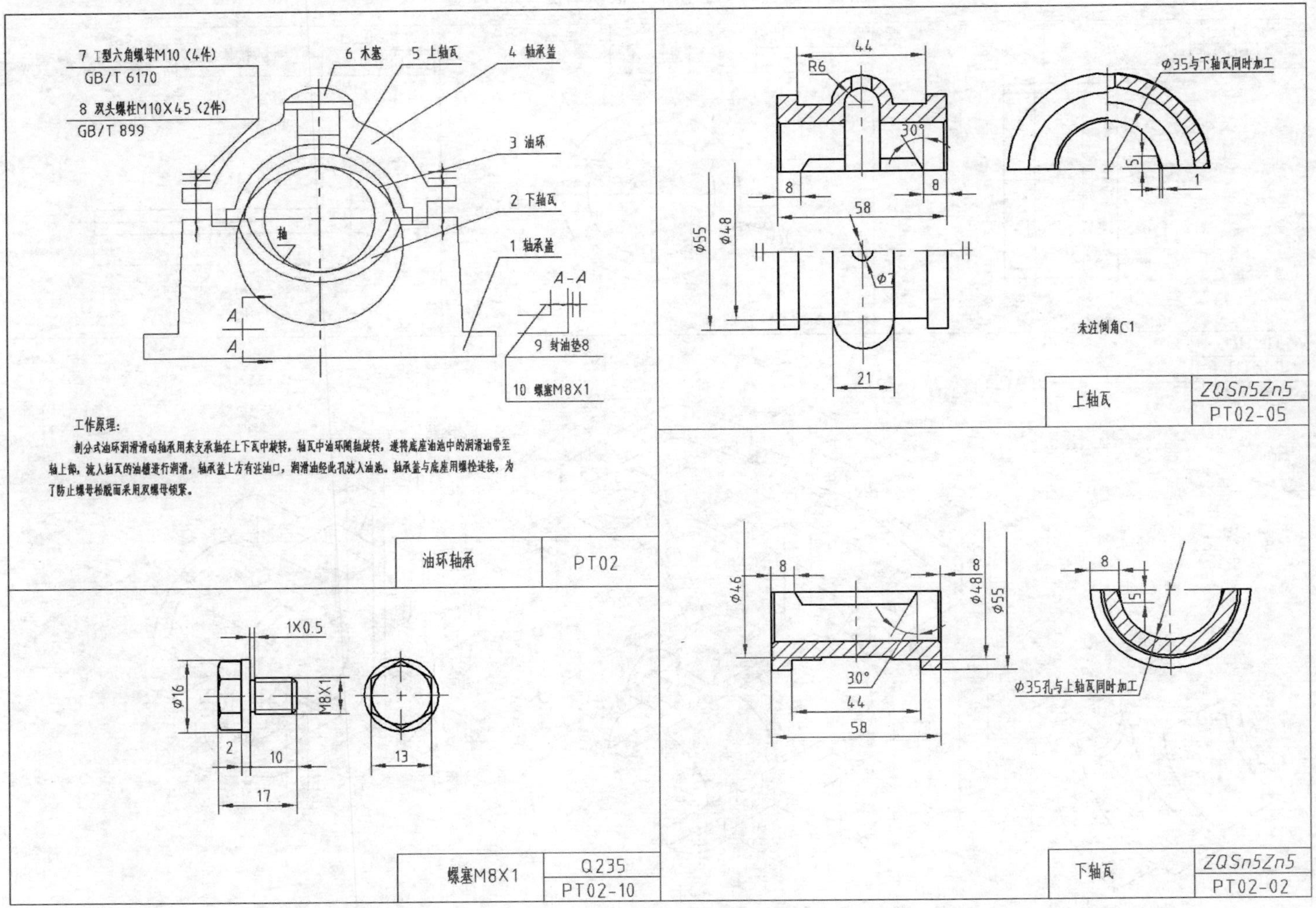

图 14-29 剖分式油环润滑滑动轴承工作原理及零件简图

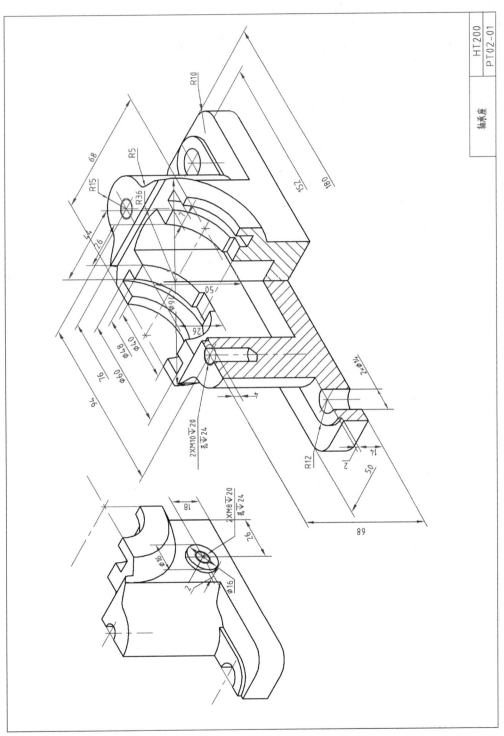

图 14-30　剖分式油环润滑滑动轴承零件简图 1

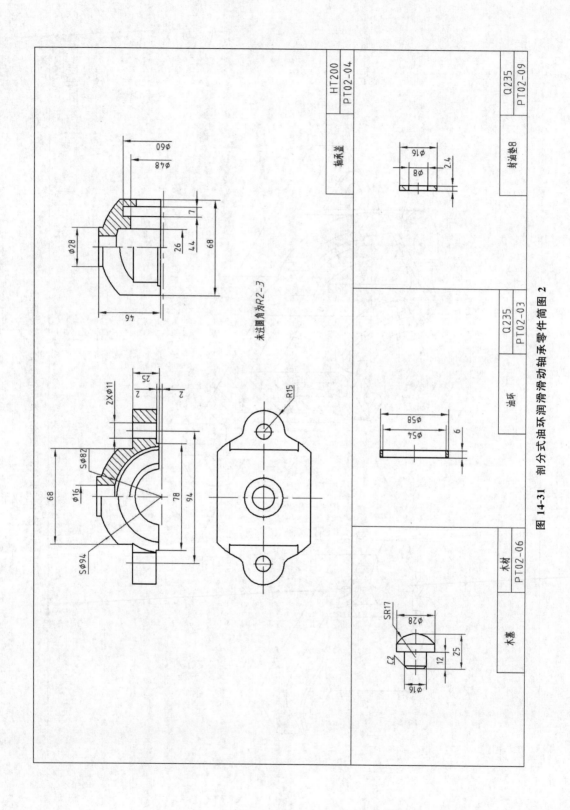

图 14-31　剖分式油环滑动轴承零件简图 2

（3）回油阀设计如图 14-32～图 14-34 所示。

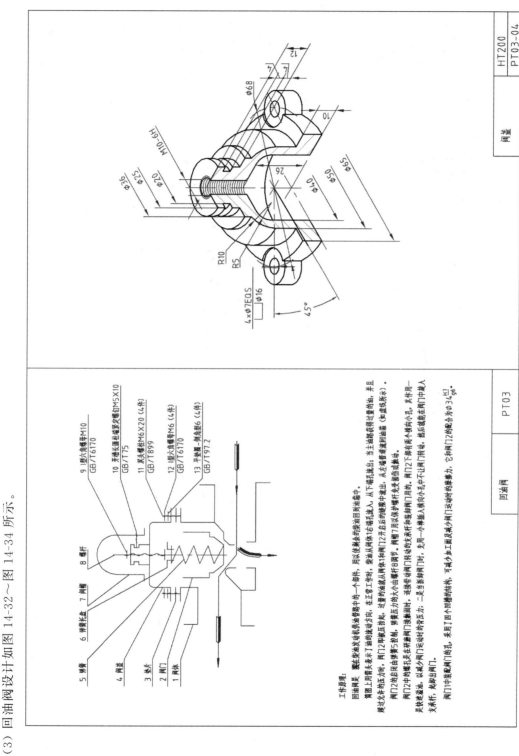

**图 14-32 回油阀工作原理及零件简图**

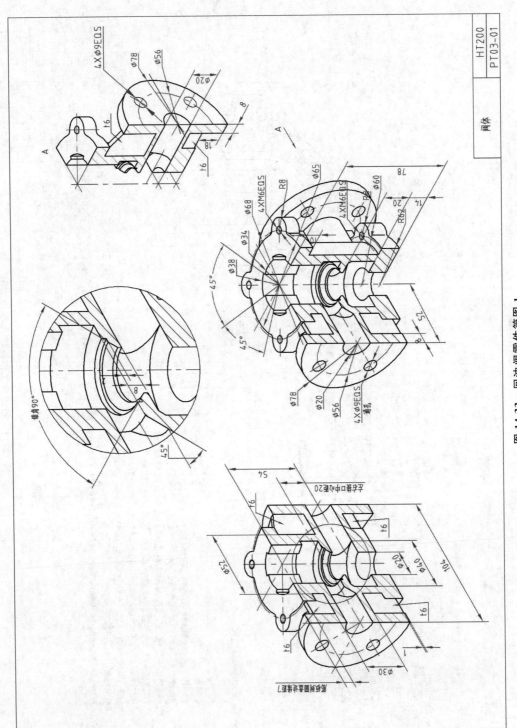

图 14-33　回油阀阀零件简图 1

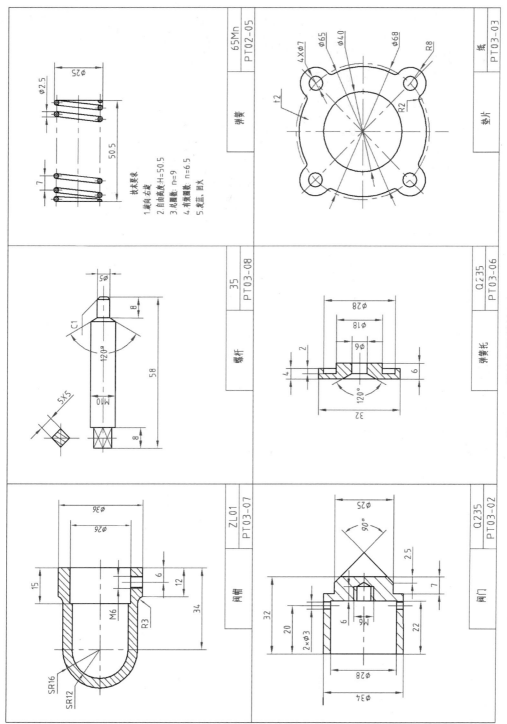

**图 14-34　回油阀零件简图 2**

弹簧　65Mn　PT02-05

技术要求
1. 旋向：右旋
2. 自由高度 H=50.5
3. 总圈数：n=9
4. 有效圈数：n=6.5
5. 表面：回火

φ2.5
φ25
50.5
7

垫片　纸　PT03-03

4×φ7
φ65
φ40
φ68
R8
t2
R2

螺杆　35　PT03-08

50
8
C1
120°
58
M10
8
5×5

弹簧托　Q235　PT03-06

φ28
φ18
φ6
2
4
6
32
120°

阀帽　ZL01　PT03-07

φ36
φ26
15
6
12
34
M6
R3
SR16
SR12

阀门　Q235　PT03-02

φ25
90°
2.5
7
32
20
6
M6
22
2×φ3
φ28
φ34

（4）安全旁路阀设计如图 14-35～图 14-37 所示。

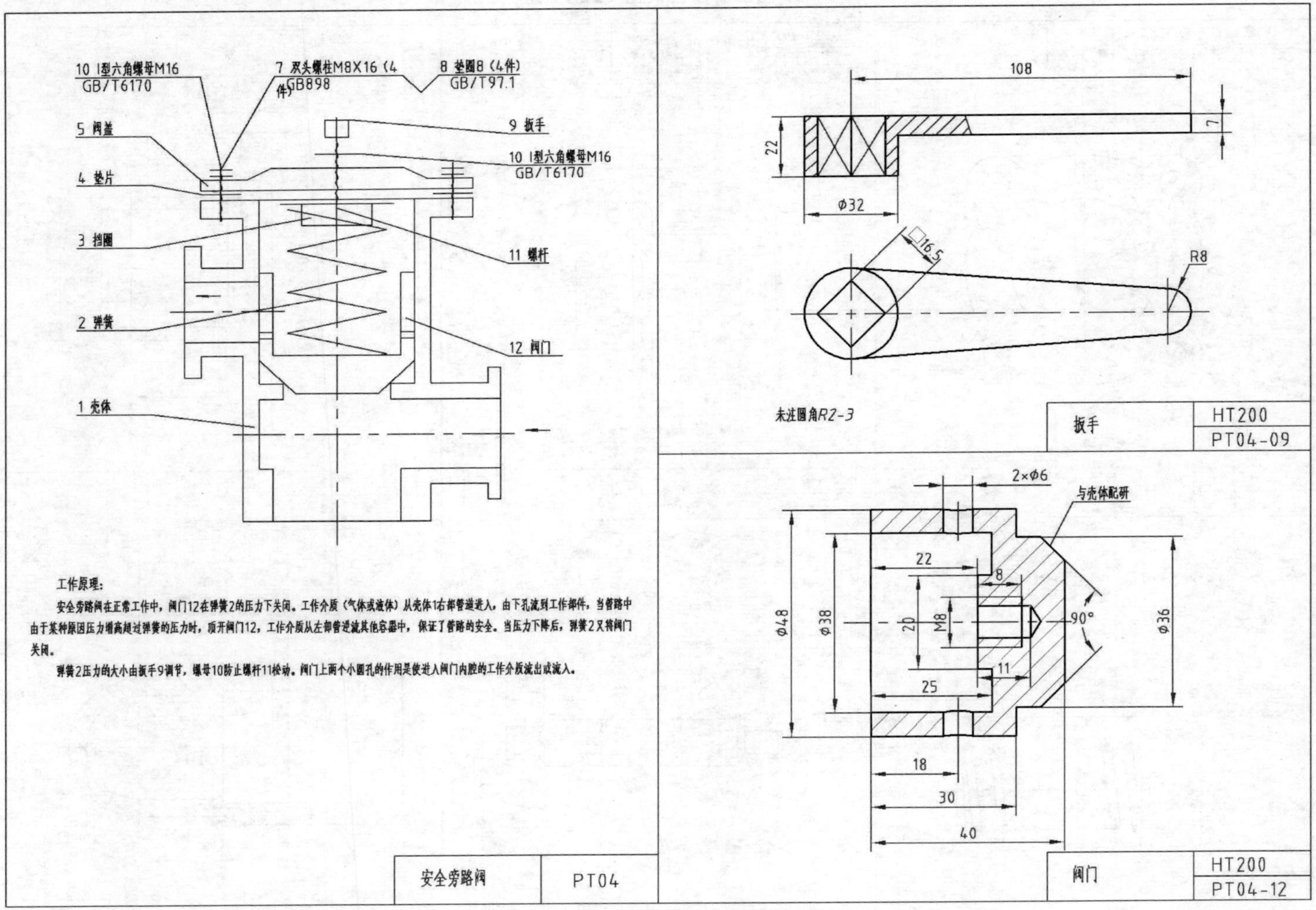


图 14-35　安全旁路阀工作原理及零件简图

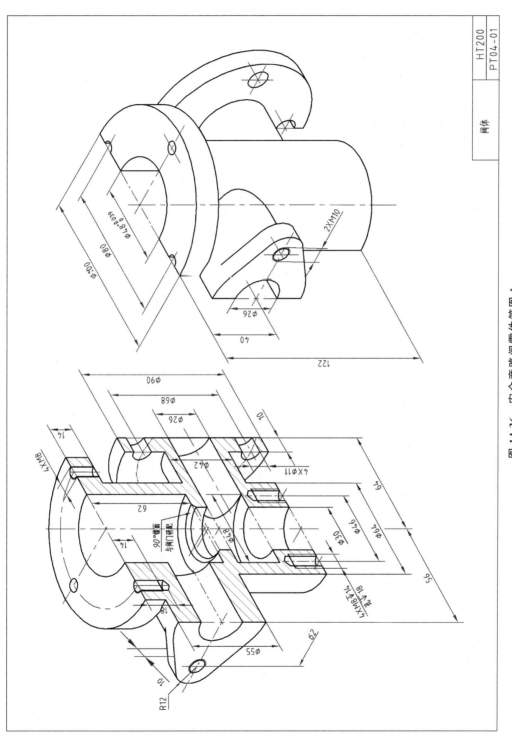

图 14-36　安全旁路阀零件简图 1

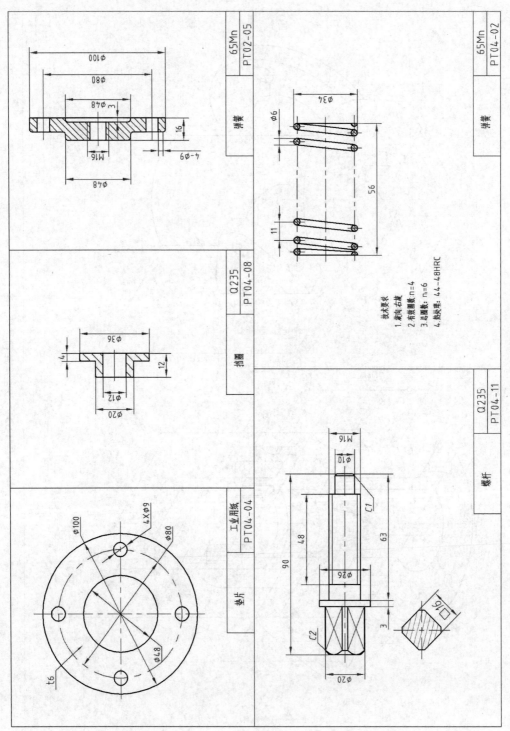

图 14-37 安全旁路阀零件简图 2

（5）安全阀设计如图 14-38～图 14-40 所示。

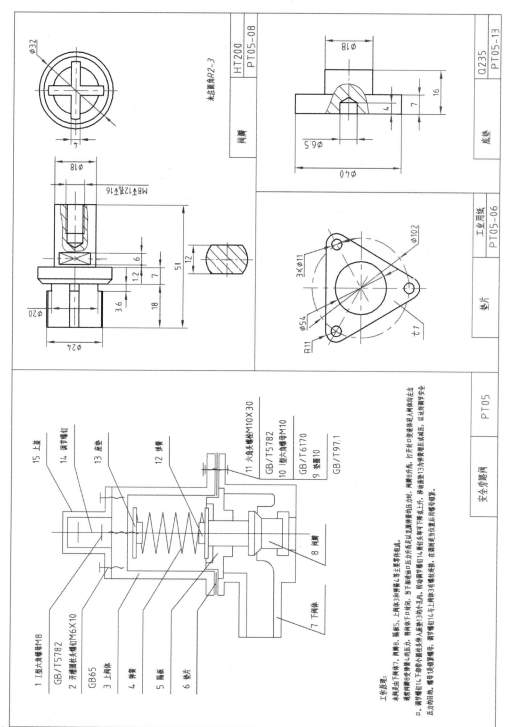

图 14-38　安全阀工作原理及零件简图

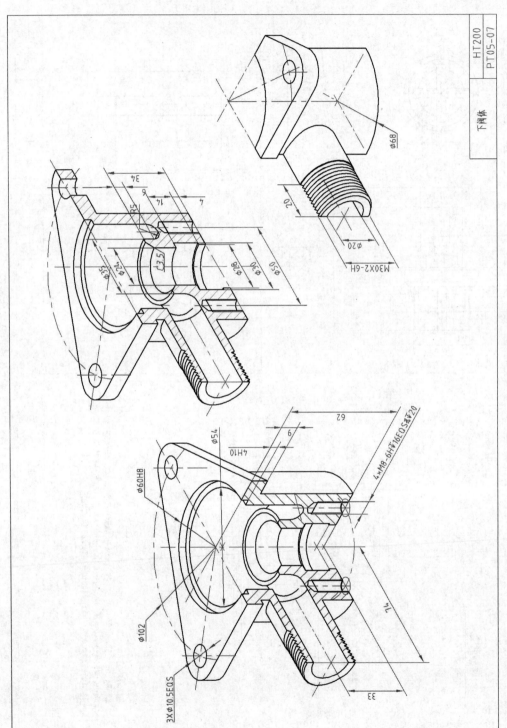

图 14-39　安全阀零件简图 1

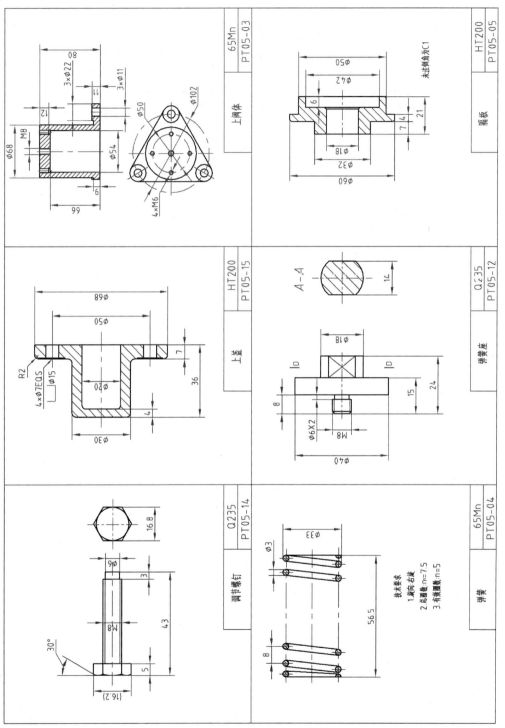

图 14-40　安全阀零件简图图 2

（6）机床尾架设计如图 14-41～图 14-44 所示。

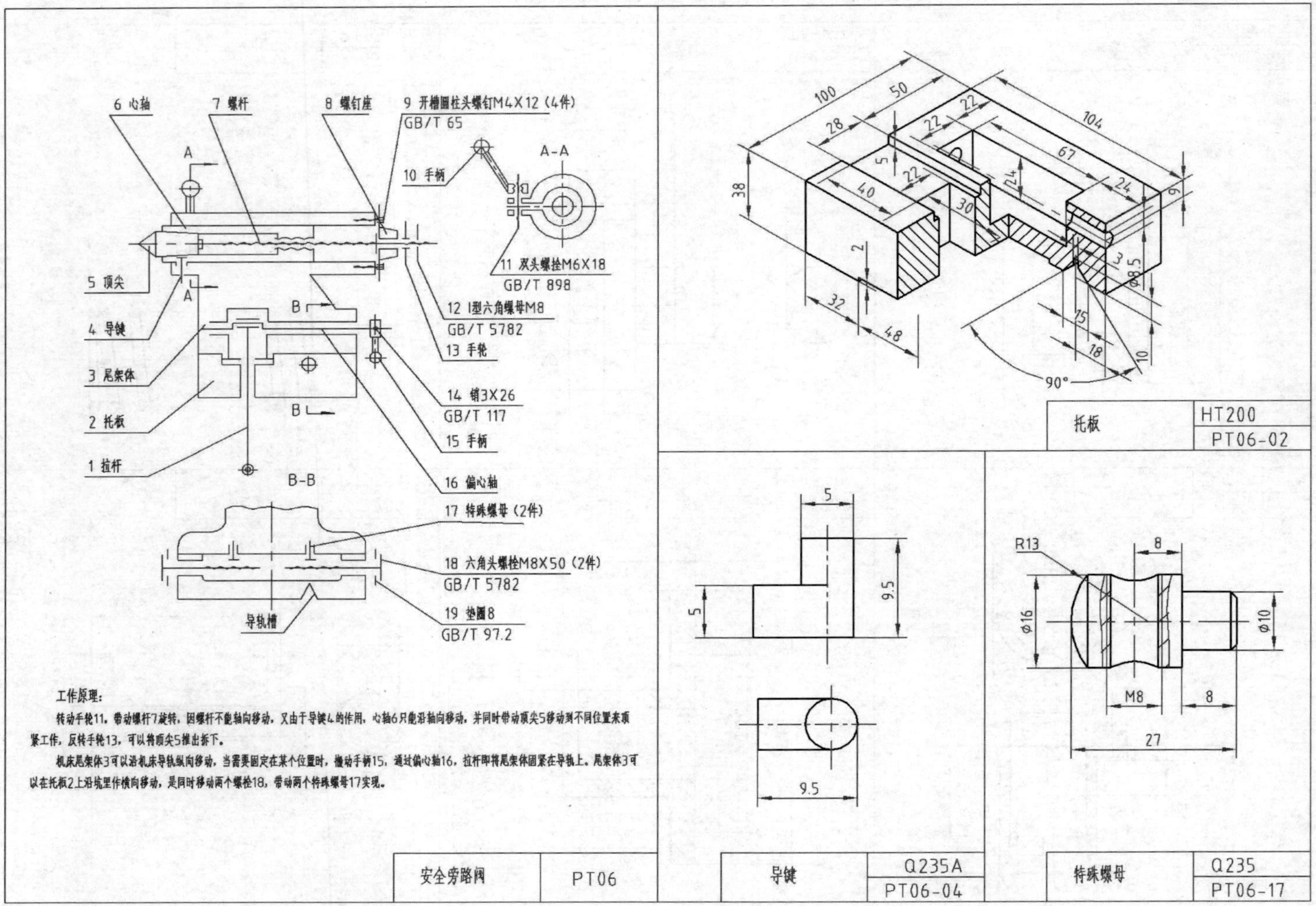


图 14-41 机床尾架工作原理及零件简图

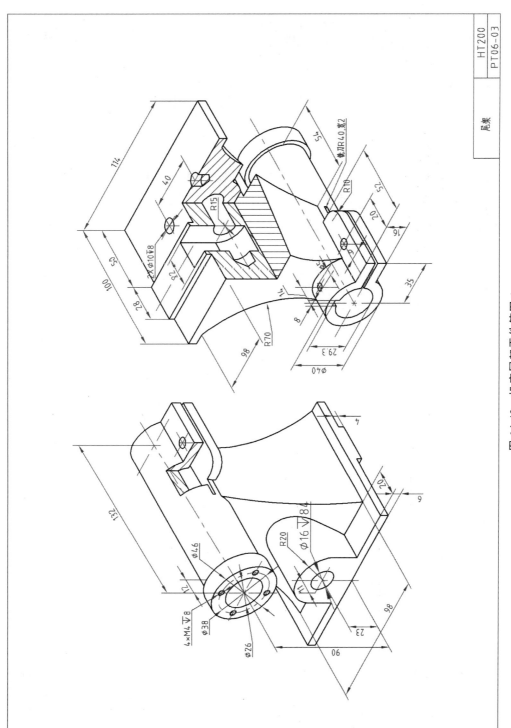

图 14-42　机床尾架零件简图 1

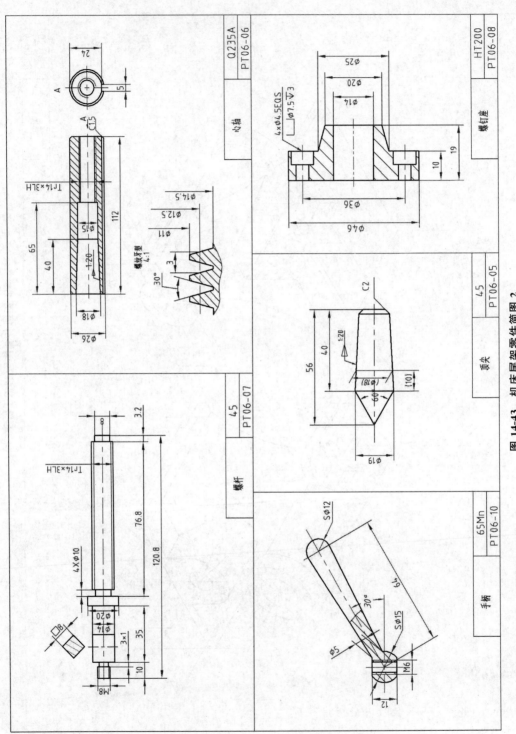

图 14-43  机床尾架零件简图 2

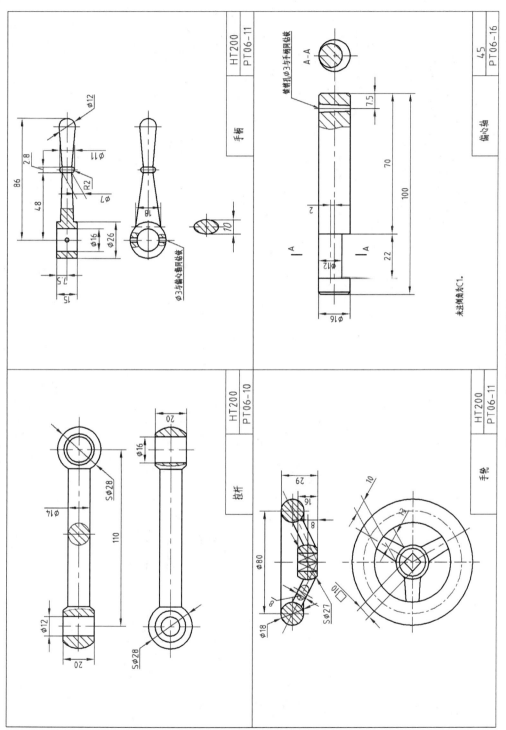

图 14-44　机床尾架零件简图 3

（7）锥齿轮启闭器设计如图 14-45～图 14-48 所示。

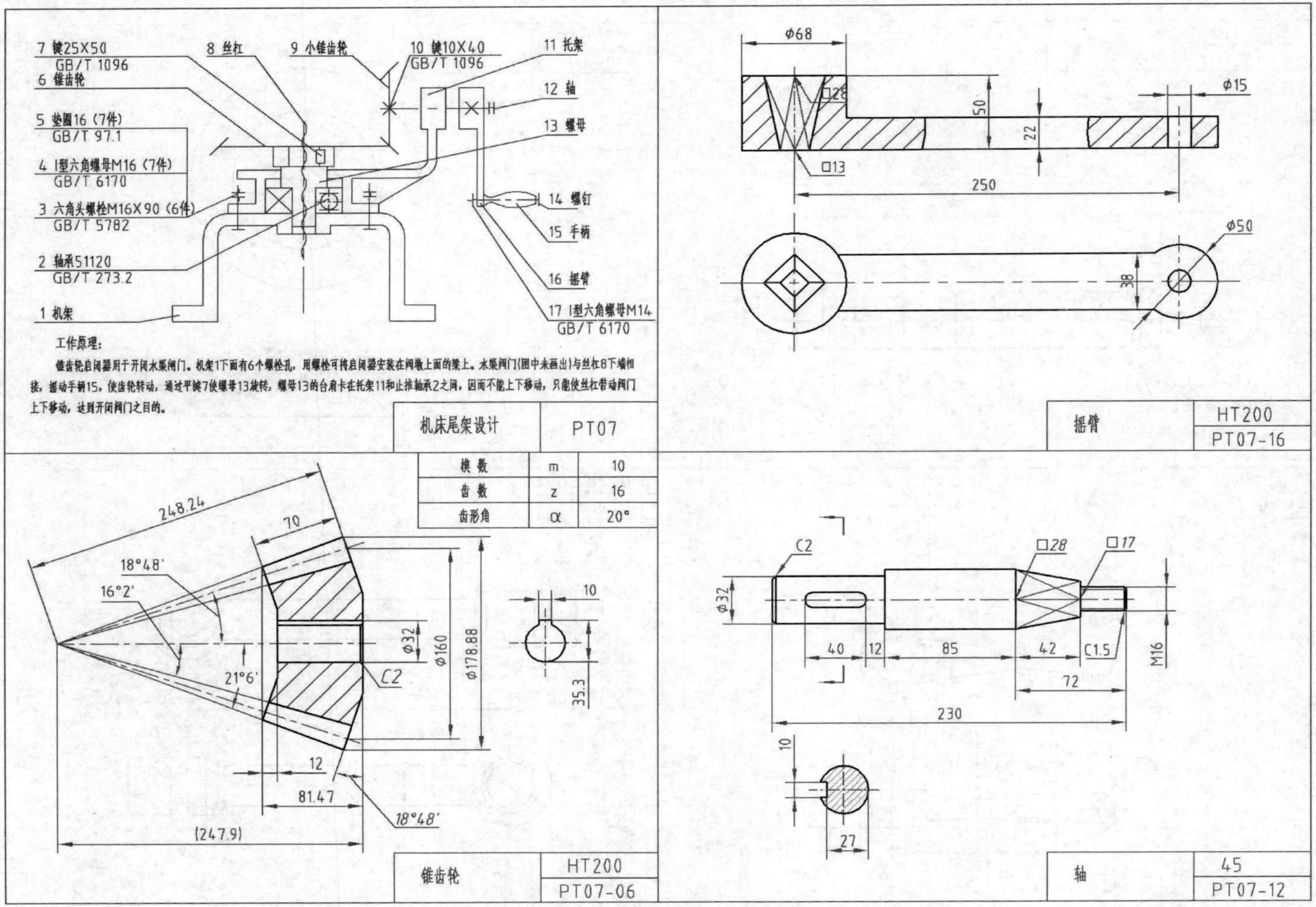

图 14-45 锥齿轮启闭器工作原理及零件简图

工作原理：

锥齿轮启闭器用于开闭水系闸门。机床下面有6个固定孔。水泵下面的6个安装孔，用螺栓将锥齿轮装在固件上。水泵阀门圆中水面出口处水8下螺栓，图中可是上下移动，只能使丝杆和阀门之之目。螺杆13向6各杆长轮11和丝杆螺之之目，只能使丝杆和阀门开闭，阀门的启动器开手柄15，（丝齿轮轮，调过平阳7使锥杆13运转，螺杆13向6各杆长轮11和丝杆螺之之目，只能使丝杆和阀门开闭，上下手柄，还好开闭阀门之目的。

| | PT07 | |
|---|---|---|
| 机床尼尔设计 | m | 10 |
| | z | 16 |
| | α | 20° |
| 锥齿轮 | HT200 | |
| | PT07-06 | |

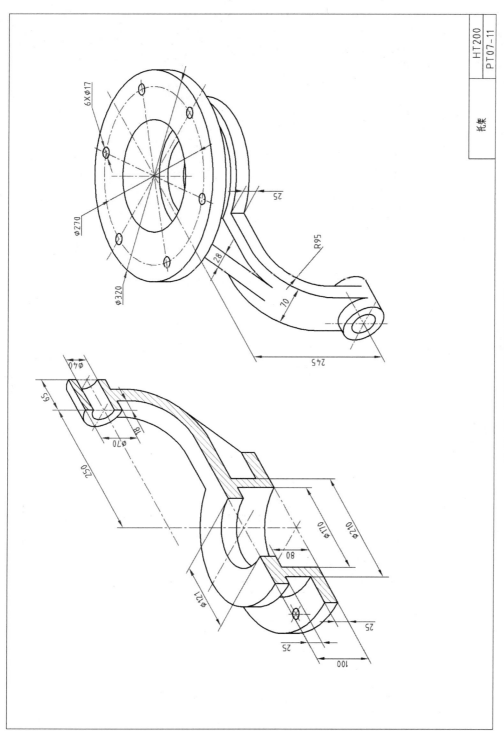

图 14-46　锥齿轮启闭器零件简图 1

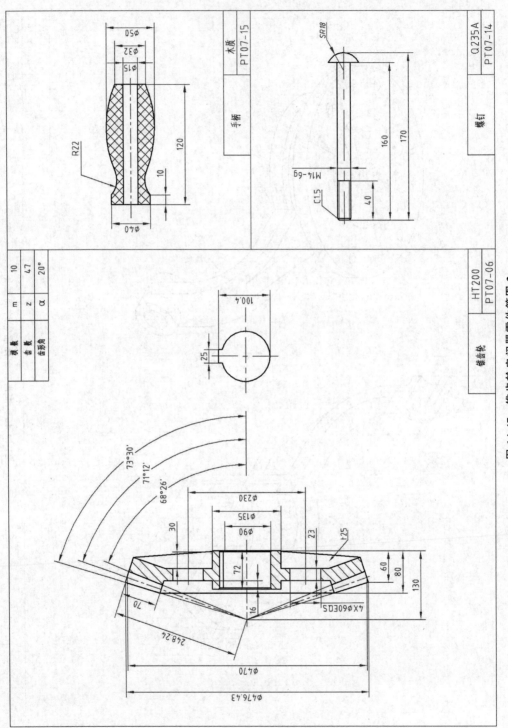

图 14-47　锥齿轮启闭器零件简图 2

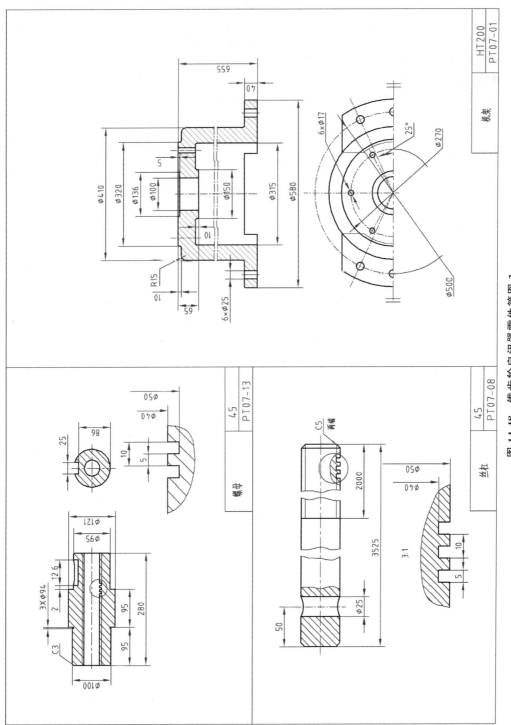

图 14-48 锥齿轮启闭器零件简图 3

# 参 考 文 献

[1]　王兰美,殷昌贵.画法几何及工程制图(机械类)[M].3 版.北京：机械工业出版社,2014.

[2]　魏峥,严纪兰,烟承梅.SolidWorks 应用与实训教程[M].北京：清华大学出版社,2016.

[3]　王静.新标准机械图图集[M].北京：机械工业出版社,2014.

# 图 书 资 源 支 持

感谢您一直以来对清华大学出版社图书的支持和爱护。为了配合本书的使用，本书提供配套的资源，有需求的读者请扫描下方的"书圈"微信公众号二维码，在图书专区下载，也可以拨打电话或发送电子邮件咨询。

如果您在使用本书的过程中遇到了什么问题，或者有相关图书出版计划，也请您发邮件告诉我们，以便我们更好地为您服务。

**我们的联系方式：**

地　　址：北京市海淀区双清路学研大厦 A 座 714

邮　　编：100084

电　　话：010-83470236　010-83470237

资源下载：http://www.tup.com.cn

客服邮箱：tupjsj@vip.163.com

QQ：2301891038（请写明您的单位和姓名）

用微信扫一扫右边的二维码，即可关注清华大学出版社公众号。

教学资源·教学样书·新书信息

人工智能科学与技术
人工智能|电子通信|自动控制

资料下载·样书申请

书圈